全国高等学校计算机教育研究会

全国高等学校
计算机教育研究会
"十四五"
系列教材

丛书主编 郑 莉

Java程序设计案例教程

（微课版）

李 伟 李 洁 邰伟鹏 / 主 编

夏 敏 柯栋梁 侯书东 / 副主编

清华大学出版社

北 京

内 容 简 介

Java 是目前最流行的计算机编程语言之一。本书内容主要包括 Java 的发展历史、开发环境的配置、语言基础、程序流程控制、类与对象、继承、抽象类、接口、多态、异常处理、常用类和集合、图形界面设计、Java 输入和输出、多线程和网络编程、Java 与数据库。为了加强读者对所学知识的应用，重点章的第一节都给出完整的实例，实例基本涵盖本章所学知识，帮助读者掌握 Java 语言及项目的开发。

本书中的程序在 JDK 中验证，并给出了程序运行结果、问题分析和程序扩展。本书免费提供了与教材配套的教学资源包，包括全书的电子教案、习题参考答案及分析、书中案例的源代码。

本书可作为高等学校计算机科学、信息管理等相关专业"Java 语言程序设计"课程的教材，也可作为 Java 自学者、Java 程序员初学者的参考书。

图书在版编目（CIP）数据

Java 程序设计案例教程：微课版/李伟，李洁，邰伟鹏主编. —北京：清华大学出版社，2024.5
全国高等学校计算机教育研究会"十四五"系列教材
ISBN 978-7-302-66386-7

Ⅰ.①J… Ⅱ.①李… ②李… ③邰… Ⅲ.①JAVA 语言－程序设计－高等学校－教材 Ⅳ.①TP312.8

中国国家版本馆 CIP 数据核字（2024）第 110997 号

责任编辑：谢　琛
封面设计：傅瑞学
责任校对：李建庄
责任印制：刘　菲

出版发行：清华大学出版社
　　　　网　　　址：https://www.tup.com.cn，https://www.wqxuetang.com
　　　　地　　　址：北京清华大学学研大厦 A 座　　　　　　　邮　　　编：100084
　　　　社 总 机：010-83470000　　　　　　　　　　　　　邮　　　购：010-62786544
　　　　投稿与读者服务：010-62776969，c-service@tup.tsinghua.edu.cn
　　　　质量反馈：010-62772015，zhiliang@tup.tsinghua.edu.cn
　　　　课件下载：https://www.tup.com.cn，010-83470236
印 装 者：三河市君旺印务有限公司
经　　销：全国新华书店
开　　本：185mm×260mm　　　　印　　张：22.25　　　　字　　数：540 千字
版　　次：2024 年 6 月第 1 版　　　　　　　　　　　　　　印　　次：2024 年 6 月第 1 次印刷
定　　价：69.00 元

产品编号：101518-01

前　言

　　Java 语言是目前最为流行的面向对象的网络程序设计语言之一。它简单高效、与平台无关、安全、健壮、动态加载，得到了人们广泛的认可，越来越多的高等院校将 Java 语言列入教学计划，作为学习面向对象程序设计语言的一门基础课程。Java 语言的应用很广泛，它不仅可以开发传统的 C/S 模式的应用程序，而且特别适合开发基于 Web 的 B/S 模式的 J2EE 程序，随着 Android 平台在手机和智能电视上的快速普及，基于 Java 的 Android App 开发正在成为 Java 语言的另一个重要的应用领域。在不久的将来，Java 的应用将更为广泛，如汽车、铁路上的即时控制系统，人工智能游戏，以及军用方面等。可以看到，推动 Java 最主要的因素就是网络，Java 是以网络应用为基础的开发语言，这是它的强大之处。所以，现在很多高校已经开设"Java 语言程序设计"课程，并将该课程作为高校计算机专业的骨干课程。

　　本书的优势如下。

- 篇章划分：本书分为四篇。第一篇为 Java 基本语法，主要讲解 Java 的基本语法、OOP 编程、常用类和集合；第二篇为图形界面设计与 I/O 处理，首先使用 JSWing 设计文本编辑器，然后结合文件处理完善文本编辑器；第三篇为 Java 多线程和网络，设计卖票案例覆盖多线程知识，然后设计 TCP 和 UDP 程序覆盖网络和多线程知识，实现多线程服务程序；第四篇为数据库编程，以 Java 较为常用的 MySQL 数据库为主介绍 Java 数据库编程的实现，并设计一个较为完整的案例——学生信息管理系统，从数据库使用、表的创建到 Java 连接数据库、界面设计、数据的操作，可以作为学生课程设计的学习案例，读者可通过扫描二维码阅读。
- 案例优先：本书中的重点章在第一节给出基本能涵盖本章所有知识点的案例，在随后的知识点的论述中贯穿、分析该案例，这样有助于读者融会贯通知识点，在学习知识的同时学会对知识的运用，便于读者理解和巩固所学的知识。
- 为了便于教师讲解和学生学习，对主要案例程序的代码加上了行号。
- 课后练习：每章都配有课后练习，让读者加强对所学知识的运用，如果自己不能解答，在配套教学资源包中还有相应的分析和解答。

　　本书由安徽工业大学李伟、邰伟鹏和马鞍山学院李洁组织编写，主要章节由李伟、邹红侠、李洁、夏敏、柯栋梁、侯书东编写。感谢胡宏智耐心、认真的指导，感谢唐正凯、朱贤鹏、袁虎的参与和帮助。

　　本书提供了配套的教学资源，包括电子课件 PPT、习题答案参考等，可到清华大学出版社网站下载。

　　限于编者水平，书中难免存在一些不足，敬请读者批评指正。

作　者

2024 年 5 月

目 录

第二篇 图形界面设计与I/O处理

第三篇　Java 多线程和网络

第四篇　数据库编程

第一篇

Java 基本语法

随着互联网技术的发展,Java 语言已经成为当今最流行的网络程序设计语言。现在,越来越多的大学毕业生投入到 Java 程序员队伍中来。要想成为一名合格的 Java 程序员,必须学好 Java 语法基础知识,俗语说:"基础不牢,地动山摇。"通过本篇的学习和实践,即使是没有编程经验的新手,也可以较快地掌握 Java 编程的基础知识。本篇包含 Java 语言基础、3 种控制结构、类与对象和常用类。

第 1 章　Java 语言概述

　　主要内容：本章主要介绍与 Java 语言相关的基本概念和知识，内容包括 Java 语言的发展史、Java 语言的特点、3 种开发平台、JDK 开发包的下载和安装、开发环境 Eclipse 的安装和使用等。

　　教学目标：了解 Java 语言的特点和优点，掌握开发环境的安装、开发工具的使用。

1.1　Java 语言的发展史

　　大家都知道，自然语言是人与人之间的交流工具，计算机语言是人与计算机之间的交流工具。Java 语言和汉语、英语等自然语言一样，要和应用环境结合起来才能发挥作用，所以，在学习的时候要学以致用。

　　Java 语言是一种简单、跨平台、面向对象、分布式、健壮、安全、可移植、多线程的动态语言。当 1995 年 Sun 公司（已经被甲骨文公司收购）正式推出 Java 语言之后，全世界的目光都被这个神奇的语言所吸引，本章将带领读者走进这个神奇的 Java"王国"。在学习一门编程语言之前，首先需要知道它的诞生、发展、用途等。

1.1.1　Java 语言的诞生

　　1991 年 4 月，Sun 公司的 James Gosling 领导的绿色计划开始着力发展一种小型系统的编程语言来解决诸如电视机、烤面包机等家用电器的控制和通信问题，该系统最初被命名为 Oak。Sun 公司经过一年多的努力完成了该系统，并开发出了 Oak 程序设计语言，由于当时智能家电市场的不成熟，造成 Oak 项目的失败。

　　1993 年，世界第一个 WWW 浏览器——Mosaic 诞生了，这促进了 Java 的诞生。

　　1994 年下半年，随着互联网的迅速发展和 Web 的迅速普及，Sun 公司看到了 Oak 在互联网的广阔应用前景，James Gosling 决定改变绿色计划的发展方向，他们对 Oak 进行了简单修改，设计出一种在异构网络环境下应用的编程语言，这样在 1995 年 3 月 23 日，以 Java 的名称正式发布。Java 的诞生颇有那么一种"有心栽花花不开，无心插柳柳成荫"的味道。

　　Java 的诞生使得全球信息网络平台带给人们神奇的互动体验，特别是基于安卓平台和 Java 语言的安卓智能手机的应用，使得普通民众体验到参与、互动、智能带来的方便、快捷，使得每个人成为"地球信息网"中的真正一员。

1.1.2　Java 语言的发展

1. Java 的幼年（1995—1998）

1995 年 5 月 23 日，Sun 公司正式发布了 Java 语言和 HotJava 浏览器，但这只是一种语言,要想开发复杂的应用程序,必须要有一个强大的开发库支持。

因此,1996 年 1 月 23 日,Sun 公司正式发布了 JDK 1.0。这个版本包括两部分,即运行环境(JRE)和开发环境(JDK)。在运行环境中包括了核心 API、集成 API、用户界面 API、发布技术、Java 虚拟机(JVM)5 个部分,而开发环境还包括了编译 Java 程序的编译器(即 javac)。

于是,1997 年 2 月 18 日 Sun 公司发布了 JDK 1.1。JDK 1.1 相对于 JDK 1.0 最大的改进就是为 JVM 增加了 JIT(即时编译)编译器。JIT 和传统的编译器不同,传统的编译器是编译一条,运行完后将其扔掉,而 JIT 会将经常用到的指令保存在内存中,在下次调用时就不需要再编译了,这样 JDK 在效率上有了非常大的提升。

Sun 公司在推出 JDK 1.1 后,接着又推出了数个 JDK 1.x 版本。自从 Sun 公司推出 Java 后,JDK 的下载量不断飙升,在 1997 年,JDK 的下载量突破了 220 000 次,而在 1998 年,JDK 的下载量已经超过了 2 000 000 次。

虽然在 1998 年之前,Java 被众多的软件企业所采用,但由于当时硬件环境和 JVM 的技术原因,它的应用却很有限。当时 Java 主要应用在前端的 Applet 以及一些移动设备中。然而这并不等于 Java 的应用只限于这些领域。1998 年是 Java 开始迅猛发展的一年,在这一年中 Sun 公司发布了 JSP/Servlet、EJB 规范以及将 Java 分成了 J2EE、J2SE 和 J2ME,标志着 Java 已经吹响了向企业、桌面和移动 3 个领域进军的号角。

2. JDK 的青少年时期(1998—2004)

在 1998 年 12 月 4 日,Sun 公司发布了 Java 历史上最重要的一个 JDK 版本——JDK 1.2。这个版本标志着 Java 已经进入 Java 2 时代。这个时期也是 Java 飞速发展的时期。

JDK 1.2 自从被分成 J2EE、J2SE 和 J2ME 三大块后,得到了市场的强烈反响。Sun 公司在 2002 年 2 月 13 日发布了 JDK 历史上最为成熟的版本——JDK 1.4。

进入 21 世纪以来,曾经在.NET 平台和 Java 平台之间发生了一次声势浩大的孰优孰劣的论战,Java 的主要问题就是性能。因此,这次 Sun 公司将主要精力放到了 Java 的性能上。在 JDK 1.4 中,Sun 公司对 Hotspot 虚拟机的锁机制进行改进,使 JDK 1.4 的性能有了质的飞跃。同时由于 Compaq、Fujitsu、SAS、Symbian、IBM 等公司的参与,使 JDK 1.4 成为发展最快的一个 JDK 版本。到 JDK 1.4 为止,人们已经可以使用 Java 实现大多数的应用了。

3. JDK 的壮年时期(2004 年至今)

虽然从 JDK 1.4 开始,Java 的性能有了显著的提高,但 Java 又面临着另一个问题,那就是复杂。

虽然 Java 是纯面向对象语言,但它对一些高级的语言特性(如泛型、增强的 for 语句)并不支持。而且和 Java 相关的技术,如 EJB 2.x,由于它们的复杂很少有人问津。也许是意识到了这一点,在 2004 年 10 月,Sun 公司发布了人们期待已久的版本——JDK 1.5,同时,Sun 公司将 JDK 1.5 改名为 J2SE 5.0。和 JDK 1.4 不同,JDK 1.4 的主题是性能,而 J2SE 5.0 的主题是易用。Sun 公司之所以将版本号 1.5 改为 5.0,就是预示着 J2SE 5.0 较以前的 J2SE 版本有了很大的改变。

J2SE 5.0 不仅增加了诸如泛型、增强的 for 语句、可变数目参数、注释(annotations)、自动拆箱(unboxing)和装箱等功能,同时也更新了企业级规范,如通过注释等新特性改善了 EJB 的复杂性,并推出了 EJB 3.0 规范,另外针对 JSP 的前端界面设计推出了 JSF,这个 JSF

类似于 ASP.NET 的服务端控件,通过它可以很快地建立起复杂的 JSP 界面。

2006 年 12 月,Sun 公司推出了 J2SE 6.0 版本。2011 年 7 月,甲骨文公司推出了 J2SE 7.0 版本(2009 年 4 月 20 日,甲骨文收购 Sun 公司)。2012 年 4 月 24 日,Java 8 版本正式发布,Java 8 包含了很多特性,增加 Lambdas 和 Jigsaw 项目,并升级核心 Java 库,使并行运算的表达更容易;虚拟扩展方法允许对接口增加方法,为默认实现指定参考;增加新的日期/时间 API,同时支持传感器,增加代码的部署选项等。

甲骨文公司已于 2023 年 9 月 19 日推出 JDK 21,JDK 21 更新了一批被众人期待已久的新特性,特别是虚拟线程和新型的并发编程模式,另外还更新了结构化并发、作用域值、禁止动态加载代理、密钥封装机制 API、弃用 Windows 32 位 x86 端口、匿名类和实例 main 方法预览、无名模式和变量预览、分代式 ZGC 等。

在 Java 发展的 20 多年时间里经历了无数的风风雨雨,现在 Java 已经成为一种相当成熟的语言。在这 20 多年的发展中,Java 平台吸引了数百万的开发者,在网络计算遍及全球的今天,更是有近百亿台设备使用了 Java 技术。

1.1.3　Java 语言的用途

Java 语言的重要特性就是"Write Once,Run Anywhere"(一次编写,随处运行),面向网络应用,特别是 Web 开发,才是 Java 的自由世界,Java 提供的平台无关性、安全性和可移植性三大特性,使得其在面对网络的企业应用、开发和集成等方面如鱼得水。更是由于 Java 来源于 Oak,使得 Java 在小型智能设备上是最佳之选。

1.2　Java 语言的特点

Java 语言是一个优秀的面向 Web 的纯正的面向对象的编程语言,非常适合构建企业级的应用程序,具有以下特点。

1. 简单性

与 C++ 相比,Java 去掉了指针、操作运算符重载、多重继承等概念,并引入垃圾自动收集模块简化了程序员的内存管理,去除了 C++ 中许多难以理解的语法。

2. 平台无关性

Java 引进了虚拟机(JVM)概念。Java 程序运行于虚拟机,而虚拟机可以运行在不同平台上。Java 的数据类型与硬件无关,Java 虚拟机(Java Virtual Machine)建立在硬件和操作系统之上,实现 Java 二进制代码的解释执行功能,提供了应用于不同平台的版本。

3. 安全性

Java 舍弃了 C++ 的指针对存储器地址的直接操作,程序运行时,内存由操作系统分配,这样可以避免侵入程序通过指针破坏计算机。

4. 面向对象

Java 具有类的抽象、封装、继承、多态等特性,实现了代码的反复利用。Java 是单继承,一个子类只有一个父类,子类的父类仅有一个。Java 提供的 Object 类及其子类的继承关系如同一棵倒立的树,根类为 Object 类。Object 类功能强大,人们经常会使用它及其派生的子类。

5. 分布式

Java 建立在扩展的 TCP/IP 网络平台上，库函数提供了用 HTTP 和 FTP 协议传送和接收信息的方法，这使得程序员使用网络上的文件就像使用本机文件一样。

6. 健壮性

Java 致力于检查程序在编译和运行时的错误；类型检查能帮助用户检查出许多开发早期出现的错误；Java 自己操纵内存减少了内存出错的可能性；Java 还实现了真数组，避免了覆盖数据的可能，这些功能特征大大缩短了开发 Java 应用程序的周期，并且 Java 还提供了 Null 指针检测、数组边界检测、异常出口、Byte Code 校验等功能。

7. 解释型

C/C++ 等语言如果要运行，首先要生成机器代码，该代码的运行和特定的 CPU 有关。Java 不像 C 或 C++，它不针对 CPU 芯片进行编译，而是把程序编译成称为字节码（Byte Code）的一种"中间代码"。字节码可以在提供了 Java 虚拟机（JVM）的任何操作系统上被解释执行。

8. 动态装载

Java 程序的最小单元是类，类是在运行时动态装载的，这使得 Java 可以动态地维护程序和类，而对于 C++，每当类库升级以后，程序就要被重新编译才能运行。

1.3 Java 语言平台

Java 虚拟机和 Java 核心类构成了 Java 语言的平台。Java 语言平台可以运行在任何操作系统之上，如图 1.1 所示。

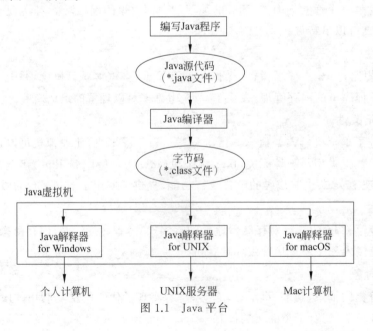

图 1.1 Java 平台

1.3.1　JDK 和 JRE

1. JDK

JDK(Java Development Kit,Java 开发工具包)是 Java 平台的核心,提供 Java 运行环境、Java 工具、Java 基础类库。JDK 是 Java 应用程序开发的基础,所有的 Java 应用程序都必须构造在 JDK 之上,如果没有安装 JDK,所有的 Java 程序都不能运行。

2. JRE

JRE(Java Runtime Environment,Java 运行环境)是 Java 运行所有程序必需的环境的集合,包含 JVM、Java 核心类。JRE 是 Java 程序可以运行、测试的平台。

1.3.2　Java 虚拟机

1. 什么是 Java 虚拟机

Java 虚拟机是一个想象中的机器,在实际的计算机上通过软件模拟来实现。Java 虚拟机有自己想象中的硬件,如处理器、堆栈、寄存器等,还具有相应的指令系统。

2. 为什么要使用 Java 虚拟机

Java 语言的一个非常重要的特点就是与平台的无关性,而使用 Java 虚拟机是实现这一特点的关键。一般的高级语言如果要在不同的平台上运行,至少需要被编译成不同的目标代码。而引入 Java 语言虚拟机后,Java 语言在不同平台上运行时不需要重新编译。Java 语言使用模式 Java 虚拟机屏蔽了与具体平台相关的信息,使得 Java 语言编译程序只需生成在 Java 虚拟机上运行的目标代码(字节码)就可以在多种平台上不加修改地运行。Java 虚拟机在执行字节码时把字节码解释成具体平台上的机器指令执行。

1.3.3　垃圾收集器

Java 的垃圾收集(Garbage Collection,GC)器是自动执行的,不能强制执行,即使程序员能明确地判断出哪一块内存已经不用了,是应该回收的,程序员也不能强制垃圾收集器回收该内存块。程序员唯一能做的就是通过调用 System.gc()方法"建议"垃圾收集器工作,但其是否可以执行,在什么时候执行,却是不可控制的,这也是垃圾收集器最主要的缺点。

例如下面的程序段:

```
1.   Object sobj=new Object();
2.   Object sobj=null;
3.   Object sobj=new Object();
4.   sobj=new Object();
```

程序运行到第 2 行时,sobj 被赋值为 null,此时第 1 行的 sobj 所指向的内存空间符合垃圾收集器收集标准,被回收;运行到第 4 行时,第 3 行的 sobj 所指向的内存空间符合垃圾收集器收集标准,被回收。

　　思考: 垃圾回收时,GC 需要完成 3 件事情,请课后完成下面 3 道题。

(1) 哪些内存需要回收?

(2) 什么时候回收?

(3) 如何回收?

1.4　JDK 的安装

JDK 包含了 Java 的运行环境、Java 编译和执行工具、Java 基础类库、JDK 源代码等。JDK 是开发 Java 应用程序的基础，所以，在做 Java 应用开发之前必须要安装 JDK。

1.4.1　下载与安装 JDK

JDK 安装文件是免费下载和使用的，下载方法如下。

（1）进入 Oracle 官网（http://www.oracle.com），在 Downloads 菜单中寻找 Java，找到 Java SE 链接即可下载相应的 JDK。

（2）使用搜索引擎，例如百度，直接搜索 JDK 即可。

（3）直接输入"http://www.oracle.com/technetwork/java/javase/downloads/jdk8-downloads-2133151.html"网址，打开如图 1.2 所示的页面。

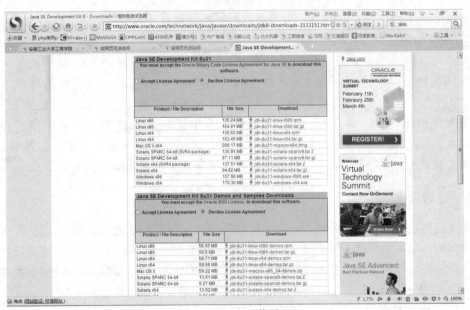

图 1.2　JDK 下载页面

根据自己使用的操作系统选择相应的 JDK 版本下载，目前最新的 JDK 版本为 Java SE Development Kit 8u31。Windows 系统有 32 位和 64 位之分，下面以 Windows 64 系统为例介绍 JDK 的安装过程。

双击 jdk-8u31-windows-x64.exe 文件，系统弹出安装向导界面。图 1.3 显示了安装 JDK 的界面，通过单击"更改"按钮，可以修改安装路径；图 1.4 显示了安装 JRE 的界面，通过单击"更改"按钮，可以修改安装路径。

在 JDK8 安装完成后，可展开安装目录文件夹"C:\Java\jdk1.8.0_31"，如图 1.5 所示。

- bin：开发工具命令。例如 Javac.exe（Java 源程序编译命令）、Java.exe（Java 程序执行命令）等，该目录的绝对路径必须保存在 Windows 系统的 Path 变量中，这样这些命令才能被执行。

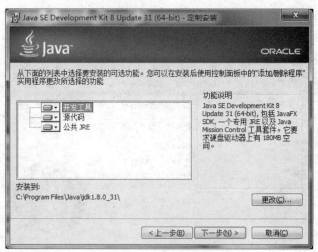

图 1.3　JDK 安装界面

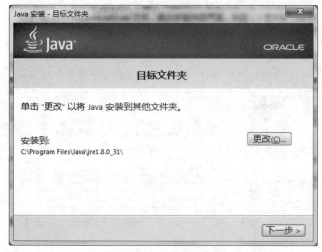

图 1.4　JRE 的安装界面

图 1.5　JDK 文件夹目录

- db：Java 自带的轻量级数据库。db 目录是 JDK6 以后版本中新增的目录,它是一个纯 Java 实现、开源的数据库管理系统(DBMS),支持大部分数据库应用所需要的特性,这给 JDK 注入了一股全新的活力,使 Java 程序员不再需要耗费大量的精力安装和配置数据库就能进行安全、易用、标准、免费的数据库编程。
- lib：类库。Java 开发所用到的类库及其他文件。
- src.zip：Java 核心类库的源代码。
- javafx-src.zip：Java FX 是一种脚本,用于实现 Java Web 客户端界面。该文件包含 JavaFx 类库的源代码。

1.4.2　JDK 环境的配置与 HelloWorld 测试

1. 配置环境变量

JDK 8 安装完成后需要配置环境变量才能使用,配置过程如下。

（1）右击"计算机"，执行"属性"命令，打开如图 1.6 所示的窗口，然后单击窗口左侧的"高级系统设置"，弹出"系统属性"对话框，如图 1.7 所示。

图 1.6 "系统"窗口

（2）单击"系统属性"对话框的"环境变量"按钮，弹出如图 1.8 所示的"环境变量"对话框。

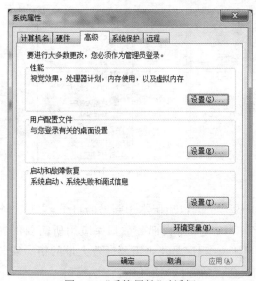

图 1.7 "系统属性"对话框

图 1.8 "环境变量"对话框

（3）配置 Path：找到 Path 变量并编辑，在"变量值"文本框中输入"C:\Java\jdk1.8.0_31\bin"，就可以完成 Path 变量的添加。如果找不到 Path 变量，可以单击图 1.8 中的"新建"按钮，新建一个名为"Path"的变量，如图 1.9(a)所示。

（4）配置 CLASSPATH：CLASSPATH 变量一般是没有的，需要新建。在"变量名"文本框中填写"CLASSPATH"（要大写），在"变量值"文本框中填写".;C:\java\jdk1.8.0_31\lib\tools.jar"，就可以完成 CLASSPATH 变量的创建，如图 1.9(b)所示。

• 环境变量分为用户变量和系统变量两种，用户变量的设置只对当前用户有效，而系

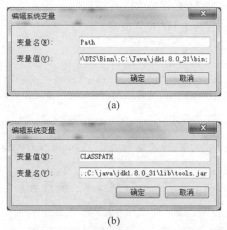

(a)

(b)

图 1.9　Path 和 CLASSPATH 的配置对话框

统变量对所有用户都有效。

- 变量值中的";"。在 Path 和 CLASSPATH 变量值中添加新值时要注意添加";",分号是英文分号,不是中文分号。该分号用于分隔多个变量值,不能省略,即使是最后一个值,最好也添加上分号。

（5）安装成功测试。单击"开始"按钮,在"运行"对话框中输入 cmd 命令进入命令符界面,在命令符界面中输入 java 命令,若得到如图 1.10 所示的内容,则说明 JDK 安装成功。

图 1.10　Java 安装成功

2. HelloWorld 测试

由于 Java 程序只需要安装 JDK 和 JRE 就可以运行,所以读者刚开始学习 Java 时要学会在 CMD 环境下编译和执行 Java 源程序。

那么,如何编写一个 Java 程序呢?

首先要选择一个文本编辑器,例如 Notepad、EditPlus、UltraEdit 等,这里用记事本

（Notepad）编写 Java 程序文件 HelloWorld.java。

【例 1-1】　第一个 Java 程序：HelloWorld。

```
1.    public class HelloWorld {                    //类头
2.    public static void main(String[] args) {     //主函数
3.        System.out.println("Hello World");        //输出语句
4.        System.out.println("欢迎来到 Java 的奇妙世界!");
5.    }
6.    }
```

把编辑好的文件以".java"为扩展名保存在 C:\javademo 目录下，通过 cmd 进入命令符窗口。

（1）编译：输入"javac HelloWorld.java"命令，在当前目录下生成字节码文件"HelloWorld.class"，如图 1.11 所示。

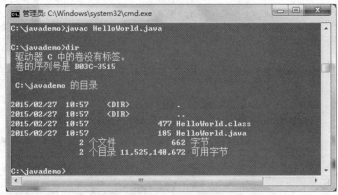

图 1.11　编译

（2）执行：输入 java HelloWorld 命令，执行 HelloWorld.class 字节码文件，执行结果如图 1.12 所示。

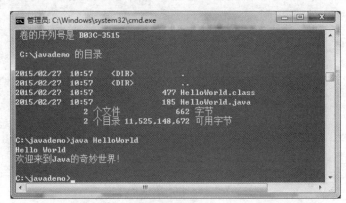

图 1.12　执行

- 目录切换方法：在命令符窗口中使用"cd 目录名"进入目录，使用"cd.."命令返回上一级目录。
- 查看当前目录下面的子目录和文件的方法：使用 dir 命令可以实现查询。

注意：文件名和类名必须大小写一致才可以执行，否则会报错；类中必须包含主函数，否则程序没有输出结果。

1.5　集成开发环境 Eclipse

　　Eclipse 是目前 Java 开发最流行、功能最强大的 Java IDE,它拥有丰富的插件来扩展 Java 开发,特别是 J2EE 的开发需要安装相应的插件(如现在最流行的 Struts＋Hibernate＋ Spring)。当然,现在 Genuitec 公司发布了 MyEclipse 企业级开发平台,利用它可以完成数据库和 J2EE 的开发、发布,以及应用程序服务器的整合方面,极大地提高了工作效率。下面以 Windows 平台为例介绍 Eclipse 的安装和使用。

　　注意:Eclipse 是 Java 的一个集成开发工具,需要 JDK 的支持,所以要首先安装 JDK, 再安装 Eclipse 开发工具。

1.5.1　Eclipse 的下载与安装

　　Eclipse 是一个免费、开源、可扩展的开发平台,由非盈利软件供应商联盟——Eclipse 基金会管理。通过地址"http://www.eclipse.org/downloads/"进入官网下载页面下载 eclipse-cpp-luna-SR1a-win32-x86-64.zip,解压该文件到 D 盘根目录下,便会生成一个"D:\ eclipse"的文件夹,运行该文件夹中的 eclipse.exe 文件即可启动 Eclipse。

　　Eclipse 是一个英文的开发界面,如果用户需要中文界面,请进入"http://www.eclipse. org/babel/downloads.php"页面,下载 luna 版本安装。Eclipse 的工作界面如图 1.13 所示。

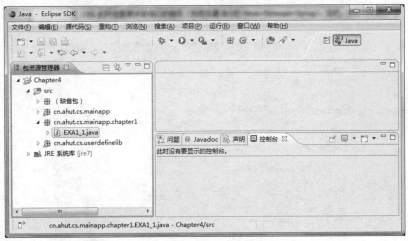

图 1.13　Eclipse 的工作界面

1.5.2　使用 Eclipse 编写第一个 Java 程序

　　下面介绍如何使用 Eclipse 编写一个简单的 Java 程序,步骤如下。

　　(1) 执行"文件"|"新建"|"Java 项目"命令,弹出"新建 Java 项目"对话框,如图 1.14 所示,输入项目名 javasource,然后单击"完成"按钮即可创建一个 Java 项目。

　　(2) 在"包资源管理器"中右击该项目,执行"新建"|"包"命令,创建一个包"cn.ahut.cs. mainapp.chapter1"。

　　(3) 在"cn.ahut.cs.mainapp.chapter1"中右击该项目,选择"新建"|"类"命令,弹出如图 1.15 所示的"新建 Java 类"对话框。在"名称"文本框中输入类名 EXA1_1,在"想要创建哪

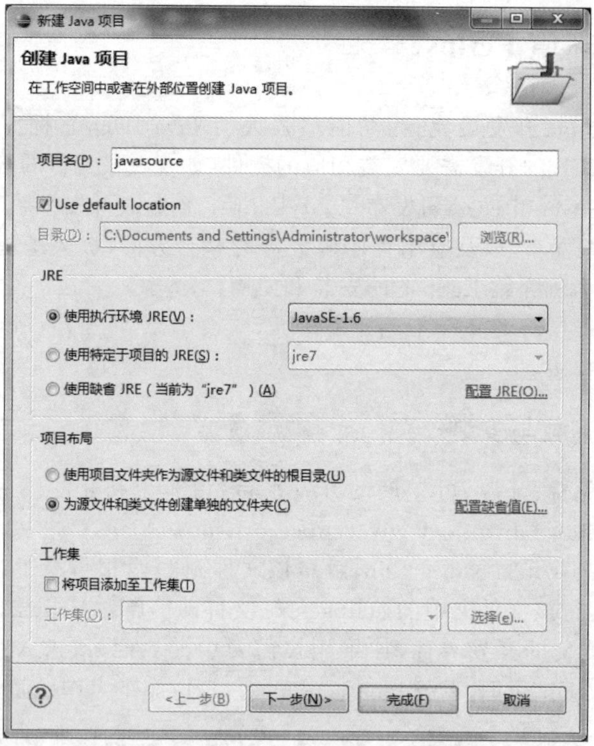

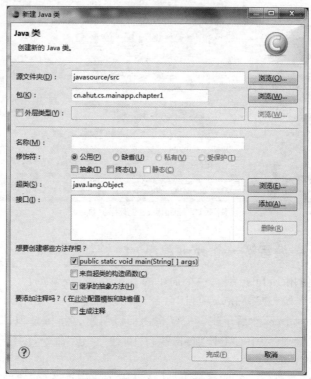

图 1.14　"新建 Java 项目"对话框

图 1.15　"新建 Java 类"对话框

些方法存根"选项组中选择"public static void main(String[]args)"复选框,单击"完成"按钮即可创建名为 EXA1_1 的 Java 源代码文件,文件中包含 EXA1_1 的类,如图 1.16 所示。

（4）在 EXA1_1 文件上右击,执行"运行方式"|"Java 应用程序"命令,在控制台窗口中可以看到运行结果,如图 1.17 所示。

```
J EXA1_1.java ⊠
    package cn.ahut.cs.mainapp.chapter1;

    public class EXA1_1 {

        /**
         * @param args
         */
        public static void main(String[] args) {
            // TODO Auto-generated method stub
            System.out.println("Hello World");//输出语句
            System.out.println("欢迎来到Java的奇妙世界!");

        }

    }
```

图 1.16　EXA1_1 的源代码　　　　　　图 1.17　运行结果

注意：Eclipse 是一个增量型编译器,程序员每次编写或修改 Java 文件并保存后,开发平台会自动进行编译,这个特性称为"自动构建"。

1.6　集成开发环境 IntelliJ IDEA

1.6.1　IntelliJ IDEA 的下载与安装

IntelliJ IDEA 简称 IDEA,是 Java 编程语言的集成开发工具,被公认为最好的 Java 开发工具,尤其在智能代码助手、代码自动提示、重构、Java EE 支持、各类版本工具（git、svn 等）、JUnit、CVS 整合、代码分析、创新的 GUI 设计等方面的功能可以说是超常的。IDEA 是 JetBrains 公司的产品,该公司总部位于捷克共和国的首都布拉格,它的旗舰版还支持 HTML、CSS、PHP、MySQL、Python 等。免费版只支持 Java、Kotlin 等少数语言。用户通过地址"https://www.jetbrains.com/zh-cn/idea/download/#section=windows"直接选择操作系统类型即可下载,下载页面如图 1.18 所示。

安装好后,运行 IntelliJ IDEA 程序,弹出如图 1.19 的窗口,在该窗口中可以创建新项目、导入已有项目、在左侧的列表中直接单击选择已创建项目等操作。

1.6.2　使用 IDEA 编写第一个 Java 应用程序

下面介绍如何使用 IDEA 编写一个简单的 Java 应用程序,步骤如下。

（1）在图 1.19 窗口单击"Create New Project"选项,弹出如图 1.20 所示的窗口,在左侧的项目模板栏中选"java",在"Additional Libraries and Frameworks"框中不做任何选择,单击"Next"按钮。

（2）在弹出如图 1.21 所示的窗口中有"Create project from template"复选框,此处不做任何选择。单击"Next"按钮。

（3）在如图 1.22 所示的窗口中的"Project Name"栏目中输入自己的项目名称,此处为

图 1.18　下载页面

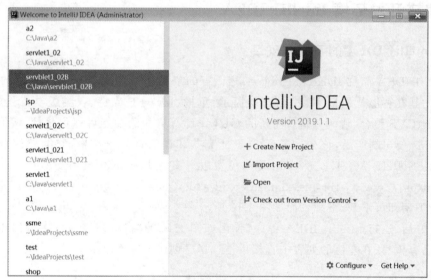

图 1.19　IDEA 初始窗口

"JavaApplication01"；在"Project location"（项目存储位置）栏中，可单击右侧的"…"按钮，选择自己设定的项目存放位置，单击"Finish"按钮。

（4）此时打开 IDEA 整个集成开发环境，如图 1.23 所示。在左侧的"Project"栏中，右键单击"src"目录，选择"New"菜单，在子菜单中选择"Java Class"，弹出如图 1.24 所示的子窗口，在"Name"中输入自己定义的类的名称。

（5）在如图 1.25 所示的窗口中，打开 HelloWorld.java 文件，输入 Java 源代码程序，并运行该程序，输出结果如图 1.25 所示。

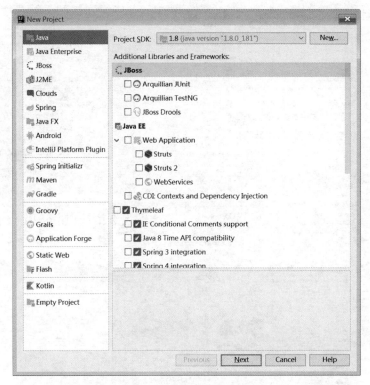

图 1.20　选择项目类型

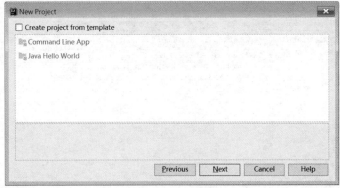

图 1.21　项目模板

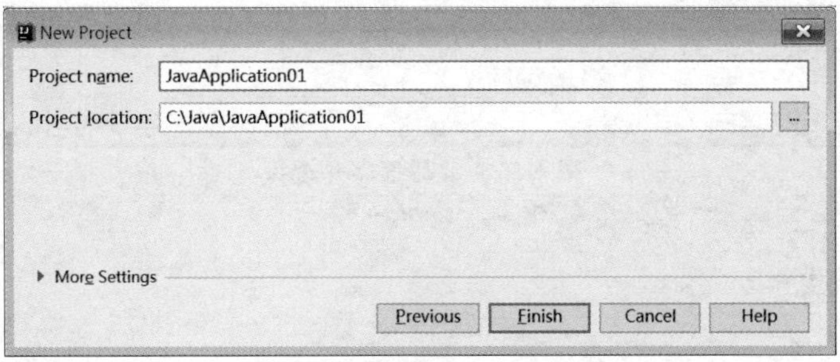

图 1.22　项目名称和存放位置

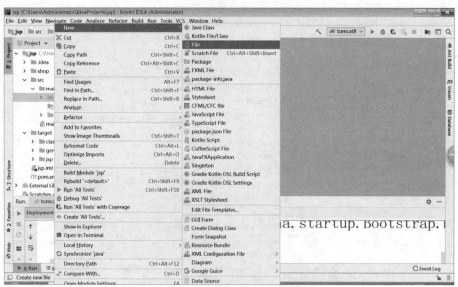

图 1.23　新建 Java Class 类

图 1.24　输入类名

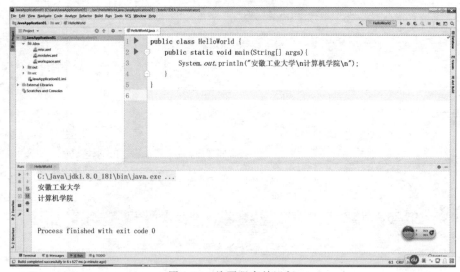

图 1.25　编写程序并运行

1.7　本章小结

（1）Java 自 1995 年正式发布以来，极大地促进了 Web 应用程序的开发，使用动态的交互应用使得 Web 栩栩如生。当 World Wide Web(WWW)兴起时,传统的语言证明是不适用的,于是 Java 应运而生,人们很快发现,Java 远远超越工程师当初的设想,它的魅力在于它提供给开发人员和用户的简便性,开发人员用户广大的用户基础、平台独立性、降低的开发费用和始终如一的执行环境,而用户可从生动的内容、即时软件和增强的安全性中受益。

(2) Java 开发环境的安装和配置,重点讲述了 JDK 和 Eclipse 的安装和使用。JDK 是 Oracle 公司提供的一个开发包,安装后,要进行 Path 和 CLASSPATH 的配置,才能在命令符下进行编译和执行;而 Eclipse 和 IDEA 集成开发工具使用方便、功能完善。

(3) 一个简单的 Java 程序的开发过程。

① 使用记事本等文本编辑器编写 Java 源代码程序,并保存为"文件名.java"文件,要求文件名必须和类名大小写一致。

② 编译:在命令符窗口中使用 Javac.exe 把 java 文件编译成 class 文件(在 Eclipse 中只要保存就会自动编译)。

③ 执行:在命令符窗口中使用 Java.exe 执行 class 文件。

(4) Java 程序拥有"Write Once,Run Anywhere"(一次编写,随处运行)特性。程序员开发的 Java 程序,对于不同的机器、不同的操作系统,只要安装相应版本的 JVM,Java 程序就可以在各平台上移植、运行。

1.8 习题

1. 简答题

(1) 什么是 JDK、JRE 和 JVM? 简述它们的作用。

(2) 编写和运行 Java 应用程序的步骤有哪些?

(3) 简述 Java 语言的特点,与 C++ 相比它有哪些优点?

2. 程序设计题

(1) 编写一个 Java Application 程序,输入如下图形:

```
*
* * *
* * * * *
```

(2) 阅读下面的程序,找出错误,并改正。

```
Hello.java
public class hello {
    public static void Main(String[] args){
        System.out.println("我是一个工人!"+"工人是一个光荣的职业!")
    }
}
```

(3) 编写一个 Java Application 程序,输出九九乘法表。

第 1 章 资源包

第 1 章 习题解答

第 2 章　Java 语言基础

主要内容：本章介绍 **Java** 语言的基础语法知识。

教学目标：了解基本数据类型，掌握标识符的命名规则，掌握基本数据类型与数据的表示形式，掌握表达式的用法及优先级关系。

2.1　案例：华氏温度到摄氏温度转换的实现

【例 2-1】　华氏温度到摄氏温度转换的实现：华氏温度（Fahrenheit）和摄氏温度（Centigrade）都是用于计量温度的单位，摄氏温度 ＝(华氏温度−32)×5/9，华氏温标规定在一个大气压下水的冰点为 32 度，沸点为 212 度。程序运行结果如图 2.1 所示。

```
🔀 Problems  @ Javadoc  🔍 Declaration  🖳 Console ✕
<terminated> CelsiusConverter [Java Application] C:\Program
请输入要转换的温度（单位：华氏度）
212
完成转换后的温度（单位：摄氏度）:100.0
```

图 2.1　华氏温度转换为摄氏温度示例

完整程序代码：

```
1. /* * 本例题用于将华氏温度转换为摄氏温度
2. */
3. import java.util.*;
4. public class CelsiusConverter {
5.     public double getCelsius(double fahrenheit){//这是一个转换方法
6.         double celsius=(fahrenheit-32) * ((double)5/9);
7.         return celsius;
8.     }
9.     public static void main(String args[]){
10.         Scanner scanner=new Scanner(System.in);
11.         System.out.println("请输入要转换的温度(单位：华氏度)");
12.         double fahrenheit=scanner.nextDouble();
13.         double celsius;
14.         CelsiusConverter exam=new CelsiusConverter();
15.         celsius=exam.getCelsius(fahrenheit);
16.         System.out.println("完成转换后的温度(单位：摄氏度): "+celsius);
17.     }
18. }
```

例 2-1 程序首先定义了一个方法 double getCelsius(double fahrenheit)，用于将华氏温度转换为摄氏温度，然后在主方法 main(String args[])中输出提示信息要求输入一个华氏温度值，然后接收从键盘输入的值并利用 getCelsius(double fahrenheit)方法进行转换，最后输出摄氏温度值。本例题涉及的知识有标识符、数据类型、数据类型转换、标准输入与输出、运算符与表达式。

2.2　标识符与关键字

2.2.1　标识符

1. 概念

在 Java 语言中,用于标识类名、变量名、方法名、类型名、数组名、文件名的有效字符序列称为标识符。

2. 命名规则

标识符的命名要遵循一定的规则,主要有以下几项。

(1) 严格区分大小写。

(2) 由字母、数字、下画线和美元符号($)组成。

(3) 不能以数字开头。

(4) 不能是关键字或保留字。

在例 2-1 程序中,类名 CelsiusConverter,方法名 getCelsius,变量名 fahrenheit、celsius、scanner 和 exam 都是合法的标识符,而♯myName、2Sun、class 和 &123 等都不是合法的标识符。并且标识符是严格区分大小写的,Student 和 student 是两个完全不同的标识符。

3. 命名惯例

在编写大型复杂的程序时,需要给众多的变量、方法等命名,如果仍然采用 a、a1、a2 等简单却没有意义的名字,会给程序的阅读带来很大的困难,后期的维护也会很难进行,更不用说团队合作了。所以,我们提倡科学规范的命名习惯,一般遵循以下几个约定俗成的规则。

(1) 类名通常使用名词或名词性词组,每个单词首字母大写。例如 class Person、class SprintRain、class CelsiusConverter。

(2) 变量名使用名词或名词性词组,首字母小写,第二个及以后的单词首字母大写;单词间可以使用下画线分隔;变量名不宜过长但也应有意义。例如 fahrenheit、celsius、scanner 和 exam。

(3) 方法名使用动词或动词性词组,总是使用小写字母,如果名称由多个单词组成,则将它们连接在一起,第一个单词的首字母小写,其他单词的首字母大写。例如 getCelsius(double fahrenheit)。

(4) 接口与类的命名规则相同。

(5) 常量名通常使用名词或名词性词组,名称中的每一个字母大写,单词之间使用下画线分隔。例如 int MAX_LEVEL、double Comm_Tax。

(6) 包名通常使用名词或名词性词组,全部使用小写;一般使用本公司/组织网站域名的逆序,后跟具体的软件内部模块名。例如 package com.sun.java、package com.icbc.db。

2.2.2　关键字

关键字就是 Java 语言中已经被赋予特定意义的一些单词,它们在程序上有着不同的用途,不可以把关键词作为普通标识符使用,Java 中常用的关键字见表 2.1。

表 2.1　Java 关键字表

abstract	boolean	break	byte	case
catch	char	class	continue	default
do	double	else	extends	false
final	finally	float	for	if
implements	import	instanceof	int	interface
long	native	new	null	package
private	protected	public	return	short
static	super	switch	synchronized	this
throw	throws	transient	true	try
void	volatile	while		

用户需要注意以下问题。
- 所有的 Java 关键字都是小写的，TURE、FALSE、NULL 等都不是 Java 关键字。
- goto 和 const 虽然从未使用，但被作为 Java 关键字保留。
- TRUE、FALSE 虽被用作专门用途，但不是 Java 关键字。

2.3　常量、变量及基本数据类型

2.3.1　常量和变量

1. 常量

常量是指在程序执行过程中始终保持不变的量，根据数据类型的不同，常量有整型、浮点型、字符型、布尔型等几种类型。

1）定义常量的语法

final <类型><常量名 1>[=<默认值 1>][,<常量名 2>[=<默认值 2>]…];

例如：final float f＝3.2556f;

2）程序举例

【例 2-2】　常量的使用：将例 2-1 中的数值 32、5 和 9 分别定义为常量，这种用法在大型程序中需要反复使用某一个数值的情况下会带来很大的方便。

完整程序代码：

```
1. import java.util.*;
2. public class CelsiusConverter {
3.     final double d32=32,d5=5,d9=9;
4.     public double getCelsius(double fahrenheit){      //这是一个转换方法
5.         double celsius=(fahrenheit-d32) * ((double)d5/d9);
6.         return celsius;
7.     }
8.     public static void main(String args[]){
9.         Scanner scanner=new Scanner(System.in);
```

```
10.        System.out.println("请输入要转换的温度(单位:华氏度)");
11.        double fahrenheit=scanner.nextDouble();
12.        double celsius;
13.        CelsiusConverter exam=new CelsiusConverter();
14.        celsius=exam.getCelsius(fahrenheit);
15.        System.out.println("完成转换后的温度(单位:摄氏度):"+celsius);
16.    }
17. }
```

在本程序中,第 3 行代码定义了常量 d32、d5 和 d9,常量值分别为 32、5 和 9,在第 5 行代码中使用这 3 个值时分别用常量名 d32、d5 和 d9 代替。输出结果如图 2.2 所示。

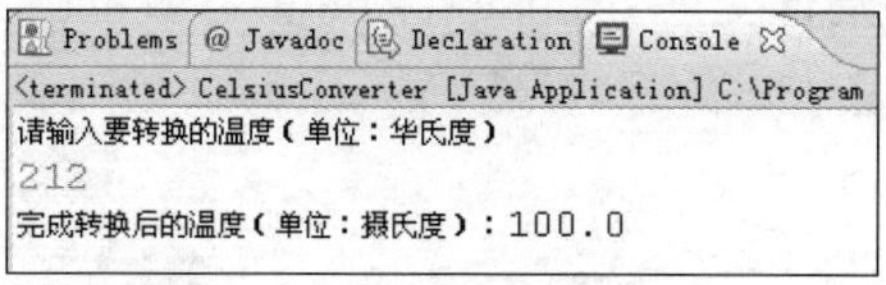

图 2.2 例 2-2 的输出结果

2. 变量

变量是在程序运行过程中可以变化的量。变量有变量名、变量值、变量的类型以及变量的作用域 4 个属性。其中,变量名用于标记一段特定的存储空间,变量值以二进制形式保存,且可以被访问和修改。在 Java 语言中,变量必须先声明再使用,且必须指明其所属的数据类型。

1)声明变量

<类型><变量名 1>[=<默认值 1>][,<变量名 2>[=<默认值 2>]…];

例如:int i;   float f;   double d1,d2,d3;   String s;

思考:试找出例 2-1 定义的所有变量并说明其类型。

2)为变量赋值

(1)先定义,再赋值。

int i; float f; String s; i=4; f=12.3; s="Hello";

(2)定义同时赋值。

int i=4; float f=12.3; String s="Hello";

思考:试将例 2-1 程序中先定义后赋值的变量改为在定义的同时赋值,将定义时赋值的变量改为先定义后赋值。

3)变量的功能

临时存储数值的一个对象,会根据程序的需要存储不同的数值。

4)变量的分类

(1)按所属数据类型划分。

• 基本类型变量。

• 引用类型变量。

(2)按声明的位置划分。

• 局部变量,即方法或语句块内部定义的变量。

• 成员变量,即方法外部、类内部定义的变量,也称属性或域。

例如，在例 2-2 程序中，第 4 行代码定义的变量 fahrenheit，第 5 行代码定义的变量 celsius 均为局部变量；而在第 3 行中定义的常量 d32、d5 和 d9 是成员变量。

5）变量的作用域

变量的作用域是指变量所具有的作用范围。在 Java 语言中用大括号将若干语句组成语句块，变量的有效范围是声明它的语句所在的语句块，一旦程序的执行离开了这个语句块，变量就变得没有意义，不能再使用。

例如在例 2-2 程序中，成员变量 d32、d5 和 d9 的作用范围从其定义的第 3 行代码开始到第 17 行代码结束；方法 getCelsius(double fahrenheit)内部定义的局部变量 fahrenheit 和 celsius 只在该方法内有效；局部变量 scanner、exam 的有效范围从其定义处开始到第 16 行处结束。

2.3.2 基本数据类型

基本数据类型也称作简单数据类型或原始数据类型，只能保存单一的值。在程序运行时会为其中的数据分配一块内存空间，一个数据分配的内存空间的大小主要由它的数据类型来决定。Java 语言有 4 类共 8 种简单数据类型，这些基本数据类型的基本信息见表 2.2。

表 2.2   Java 基本数据类型

分 类	数据类型	名 称	位长	默认值	取 值 范 围
整数类型	字节型	byte	8	0	$-2^7 \sim 2^7-1$
	短整型	short	16	0	$-2^{15} \sim 2^{15}-1$
	整型	int	32	0	$-2^{31} \sim 2^{31}-1$
	长整型	long	64	0	$-2^{63} \sim 2^{63}-1$
浮点类型	单精度型	float	32	0.0	$-3.4\times10^{38} \sim +3.4\times10^{38}$
	双精度型	double	64	0.0	$-1.7\times10^{308} \sim +1.7\times10^{308}$
字符类型	字符型	char	16	'\u0000'	'\u0000' ~ '\uffff'
布尔类型	布尔型	boolean	1	false	true、false

1. 整型

整型数据用于保存整数信息，Java 提供了 4 种不同的整数类型，包括字节型（byte）、短整型（short）、整型（int）和长整型（long），Java 的各整数类型有固定的整数范围和字段长度，其不受具体操作系统的影响，以保证 Java 程序的可移植性。Java 语言的整型常量默认为 int 型，声明 long 型常量时可以后加'l'或'L'，建议使用'L'。例如：

```
int i1=600;              //正确
long i2=88888888888L;    //必须加 L，否则会出错
```

2. 浮点型

Java 浮点型包括单精度型（float）、双精度型（double），与整数类型相同，Java 浮点类型有固定的整数范围和字段长度，不受平台影响。Java 语言的浮点型常量默认为 double 型，声明 float 型常量时可以后加'f'或'F'。例如：

```
double d=12345.6;              //正确
float f=12.3f;                 //必须加 f,否则会出错
```

3. 字符型

char 型数据用于表示通常意义上"字符",Java 语言采用 16 位 Unicode 编码保存。字符常量为用单引号括起来的单个字符。例如:

```
char eChar='a';               //正确
char cCahr='中';              //正确
char dChar='bc';              //错误
char c2='\n';                 //正确,代表换行符
```

4. 布尔型

boolean 类型数据用于表示只有两种状态的逻辑值,分别代表现实生活中的特定条件成立与否,一般用于程序流程控制,布尔类型数据只允许取值 true 或 false。

用法举例:

```
boolean flag;
flag=true;
if(flag){
//do something
}
```

5. Java 中常用的转义字符

在 Java 编程中往往需要一些特殊操作,例如空格、换行。或者一些使用特殊符号的意愿与程序中特殊符号意思冲突的时候,不能直接写就需要把这些符号转义,表达自己的本意,并与程序中的特殊符号做区分,这些都需要转义操作。Java 中常用的转义字符如表 2.3 所示。

表 2.3 Java 中常用的转义字符

转 义 符	含 义	转 义 符	含 义
\'	单引号	\n	换行
\"	双引号	\f	换页
\\	反斜线	\t	水平跳格
\r	回车	\b	退格

例如,若要输出信息"绝对路径 D:\骑兵王.jpg",需要编写如下代码:

```
System.out.println("绝对路径 D:\\骑兵王.jpg");
```

其中,"绝对路径 D:\\骑兵王.jpg"中的第一个单斜线\为转义字符,第二个单斜线才是我们真正要的斜线。

🅀 **思考**:编写输出以下信息的语句。

(1) Lily 说:"早上好!"

(2) "ab"='a'+'b'

2.4　数据类型转换

Java 语言是一种强类型的语言,强类型语言有以下几个要求。

- 变量或常量必须有类型:要求声明变量或常量时必须声明类型,而且只能在声明以后才能使用。
- 赋值时类型必须一致:值的类型必须和变量或常量的类型完全一致。
- 运算时类型必须一致:参与运算的数据类型必须一致才能运算。

但是在实际使用中,经常碰到用常量、变量或者表达式给另一个变量赋值时两者的数据类型不一致的情况,这就需要一种新的语法来适应这种需要,这个语法就是数据类型转换。Java 类型转换可以分为隐式转换(自动类型转换)和显式转换(强制类型转换)两种。由于基本数据类型中的 boolean 类型不是数字型,所以基本数据类型的转换是除了 boolean 类型以外的其他 7 种类型之间的转换。

1. 隐式转换

隐式转换也称为自动类型转换,这种类型转换由编译器自动完成,不需要在程序中编写代码。由于在实际开发中这样的类型转换很多,所以 Java 语言在设计时没有为该操作设计语法,而是由 JVM 自动完成。

适用场合:当占用比特位数较少的数据转换为占用比特位数较多的数据时,即从存储范围小的类型到存储范围大的类型。

转换规则:byte→short(char)→int→long→float→double

以上类型从左到右依次自动转换,最终转换为统一数据类型,例如 byte 和 int 类型数据运算,则最终转换为 int 类型;如果是 byte、int 和 double 这 3 种类型数据参与运算,则最终转换为 double 类型。

注意问题:在整数之间进行类型转换时,数值不发生改变,而将整数类型,特别是比较大的整数类型转换成小数类型时,由于存储方式不同,有可能存在数据精度的损失。

2. 显式转换

显式转换也称为强制类型转换,是指必须书写代码才能完成的类型转换。

适用场合:当占用比特位数较多的数据转换为占用比特位数较少的数据时,即从存储范围大的类型到存储范围小的类型。

转换规则:double→float→long→int→short(char)→byte

语法格式:(目标数据类型)变量名或表达式

例如:

```
int i=99;byte b=(byte)i;char c=(char)i;
```

注意问题:该类类型转换很可能存在精度的损失,所以必须书写相应的代码,并且能够忍受该种损失时才进行该类型的转换。

在例 2-1 程序中,第 7 行代码对数值 5 进行了强制类型转换,即(double)5,若不这样做,将这行代码改为“double celsius=(fahrenheit-32)*(5/9)”,将会导致如图 2.3 所示的错误结果。

图 2.3 不进行强制类型转换的运行结果

2.5 数据的标准输入和输出

例 2-1 程序运行的过程是先输出提示信息→等待从键盘输入的华氏温度值→输出转换后的摄氏温度值,这一系列的功能都是由 Java 的标准输入和输出操作完成的。

1. 输入数据

Scanner 是 SDK1.5 新增的一个类,该类在 java.util 包中,这是一个用于扫描输入文本的新的实用程序,它是以前的 StringTokenizer 和 Matcher 类之间的某种结合。由于任何数据都必须通过同一模式的捕获组检索或通过使用一个索引来检索文本的各部分,于是可以结合使用正则表达式和从输入流中检索特定类型数据项的方法。这样,除了能使用正则表达式之外,Scanner 类还可以任意地对字符串和基本类型(如 int 和 double)的数据进行分析。借助于 Scanner,可以针对任何要处理的文本内容编写自定义的语法分析器。利用该类进行数据输入操作的步骤如下。

(1) 在程序开头添加一行导入包语句"import java.util. * ;"。

(2) 构造 Scanner 类对象,它附属于标准输入/输出流 System.in。

```
Scanner scanner=new Scanner(System.in);
```

(3) 使用 Scanner 类的各种方法实现输入操作,该类提供一系列 nextXXX()方法实现输入不同类型的数据,其中 XXX 为数据类型关键字名称,常用 next 系列方法如表 2.4 所示。

表 2.4 **Scanner 类的常用 next 系列方法**

方 法	概 述
nextBoolean()	将扫描结果解释为一个布尔值的输入标记并返回该值
nextDouble()	将输入信息的下一个标记扫描为一个 double 值
nextFloat()	将输入信息的下一个标记扫描为一个 float 值
nextInt()	将输入信息的下一个标记扫描为一个 int 值
nextLine()	此扫描器执行当前行,并返回跳过的输入信息
next()	读取输入的下一个单词(以空格作为分隔符)
hasNextBoolean	判定读取的下一个单词是否可以被解析为 boolean 类型
hasNextDouble	判定读取的下一个单词是否可以被解析为 double 型浮点数
hasNextFloat	判定读取的下一个单词是否可以被解析为 float 型浮点数
hasNextInt	判定读取的下一个单词是否可以被解析为 int 型整数
hasNext	判定输入是否还有未被解析的单词

例如：

- 在例 2-1 程序的第 13 行输入一个 double 类型数据：

```
double fahrenheit=scanner.nextDouble();
```

- 输入一行字符串：

```
String name=scanner.nextLine();
```

- 输入整数：

```
int age=scanner.nextInt();
```

【例 2-3】 数据标准输入举例。

完整程序代码：

```
1.   import java.util.*;
2.   public class ex4 {
3.   public static void main(String[] args) {
4.       int x;                                        //输入一个整数
5.       Scanner scanner=new Scanner(System.in);
6.       //判定键盘输入的是否是 int 类型的整数
7.       while(!scanner.hasNextInt())
8.       {
9.         scanner.next();                             //不是需要的类型,需要重新输入
10.        System.out.println("请输入一个整数");
11.      }
12.      x=scanner.nextInt();
13.      System.out.println(x);                        //重新打印输入的整数
14.  }
```

程序运行结果如图 2.4 所示。

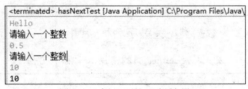

图 2.4   例 2-3 的运行结果

2. 输出数据

Java 中数据标准输出常用 3 个方法：System.out.println(输出项)方法、System.out.print(输出项)方法和 System.out.printf(格式,输出项)方法,其中输出项可以是变量、常量和表达式。前两个方法的区别在于第一种方法输出结果换行,而第二种方法输出结果后不换行。

【例 2-4】 输出数据举例。

完整程序代码：

```
1.   public class ex1 {
2.   public static void main(String args;]){
3.     System.out.println("欢迎学习 Java");
4.     System.out.println(10*2+4);
5.     System.out.println("a="+20);
6.     System.out.print("欢迎学习 Java");
```

```
7.      System.out.print(10 * 2+4);
8.      System.out.print(" a="+20);
9.  }
10. }
```

分别用 System.out.println（输出项）和 System.out.print（输出项）实现数据输出，程序运行结果如图 2.5 所示，可以看到二者的区别。因为 System 类在默认包 java.lang 中，所以不需要特别引入。

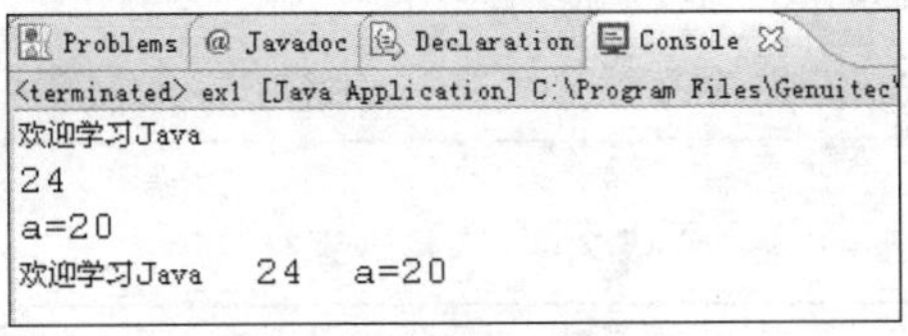

图 2.5　数据的标准输出

【例 2-5】　输出数据举例。

完整程序代码：

```
1.  public class ex2 {
2.  public static void main(String args[]){
3.      double x=0.1+0.2;
4.      System.out.println(x);
5.      System.out.printf("%.4f\n",x); }
6.  }
```

程序运行的结果如图 2.6 所示，可以看出直接输出变量 x 的值，会与我们的直观认识有所偏差，这是由于浮点型表示的精确性不足导致的。此时，可以通过 System.out.printf（格式，输出项）函数对输出项进行格式化输出，从而达到期望的结果。此处应该注意到，这里只是对输出做出了处理，对浮点型数据由于表示的不精确性而导致计算结果存在误差，并没有得到解决。有兴趣的同学可以调研下相关的行业，如财务报表、工程制图等场景下是如何处理该情况的。

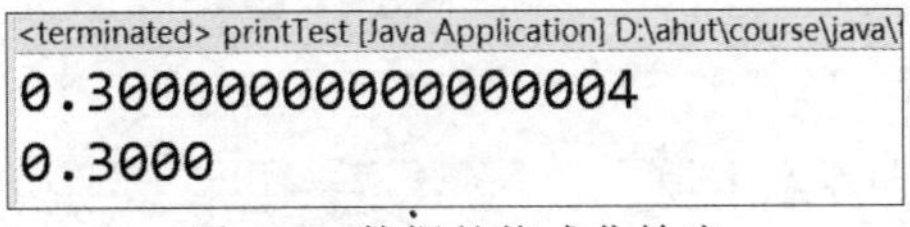

图 2.6　数据的格式化输出

2.6　运算符和表达式

在程序对数据进行处理时，经常要进行数据的运算，本节介绍关于运算符与表达式的一些知识。

1. 运算符

运算符是用于变量及常量之间进行运算的符号，Java 语言中的运算符可以分为多种，各运算符之间还有一些特殊的用法，下面详细介绍运算符的有关知识。

1）算术运算符

算术运算符的主要功能是进行算术运算，Java 的算术运算符分为一元运算符（如

表 2.5 所示)和二元运算符(如表 2.6 所示)。

表 2.5　一元运算符

运 算 符	含　义	实　例
＋	整数运算符,取正数	j＝+i;
－	负数运算符,取负数	k＝-i;
＋＋	自增运算符,加 1 运算	m＝++i;m＝i++;
－－	自减运算符,减 1 运算	n＝--j;n＝j--;

表 2.6　二元运算符

运 算 符	含　义	实　例
＋	连接两个变量或常量进行加法运算	a＋b
－	连接两个变量或常量进行减法运算	a－b
*	连接两个变量或常量进行乘法运算	a * b
/	连接两个变量或常量进行除法运算	a/b
％	模运算,连接两个变量或常量进行除法运算的余数	a％b

表 2.5 中的一元运算符＋和－是对操作数取正值和负值,很好理解。下面重点来看一下自增运算符＋＋和自减运算符－－。这两种一元运算符在具体使用时各有两种形式,其中运算符在操作数之前称为前置增量/减量运算符,若运算符在操作数之后称为后置增量/减量运算符。两者的差别是:如果放在变量之前(如＋＋i),则变量值先加 1 或减 1,然后进行其他相应的操作(主要是赋值操作);如果放在变量之后(如 i＋＋),则先进行其他相应的操作,然后再进行变量值加 1 或减 1。例如:

```
int x=1;
y=1+x++;      //运算后 y=2,x=2
y=1+++x;      //运算后 y=3,x=2
```

算术运算符有下面几点注意事项。

- 整数除法的结果是整数,例如 5/2＝2,而不是 2.5。
- 运算符％完成取余运算,既可用于两个操作数都是整数的情况,例如 5％2＝1、15％2＝1;也可用于两个操作数都是浮点数(或一个操作数是浮点数)的情况。当两个操作数都是浮点数时,例如 7.6％2.9,计算结果为 7.6－2 * 2.9＝1.8。
- 前置增量/减量运算符:变量先加 1 或减 1,再参与表达式中的运算。
- 后置增量/减量运算符:变量先参与表达式的运算,再加 1 或减 1。
- 一元运算符与其前后的操作数之间不允许有空格,否则编译时会出错。

2) 字符串连接运算符＋

＋除用于算术加法运算外,还可用于对字符串进行连接操作。＋运算符两侧的操作数中只要有一个是字符串(String)类型,系统就会自动将另一个操作数转换为字符串然后再进行连接。例如:

```
int i=300 +5;
String s="hello," +i +"号";
System.out.println(s);        //输出结果: hello,305 号
```

3) 关系运算符

关系运算符用于比较两个数值之间的大小,其运算结果为一个 boolean 类型的数值,即 true 或 false。关系运算符有 6 个,如表 2.7 所示。

表 2.7 关系运算符

运 算 符	含 义	实 例	运 算 符	含 义	实 例
>	大于	a>b	<=	小于或等于	a<=b
>=	大于或等于	a>=b	==	等于	a==b
<	小于	a<b	!=	不等于	a!=b

例如:

- 比较两个变量:

```
int temp1=30,temp2=35;
System.out.println("30 比 35 大吗?"+(30>35));
```

输出结果: 30 比 35 大吗? false

- 比较两个字符:

```
System.out.println("字符 F 小于字符 d 吗?"+('F'<'d'));
```

输出结果: 字符 F 小于字符 d 吗? true

- 比较两个表达式:

```
System.out.println("(3+5 * 6)<=(7 * 2+9/4)?"+((3+5 * 6)<=(7 * 2+9/4)));
```

输出结果: (3+5 * 6)<=(7 * 2+9/4)? false

4) 条件运算符

条件运算符(?:)的语法形式为:

<表达式 1>? <表达式 2>: <表达式 3>

含义为:

```
if 表达式 1 为真
    执行表达式 2;
else
    执行表达式 3;
```

说明: <表达式 1>必须为 boolean 类型,当其值为 true 时,将<表达式 2>的值作为整个表达式的最终结果,否则将<表达式 3>的值作为整个表达式的最终结果。

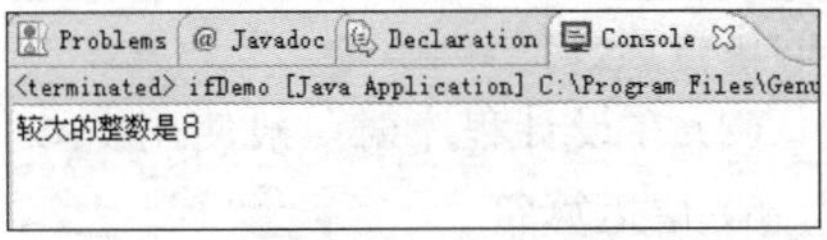

图 2.7 条件运算符使用举例结果

【例 2-6】 条件运算符使用举例:比较两个数的大小并输出结果,程序运行结果如图 2.7 所示。

完整程序代码:

```
1. public class ifDemo{
2.    public static void main(String args;]){
3.       int a=5,b=8,c;
4.       c=a>b? a:b;
5.       System.out.println("较大的整数是"+c);
6.    }
7. }
```

5）逻辑运算符

逻辑运算符要求操作数的数据类型为逻辑型，其运算结果也是逻辑型值。Java 语言中的逻辑运算符有逻辑与(&&)、逻辑或(||)、逻辑非(!)、逻辑异或(^)、逻辑与(&)、逻辑或(|)。

真值表是表示逻辑运算功能的一种直观方法，其具体方法是把逻辑运算的所有可能值用表格形式全部罗列出来。Java 语言逻辑运算符的真值表如表 2.8 所示。

表 2.8　逻辑运算符真值表

A	B	A&&B	A‖B	!A	A^B	A&B	A|B
false	false	false	false	true	false	false	false
true	false	false	true	false	true	false	true
false	true	false	true	true	true	false	true
true	true	true	true	false	false	true	true

需要说明的是，两种逻辑与(&& 和 &)的运算规则基本相同，两种逻辑或(|| 和|)的运算规则也基本相同。其主要区别如下。

(1) & 和|运算是把逻辑表达式全部计算完，而 && 和|| 运算具有短路计算功能。

所谓短路计算，是指系统从左至右进行逻辑表达式的计算，一旦出现计算结果已经确定的情况，则计算过程即被终止。对于 && 运算来说，只要运算符左端的值为 false，无论运算符右端的值为 true 还是 false，其最终结果都为 false。所以，系统一旦判断出 && 运算符左端的值为 false，则系统将终止其后的计算过程；对于||运算来说，只要运算符左端的值为 true，无论运算符右端的值为 true 还是 false，其最终结果都为 true。所以，系统一旦判断出||运算符左端的值为 true，则系统将终止其后的计算过程。

例如，有以下逻辑表达式：

```
(i>=1) && (i<=100)
```

此时，若 i 等于 0，则系统判断出 $i \geqslant 1$ 的计算结果为 false 后马上得出该逻辑表达式的最终计算结果为 false，因此，系统不继续判断 $i \leqslant 100$ 的值。短路计算功能可以提高程序的运行速度。

(2) 在设计程序时一般使用 && 和|| 运算符，不使用 & 和|运算符。

6）位运算符

位运算符对操作数以二进制比特为单位进行运算，其操作数和运算结果都是整型值。Java 语言中的位运算符如表 2.9 所示。

位运算的位与(&)、位或(|)、位非(~)、位异或(^)与逻辑运算的相应操作的真值表完全相同，其差别只是位运算操作的操作数和运算结果都是二进制整数，而逻辑运算相应操作

的操作数和运算结果都是逻辑值。

表 2.9　位运算符

运 算 符	名　称	示　例	说　明
&	位与	x&y	把 x 和 y 按位求与
|	位或	x|y	把 x 和 y 按位求或
~	位非	~x	把 x 按位求非
^	位异或	x^y	把 x 和 y 按位求异或
>>	右移	x>>y	有符号数,把 x 的各位右移 y 位
<<	左移	x<<y	有符号数,把 x 的各位左移 y 位
>>>	右移	x>>>y	无符号数,把 x 的各位右移 y 位,左边填 0

例如"a=0010,b=1011",则 a&b=0010,a|b=1011,a^b=1001,~a=1101。

7) 赋值运算符

Java 语言中的基本赋值运算符为=,其功能是为变量赋值。例如:

```
int i=34,j=5;
int sum=i+j;   //sum=39
```

除此之外,基本赋值运算符还可以与二元算术运算符、逻辑运算符和位运算符组合成简捷运算符,从而可以简化一些常用表达式的书写,称为复合赋值运算符,如表 2.10 所示。

表 2.10　复合赋值运算符

运 算 符	实　例	含　义	运 算 符	实　例	含　义
+=	a += b	a=a+b	%=	a%=b	a=a%b
-=	-=	a=a-b	&=	a&=b	a=a&b
*=	a * =b	a=a * b	|=	a|=b	a=a|b
/=	a/=b	a=a/b	^=	a^=b	a=a^b

【例 2-7】　复合赋值运算符举例。

```
1. public class fhDemo {
2. public static void main(String args;]){
3.     int sum=0,a=4,b=6;
4.     System.out.println(sum+=a);
5.     System.out.println(sum * =b);
6.     System.out.println(sum/=5);
7. }
8. }
```

程序运行结果如图 2.8 所示。

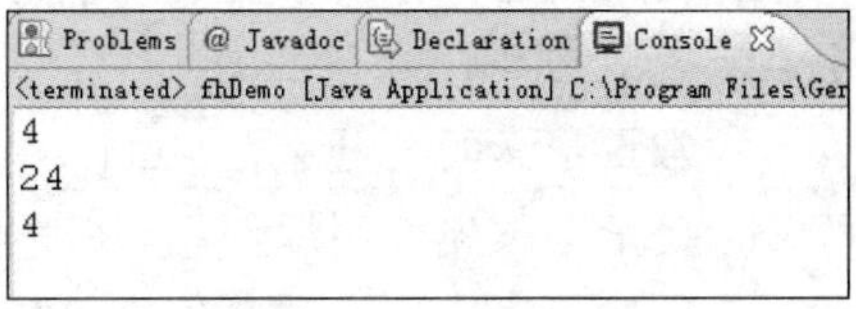

图 2.8　例 2-7 的运行结果

2. 表达式

表达式是由一系列常量、变量、方法调用、运算符组合而成的符合一定语法规则的语句,例如 3、a、5.0+a、(a-b) * c-4。

表达式执行这些元素指定的计算并返回结果,这个结果称为表达式的值,表达式的值的类型也是整个表达式的类型。在对一个表达式进行计算时，要按照运算符的优先级从高到低的顺序进行，同一级的运算符按结合方向进行，为了使表达式结构清晰，建议适当使用()。当两个操作数类型不一致时要注意类型转换问题。例如：

```
String s1=3 +5 +"hello";              //s1结果为"8hello"
String s2="hello" +3 +5;              //s2结果为"hello35"
double celsius=(212.00-32) * ((double)5/9);  //celsius结果为100.0
```

3. 运算符优先级

Java语言中运算符的优先级如表 2.11 所示，表达式在运算时严格按照此优先级进行计算。

表 2.11　运算符优先级/结合方向

结 合 方 向	Java 运算符
从左向右	[]、()、.(方法调用)
从右向左	++、--、+(单目运算)、-(单目运算)、~、!、(强制类型转换)、new
从左向右	*、/、%
从左向右	+(加)、-(减)
从左向右	<<、>>、>>>
从左向右	<、<=、>、>=、instanceof
从左向右	==、!=
从左向右	&
从左向右	^
从左向右	|
从左向右	&&
从左向右	||
从右向左	?:
从右向左	=、+=、-+、* =、/=、%=、&=、|=、^=、<<=、>>=、>>>=

2.7　本章小结

（1）本章首先给出一个综合使用 Java 基本技术的案例——华氏温度值转换为摄氏温度值。该案例基本上使用了本章所有的 Java 语言基础知识。

（2）Java 语言中的标识符在命名时要遵循一定的规则，并且按照约定俗成的命名惯例进行编程会达到事半功倍的效果。

（3）常量定义的关键字是 final。

（4）变量必须先声明后使用，在编程过程中要注意变量的类型和作用域。

（5）Java 语言中有 4 类 8 种简单数据类型，除 boolean 类型外，其他 7 种可以相互转换。

（6）数据类型转换有隐式转换和显式转换两种，显式转换建议在必要时使用。

（7）利用 java.util.Scanner 类和 java.lang.System 类可以进行数据的标准输入和输出。

（8）Java 语言中大致有 7 种运算符，按照 Java 语言运算优先级规则结合正确的表达式可以完成所有基本运算和操作。

2.8　习题

一、选择题

1. 下面单词是 Java 语言的关键字的是(　　)。

A. Double　　　　　B. this　　　　　C. string　　　　　D. bool

2. 下面是 Java 语言中正确的标识符的是(　　)。

A. byte　　　　　B. new　　　　　C. next　　　　　D. rest－1

3. 在 Java 语言中,整型常量不可以是(　　)。

A. double　　　　　B. long　　　　　C. int　　　　　D. byte

4. 下面语句能定义一个字符变量 char 的是(　　)。

A. char chr＝'abcd';　　　　　　　　B. char chr＝'\uabcd';

C. char chr＝"abcd";　　　　　　　　D. char chr＝\uabcd;

5. 下面对字符串 s1 的定义不正确的是(　　)。

A. String s1＝"abcd";　　　　　　　　B. String s1;

C. String s1＝"abcd\0";　　　　　　　D. String s1＝"\abcd";

6. 下面语句不能定义一个 float 类型变量 f 的是(　　)。

A. float f＝3.1415E10;　　　　　　　　B. float f＝3.14f;

C. float f＝3.1415F;　　　　　　　　D. float f＝3.14F;

7. 下列运算结果为 float 类型值的是(　　)。

A. 100/10　　　　　B. 100 * 10　　　　　C. 100.0＋10　　　　　D. 100－10

8. 语句“byte b＝011;System.out.println(b);”的输出结果为(　　)。

A. B　　　　　B. 11　　　　　C. 9　　　　　D. 011

二、填空题

1. 在 float、ad1bc、2ab 、d_a 中不可以用作用户标识符的是_____、_____。

2. 在“baa2 * a”、3＋5、30、2 * 4 中合法的常量有_____、_____。

3. 限定一个变量的值不可更改的关键字是_____。

4. 表达式“20”＋30 的值是_____。

5. 已知 x＝20,y＝60,z＝50.0,则 x＋(int)y/2 * z%10 的值是_____。

三、简答题

1. 简述 Java 基本数据类型的分类以及具体的类型名称。

2. 简述局部变量与成员变量的区别。

四、程序设计题

编写一个应用程序,实现如下功能:程序运行时提示并接收用户通过键盘输入的姓名、性别及年龄信息,然后将其输出到控制台屏幕上。

第 2 章 资源包

第 2 章 习题解答

第3章 程序流程控制

主要内容：本章主要介绍 Java 程序设计过程中的主要程序结构、程序控制语句和数组相关知识。

教学目标：掌握程序流程结构及主要的程序控制语句，即选择语句、循环语句及循环控制语句；掌握数组的基础知识和使用。

3.1 案例：摄氏温度到华氏温度对照表的实现

【例 3-1】 华氏温度到摄氏温度对照表的实现：华氏温度（Fahrenheit）和摄氏温度（Centigrade）都是用于计量温度的单位，华氏温度＝摄氏温度×9/5＋32，华氏温标规定在一个大气压下水的冰点为 32 度，沸点为 212 度。程序运行结果如图 3.1 所示。

摄氏、华氏温度对照表									
摄氏	华氏	摄氏	华氏	摄氏	华氏	摄氏	华氏	摄氏	华氏
1.0	33.8	2.0	35.6	3.0	37.4	4.0	39.2	5.0	41.0
6.0	42.8	7.0	44.6	8.0	46.4	9.0	48.2	10.0	50.0
11.0	51.8	12.0	53.6	13.0	55.4	14.0	57.2	15.0	59.0
16.0	60.8	17.0	62.6	18.0	64.4	19.0	66.2	20.0	68.0
21.0	69.8	22.0	71.6	23.0	73.4	24.0	75.2	25.0	77.0
26.0	78.8	27.0	80.6	28.0	82.4	29.0	84.2	30.0	86.0
31.0	87.8	32.0	89.6	33.0	91.4	34.0	93.2	35.0	95.0
36.0	96.8	37.0	98.6	38.0	100.4	39.0	102.2	40.0	104.0

图 3.1 摄氏、华氏温度对照表

完整程序代码：

```
1.   public class CelsiusConverterTable {
2.     public static void main(String[] args) {
3.         System.out.println();
4.         System.out.print("\t\t\t");
5.         System.out.println("摄氏、华氏温度对照表");
6.         System.out.print("--------------------------------------------");
7.         System.out.println("-------------------------------");
8.         for(int i=0;i<5;i++){
9.             System.out.print("摄氏"+" "+"华氏"+"\t");
10.        }
11.        System.out.println();
12.        for(int i=1;i<=40;i++){
13.            double celsius=i;
14.            double fahrenheit=celsius * 9/5+32;
15.            if(i%5==0)
16.            {
17.                System.out.print(celsius+"  "+fahrenheit+"\t");
```

```
18.                  System.out.println();
19.              }
20.          else
21.                  System.out.print(celsius+"  "+fahrenheit+"\t");
22.          }
23.      }
24. }
```

本例输出了摄氏温度值 1～40 对应的华氏温度值。其中，第 3～7 行输出表头；第 8～10 行输出表的列标题；第 12～22 行输出对照表中具体的温度值。在本案例中存在 3 种程序运行流程，即顺序结构、分支结构和循环结构。

在 Java 语言中，顺序结构最简单，按出现的顺序执行代码；分支结构用于实现根据条件选择性地执行某段代码；循环结构则用于根据循环条件重复执行某段代码。Java 提供了 if 和 switch 两种分支语句，并提供了 while、do…while 和 for 共 3 种循环语句，除此之外，JDK1.5 还提供了一种新的循环——for…each 循环，能以更简单的方式遍历集合、数组的元素。同时，Java 还提供了 break 和 continue 来控制程序的循环结构。

数组是大部分编程语言都支持的数据结构，Java 也不例外。Java 的数组类型是一种引用类型的变量，Java 程序通过数组引用变量来操作数组，包括获得数组的长度、访问数组元素的值等。

本章将详细介绍 Java 程序的运行流程及数组的相关知识，包括各种程序运行结构的定义，程序控制语句的运行流程及使用，如何定义、初始化数组等基础知识，并深入介绍数组在内存中的运行机制。

3.2　顺序结构

在任何编程语言中最常见的程序结构就是顺序结构。顺序结构是按照语句出现的顺序依次执行的程序结构，中间没有任何判断和跳转。

如果 main 方法中多行代码之间没有任何流程控制，则程序总是从上向下依次执行，排在前面的代码先执行，排在后面的代码后执行。这意味着如果没有流程控制，Java 方法中的语句是一个顺序执行流，从上向下依次执行每条语句。顺序结构的程序流程图如图 3.2 所示，按照语句 A 和语句 B 的出现顺序从上到下依次执行程序代码。

例如，在例 3-1 中，程序代码的第 3～7 行即为顺序结构，负责输出对照表的头部信息，如图 3.3 所示，具体程序代码如

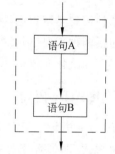

图 3.2　顺序结构程序流程图

下所示。第 3 行代码用于输出一个空行，主要为了程序运行结果的美观；第 4 行代码输出"摄氏、华氏温度对照表"前的空格，使文字尽量居中显示；第 6、7 行代码输出连续的小横线。

摄氏、华氏温度对照表

图 3.3　对照表的头部信息效果图

```
1.   public class CelsiusConverterTable {
2.     public static void main(String[] args) {
3.         System.out.println();
4.         System.out.print("\t\t\t");
5.         System.out.println("摄氏、华氏温度对照表");
6.         System.out.print("----------------------------------------");
7.         System.out.println("-------------------------------");
8.     }
9.   }
```

3.3　分支语句

分支结构也称选择结构，这种结构用于有条件地执行或跳过特定的语句或语句块，实现有选择的流程控制。Java 主要有 3 种分支结构，即单路分支结构、双路分支结构和多路分支结构，这 3 种结构的程序流程图如图 3.4 所示。

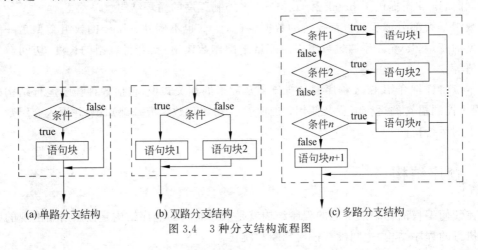

(a) 单路分支结构　　　(b) 双路分支结构　　　(c) 多路分支结构

图 3.4　3 种分支结构流程图

条件语句是逻辑选择的核心，也是所有流程控制结构中最基础的控制语句。条件语句主要包括两种重要语句，即 if…else 语句和 switch 语句，使用它们可以实现程序流程的分支控制。下面具体介绍这两种语句。

3.3.1　if…else 语句

if…else 语句用于实现分支结构，其中的 else 子句不是必需的。if…else 语句又可细分为 3 种形式，即单路分支结构、双路分支结构和多路分支结构。

1. 用 if 语句实现单路分支结构

1）语法格式

```
if(<boolean 类型表达式>)
    <statement>
```

2）举例

【例 3-2】　利用铁路将行李从甲地托运到乙地，行李不超过 10kg 时，运费是 10 元，如果超过 10kg，超过部分的运费为 2.00 元/kg。设行李重 xkg，请编写程序计算运费 a。

这是一个关于运费计算的数学应用题,要解决这个问题,首先要考虑应该如何构建计算公式。根据题意可写出如下计算公式:

$$a=\begin{cases}10 & x\leqslant 10\\10+2(x-10) & x>10\end{cases}$$

根据以上计算公式可以构建类 chapter3_2 的程序代码。本程序的设计思想是:第 3 行代码首先定义了一个存储行李托运费用的整型变量 a 并赋初值 10,因为无论行李多重,都要收取 10 元的基本费用;第 4 行代码定义存放行李重量的变量 x,这里将行李重量处理成了整型值,读者可以尝试改为其他合理类型;第 5、6 行代码用 if 语句判断当行李重量超过基本重量时,运用前面得到的公式计算实际的行李托运费用;第 7 行代码将最终的行李托运费用输出。程序运行流程图如图 3.5 所示,程序运行结果如图 3.6 所示。

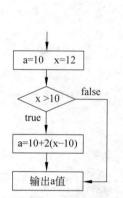

图 3.5 例 3-2 程序的流程图

图 3.6 例 3-2 程序的运行结果

完整程序代码:

```
1.    public class chapter3_2 {
2.      public static void main(String[] args) {
3.          int a=10;
4.          int x=12;
5.          if(x>10)
6.              a=a+(x-10) * 2;                    //受 if 条件影响,条件成立时执行
7.              System.out.println("您行李的运费为:" +a);   //无条件执行
8.      }
9.    }
```

2. 用 if…else 语句实现双路分支结构

1) 语法格式

```
if(<表达式>)
    <statement1>
else
    <statement2>
```

2) 应用举例

【例 3-3】 利用铁路将行李从甲地托运到乙地,行李不超过 50kg 时,运费是 1.50 元/kg,如果超过 50kg,超过部分的运费为 2.00 元/kg。设行李重 xkg,请编写程序计算运费 a。

例 3-3 仍然是一个关于行李托运费用的应用问题,不同的是行李重量和托运费用之间

的关系发生了一些变化。根据题意,可以得出以下计算公式:

$$a = \begin{cases} 1.5x & x \leqslant 50 \\ 1.5 \times 50 + 2(x-50) & x > 50 \end{cases}$$

根据以上计算公式可以构建类 chapter3_3 的程序代码。本程序的设计思想是:第 3 行代码首先定义了一个存储行李托运费用的浮点类型变量 a 并赋初值 0;第 4 行代码定义存放行李重量的变量 x 并赋初值 56,这里将行李重量处理成了整型值,读者可以尝试改为其他合理类型;第 5~8 行代码用 if…else 双路分支结构语句判断当前行李重量处于哪个取值范围,并运用前面得到的公式计算实际的行李托运费用;第 9 行代码将最终的行李托运费用输出。程序运行流程如图 3.7 所示,程序运行结果如图 3.8 所示。

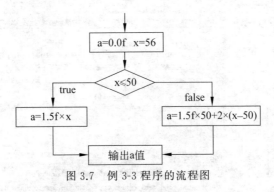

图 3.7 例 3-3 程序的流程图

```
CelsiusConverterTable.java      chapter3_3.java
 1  public class chapter3_3 {
 2      public static void main(String[] args) {
 3          float a=0.0f;
 4          int x=56;
 5          if(x<=50)
 6              a=1.5f*x;
 7          else
 8              a=1.5f*50+2*(x-50);
 9          System.out.println("您行李的运费为:" + a+"元人民币");
10      }
11  }
12
```

```
Problems   @ Javadoc  Declaration  Console
<terminated> chapter3_3 [Java Application] D:\Users\Administrator\AppData\Local\Genuitec\C
您行李的运费为:87.0
```

图 3.8 例 3-3 程序的运行结果

完整程序代码:

```
1.  public class chapter3_3 {
2.    public static void main(String[] args) {
3.        float a=0.0f;
4.        int x=56;
5.        if(x<=50)
6.            a=1.5f * x;
7.        else
8.            a=1.5f * 50+2 * (x-50);
9.        System.out.println("您行李的运费为:" +a+"元人民币");
10.   }
```

```
11. }
```

3) 案例分析

本章开头案例摄氏、华氏温度对照表在具体实现过程中用到了 if…else 语句,程序代码从类 CelsiusConverterTable 的第 16 行代码开始到第 22 行代码结束,具体代码如图 3.9 所示。if…else 语句在本部分程序中的功能是控制每行输出的摄氏温度和华氏温度值的对数,具体地用第 16 行代码 i%5==0 控制每行输出 5 对摄氏温度和华氏温度值。

```
if(i%5==0)
{
System.out.print(celsius+"     "+fahrenheit+"\t");
System.out.println();
}
else
System.out.print(celsius+"     "+fahrenheit+"\t");
```

图 3.9　if…else 语句在例 3-1 中的使用截图

3. 用 if…else 语句实现多路分支结构

1) 语法格式

```
if(<表达式 1>)
<语句 1>
else if(<表达式 2>)
<语句 2>
    …
else if(<表达式 n>)
<语句 n>
[else
<语句 n+1>]
```

该语法格式实际上是对基本 if…else 语句的一个嵌套,在基本语法格式的 statement1 和 statement2 处再次添加 if…else 语句。

2) 例题

【例 3-4】　按照表 3.1 所示的标准,根据成绩所属范围给出相应的级别。

表 3.1　成绩评定标准

成　绩	$60 \leqslant score < 75$	$75 \leqslant score < 85$	$85 \leqslant score <= 100$
级　别	中	良	优

本例如果用简单 if 语句实现,思路如下:

```
if(score<60 || score>100)
    不参加评级;
if(score>=60 && score<75)
    等级为中;
if(score>=75 && score<85)
    等级为良;
if(score>=85 && score<=100)
    等级为优;
```

可以看出,当成绩值在不同的取值范围时等级是不同的,可以考虑将成绩划分为几个互斥的范围,这样就可以使用 if…else 的嵌套解决问题,具体思路如图 3.10 所示。

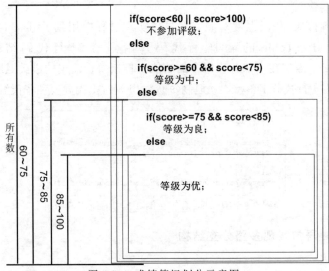

图 3.10　成绩等级划分示意图

　　通过以上分析,可以构造类 chapter3_4 所示的程序代码。第 3 行代码定义了一个待判断等级的成绩值 78;第 4、5 行代码处理位于 $(-\infty,60)$ 和 $(100,+\infty)$ 范围内的成绩值;第 6 行代码"否定"的是第 4 行代码的范围,即以下处理的成绩值都位于 $[60,100]$ 的范围内;第 7、8 行代码则具体处理 $[60,75)$ 这一范围内的成绩值,以此类推。程序流程图和程序运行结果分别如图 3.11 和图 3.12 所示。

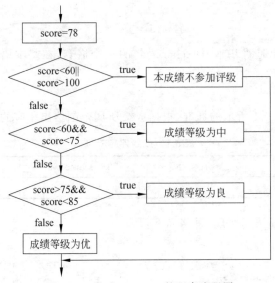

图 3.11　类 chapter3_4 的程序流程图

完整程序代码:

```
1.    public class chapter3_4 {
2.      public static void main(String[] args) {
3.        int score=78;
```

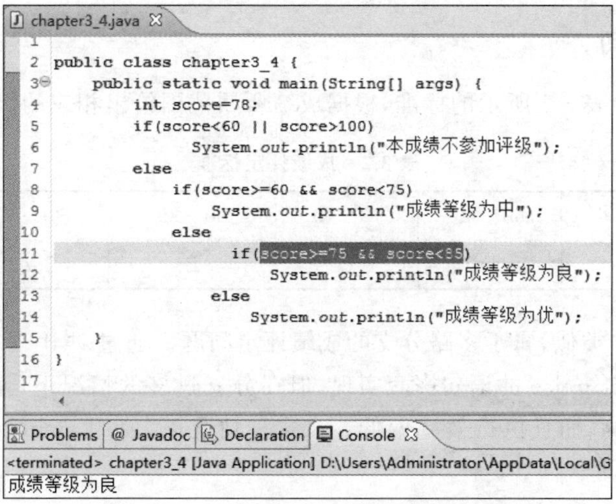

```java
  1
  2  public class chapter3_4 {
  3      public static void main(String[] args) {
  4          int score=78;
  5          if(score<60 || score>100)
  6              System.out.println("本成绩不参加评级");
  7          else
  8              if(score>=60 && score<75)
  9                  System.out.println("成绩等级为中");
 10              else
 11                  if(score>=75 && score<85)
 12                      System.out.println("成绩等级为良");
 13                  else
 14                      System.out.println("成绩等级为优");
 15      }
 16  }
 17
```

Problems　@ Javadoc　Declaration　Console ⊠
`<terminated> chapter3_4 [Java Application] D:\Users\Administrator\AppData\Local\G`
成绩等级为良

图 3.12　类 chapter3_4 的程序运行结果

```
4.          if(score< 60 || score>100)
5.              System.out.println("本成绩不参加评级");
6.          else
7.              if(score>=60 && score<75)
8.                  System.out.println("成绩等级为中");
9.              else
10.                 if(score>=75 && score<85)
11.                     System.out.println("成绩等级为良");
12.                 else
13.                     System.out.println("成绩等级为优");
14.     }
15. }
```

3）说明

（1）并非每个嵌套都需要使用完整的 if…else 语句，可以只使用单个 if 语句来实现嵌套。
例如：

```
System.out.println("请输入一个学生成绩");
Scanner sc=new Scanner(System.in);
int score=sc.nextInt();
if(Score>=60)
{ if(Score<=100)
   System.out.println("该学生成绩及格了!"); }
 else
   System.out.println("该学生成绩不及格!");
```

（2）if…else 配对原则：省略{ }时，else 总是和它上面最近的未配对的 if 配对。
例如：

```
if(…)
   if(…)
       if(…)
       else…
   else…
else…
```

3.3.2　switch 语句

【例 3-5】　按照表 3.2 所示的标准，根据成绩所属范围给出相应的级别。

表 3.2　成绩评定标准

分数	0～59	60～69	70～79	80～89	90～100	＞100
级别	E	D	C	B	A	错误

　　例 3-5 和例 3-4 类似，属于多路分支的成绩评定问题。通过对 if 语句的学习，我们知道这类问题可以使用 if…else 的语句嵌套实现，但在分支过多的情况下，使用 if…else 嵌套不仅代码的可读性不高，而且执行效率偏低。在这种情况下，使用 switch 语句可以解决 if…else 的弊端。

1. 语法格式

```
switch(expression)
  {
  case case1:
      statement1;
      break;
  case case2:
      statement2;
      break;
        ⋮
  case caseN:
      statementN;
      break;
  default:
      default statement;
      break;
  }
```

　　在程序执行 switch 语句时会自动检测 expression 并且与 case 后面的 case1，case2，…，caseN 按顺序依次进行比较。如果与 case$i$（其中 $i=1,2,…,N$）相等，则从 statement$i$ 开始执行；如果全都不符合，则从 default statement 开始执行。该语句的程序流程图如图 3.13 所示。

　　下面有几点说明：

- switch 后的＜表达式＞必须是 int、byte、char、short 类型，枚举类型和封装类类型。
- case 子句中的常量值不得重复。
- 执行完一个 case 后面的语句后，程序顺序执行一个 case 语句块。
- 鉴于此，多个 case 可以共用一组执行语句。例如：

```
switch(level)
    case 'A':
    case 'B':
    case 'C':
    System.out.println("score> 60\n");
        break;
```

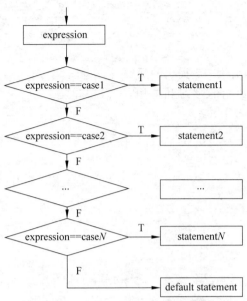

图 3.13   switch 语句的执行流程图

- default 子句是可选的。
- 各个 case 及 default 出现的顺序不影响执行结果。
- break 语句用于在执行完一个 case 分支后使程序跳出 switch 语句块。
- 若每个 case 都有匹配的 break 语句结束,则 case 及 default 出现的顺序不影响执行结果。

2. switch 语句应用

1)switch 语句举例 1

根据输入字母输出字符串。

```
public class SwitchEx1{
public static void main(String args[]){
    int c;
    System.out.println("输入 m 或 n 或 h 或其他:");
    c=scanner.nextChar();
    switch(c)
    { case 'm': System.out.println("Good morning!");break;
      case 'n': System.out.println("Good night!"); break;
      case 'h': System.out.println("Hello!"); break;
      default: System.out.println("????????");}}}
```

2)switch 语句举例 2

根据整数值输出不同的信息。

```
public class SwitchEx2{
    public static void main(String args[]){
        int num=3;
        switch(num)
        {      case    5: System.out.println("Very good!"); break;
               case    4: System.out.println("Good!"); break;
               case    3: System.out.println("Pass!"); break;
```

```
case    2: System.out.println("Fail!"); break;
default  : System.out.println("data error!"); }
    }
}
```

3）用 switch 语句解决例 3-5 提出的问题

通过以上对 switch 语句的学习和使用，可以构建类 chapter3_5 来解决例 3-5 提出的问题。

完整程序代码：

```
1.  public class chapter3_5 {
2.    public static void main(String[] args) {
3.        int score=78;
4.        int dec=score/10;
5.        switch(dec)
6.        {
7.        case 10:
8.        case 9:
9.            System.out.println("该学生成绩对应等级为 A");
10.           break;
11.       case 8:
12.           System.out.println("该学生成绩对应等级为 B");
13.           break;
14.       case 7:
15.           System.out.println("该学生成绩对应等级为 C");
16.           break;
17.       case 6:
18.           System.out.println("该学生成绩对应等级为 D");
19.           break;
20.       default:
21.           System.out.println("该学生成绩对应等级为 E");
22.       }
23.   }
24. }
```

第 3 行代码定义了一个存放成绩值的整型变量 score 并赋初值 78；第 4 行代码定义了一个整型变量 dec 存放成绩值整除数字 10 的商，因为 score、dec 与成绩等级之间有如表 3.3 所示的关系，这种关系为程序的编写带来方便；第 5～22 行代码利用 switch 语句判断整数位 dec 的值，根据结果从 6～10 输出不同的成绩等级，如果与 6～10 都不对应，则执行 default 后面的语句。程序运行结果如图 3.14 所示。

表 3.3 score、dec 与成绩等级之间的关系

成绩值 score		商 dec	成 绩 等 级
0～9		0	E
10～19		1	E
20～29	被 10 除	2	E
30～39		3	E
40～49		4	E

续表

成绩值 score		商 dec	成绩等级
50~59		5	E
60~69		6	D
70~79	被 10 除	7	C
80~89		8	B
90~99		9	A
100		10	A
>100		其他值	不考虑

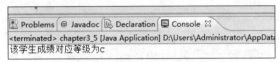

图 3.14　例 3-5 程序的运行结果

3.4　循环语句

循环结构是在一定的条件下重复执行特定代码的程序结构。使用循环结构能够多次执行同一个任务,直到完成另一个比较大的任务。循环结构可以减少源程序重复书写的工作量,用于描述重复执行某段算法的问题,这是程序设计中最能发挥计算机特长的程序结构。Java 提供了多种循环语句用于实现重复性的任务,包括 for 循环、while 循环、do…while 循环和 for…each 循环。

3.4.1　for 循环

1. 语法格式

```
for(<初始化表达式>；<判断表达式>；<递增(递减)表达式>)
    <语句>
```

说明:

- 初始化表达式:初始化表达式的意义在于定义循环之前变量的值是多少,如果没有这一项,则不知道该从哪个值开始循环。
- 判断表达式:判断表达式的作用在于规定循环的终点,如果没有判断表达式,那么此循环就成了死循环。
- 递增(递减)表达式:这一项规定每执行一次程序,变量以多少增量或减量进行变化。
- 语句:需要重复执行的程序,也可以称为循环体。

2. 运行流程

语句是反复执行的部分,即循环体,循环只是语句进行循环,后面的语句都是循环体外的内容。for 循环语句的执行过程为:首先执行初始化表达式,然后执行判断表达式,若它的值为 true,则执行循环语句,接着执行递增（递减）表达式,最后再次回到判断表达式进行逻辑判断,直到其值为 false,结束循环。其具体循环过程如图 3.15 所示。

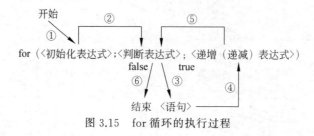

图 3.15　for 循环的执行过程

3. 应用举例 1

【例 3-6】　打印 5 行*****。
完整程序代码:

```
1. public class chapter3_6 {
2.     public static void main(String;] args) {
3.         for(int i=1;i<=5;i=i+1)
4.             System.out.println("*****");
5.     }
6. }
```

本例用 for 循环打印输出*****,在初值表达式中将变量 i 赋予初始值 1,判断条件表达式限定 i 的最大值为 5,增量表达式使变量 i 不断增加 1,可控制循环执行 5 次,每执行一次循环语句输出一行*****。例 3-6 程序的执行流程图和运行结果分别如图 3.16 和图 3.17 所示。

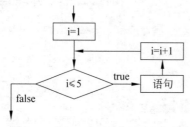

图 3.16　例 3-6 程序的执行流程图

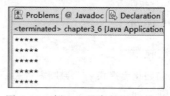

图 3.17　例 3-6 程序的运行结果

4. 等价形式

例 3-6 中使用的是 for 循环的标准形式,从标准形式中还可以变换出以下 3 种等价形式。

1）初值表达式为空

当初值表达式为空时,for 循环可以采用如下形式实现:

```
等价形式 1:
初值表达式;
for(;判断表达式;增量（减量）表达式)
    <语句>
```

根据以上变化形式,例 3-6 的 for 循环可以变化如下:

```
int i=1;
for(;i<=5;i++)
System.out.println("*****");
```

2) 判断表达式为空

等价形式 2:
```
for(初值表达式;;增量(减量)表达式) {
    <语句>
    if(判断表达式的反命题)
    break;      //用于退出 for 循环   }
```

根据以上变化形式,例 3-6 的 for 循环可以变化如下:

```
for(int i=1;;i++)
  {System.out.println("*****");
    if(i>5)
      break;}
```

3) 增量(减量)表达式为空

等价形式 3:
```
for(初值表达式;判断表达式;;) {
    <语句>
    增量(减量)表达式;   }
```

根据以上变化形式,例 3-6 的 for 循环可以变化如下:

```
for(int i=1;i<=5;;) {
    System.out.println("*****");
      i=i+1;     }
```

5. 应用举例 2

【例 3-7】 求 $1+2+3+4+\cdots+100$ 的值。

本例求 100 以内整数的总和,可以考虑先定义一个存储总和的变量并赋初值 0,然后依次向其中加入 $1\sim100$ 共 100 个整数,这是一个固定次数循环问题,可以用 for 循环实现。

完整程序代码:

```
1.   public class chapter3_7 {
2.
3.     public static void main(String[] args) {
4.         int sum=0;
5.         for(int i=0;i<=100;i++)
6.             sum=sum+i;
7.         System.out.println("1+2+3+4+…+100="+sum);
8.     }
9. }
```

在类 chapter3_7 程序中,第 3 行代码定义了一个存放总和的整型变量 sum 并赋初值 0 作为被加数,第 4、5 行利用一个 100 次的循环依次将 $i(i=1,2,\cdots,100)$ 的值作为加数与 sum 相加,第 6 行输出最终结果。程序运行结果如图 3.18 所示。

for 循环语句不仅可以灵活地调整表达式部分,还可以没有循环体,这是因为空语句在 Java 语法中是合法的。没有循环体的循环在某些情况下也是很有用的。例如,要完成例 3-7 的累加计算也可以使用下面的代码:

```
1. public class chapter3_7_1 {
2.     public static void main(String[] args) {
3.         int sum=0;
4.         for(int i=0;i<=100;sum+=i++)
5.             ;
6.         System.out.println("1+2+3+4+…+100="+sum);
7.     }
8. }
```

在类 chapter3_7_1 程序代码中，for 循环语句后直接使用分号表示该语句结束，而 for 的循环表达式 sum+=i++ 的计算顺序是首先计算 sum+=i，然后计算 i++。编译并运行类 chapter3_7_1，运行结果如图 3.19 所示。

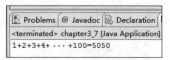
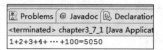

图 3.18　例 3-7 程序的运行结果　　　图 3.19　类 chapter3_7_1 程序的运行结果

for 循环使用灵活，它可以像 if…else 语句一样进行嵌套使用。嵌套使用的 for 循环语句可以完成更为复杂的任务。

6. 案例分析

在例 3-1 输出摄氏、华氏温度对照表程序中两次用到了 for 循环，第一次为第 9~11 行，这是一个 5 次的固定次数循环，循环体只有一个输出语句，不再赘述。在这里主要解析 for 循环在本案例中的第二次应用，具体代码如图 3.20 所示。

```
13          for(int i=1;i<=40;i++){
14              double celsius=i;
15              double fahrenheit=celsius*9/5+32;
16              if(i%5==0)
17              {
18              System.out.print(celsius+"     "+fahrenheit+"\t");
19              System.out.println();
20              }
21              else
22              System.out.print(celsius+"     "+fahrenheit+"\t");
23          }
```

图 3.20　for 循环在例 3-1 中的第二次应用

第 13 行代码是 for 循环开始，循环控制变量为 i，初始值为 1，最大值为 40，每次循环增加 1；第 14 行代码定义了一个 double 类型变量 celsius 用于存放摄氏温度值，第 15 行代码利用公式将摄氏温度值 celsius 转换为华氏温度值并存储在 double 类型变量 fahrenheit 中；第 16~22 行代码使用 if…else 语句控制对照表的具体输出。

3.4.2　while 循环

while 结构循环为当型循环（when type loop），是循环结构的一种，一般用于不知道循环次数的情况。维持循环的是一个条件表达式，若条件成立，执行循环体，若条件不成立则退出循环。

1. 语法格式

while(循环条件表达式)

{

　　循环体

}

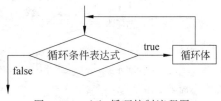

图 3.21　while 循环控制流程图

其中,循环条件表达式是循环能否继续下去的条件;循环体是需要反复执行的语句。当 while 循环体有且只有一个语句时,可以将大括号省略。while 循环控制流程图如图 3.21 所示。

while 循环的流程:

(1) 在第一次进入 while 循环前,必须为循环控制变量(或表达式)赋初值。

(2) 根据循环条件表达式决定是否继续执行循环,如果条件判断值为真,继续执行循环体语句;否则跳出循环执行其他语句。

(3) 执行完循环体内的语句后,重新为循环控制变量(或表达式)赋值(增加或减少),由于 while 循环不会自行更改循环控制变量(或表达式)的内容,所以 while 循环中为循环控制变量赋值的工作要由设计者自己来做,完成后再回到步骤(2)重新判断是否继续执行循环。

2. 应用举例

【例 3-8】 输出 5 行********。

完整程序代码:

```
1. public class chapter3_8 {
2.     public static void main(String[] args) {
3.         int i=1;
4.         while(i<=5)
5.         {
6.         System.out.println("* * * * * * * *");
7.         i=i+1;
8.         }
9.     }
10. }
```

在类 chapter3_8 程序中,第 3 行代码首先定义一个整型变量 i 作为循环控制变量,初始值为 1;第 4～8 行代码为 while 循环结构,其中第 4 行代码中的循环条件表达式"i<=5"限定了变量 i 的最大值为 5,即当 i 超过 5 时结束循环;第 6、7 行代码为循环体语句,每执行一次,输出一行********,并将 i 的值增加 1,以使 i 的值不断接近最大值 5。若省略第 7 行代码,则 i 的值始终为 1,将造成死循环。程序运行结果如图 3.22 所示。

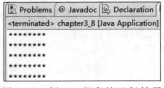

图 3.22　例 3-8 程序的运行结果

3.4.3　do…while 循环

do…while 循环是 Java 语言中的一种循环控制语句,主要由一个代码块(作为循环体)和一个表达式(作为循环条件)组成。一般情况下,do…while 循环与 while 循环相似。

1. 语法格式

```
do
    循环体
while(<循环条件表达式>);
```

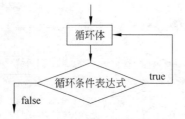

图 3.23　do…while 循环的控制流程图

其中,表达式为布尔(boolean)型,循环体内的代码执行一次后程序会去判断循环条件表达式的返回值,如果返回值为 true(即满足循环条件),则循环体内的代码会反复执行,直到表达式的返回值为 false(即不满足循环条件)时终止。程序会在每次循环体执行一次后进行一次表达式的判断。do…while 循环的程序控制流程图如图 3.23 所示。

2. 应用举例

【例 3-9】　输出 5 以下的整数值。

```
1. public class chapter3_9 {
2.     public static void main(String[] args) {
3.         int i=1;
4.         do
5.         {
6.             System.out.println(i);
7.             i=i+1;
8.         }while(i<=5);
9.     }
10. }
```

在类 chapter3_9 程序中,第 3 行代码首先定义一个整型变量 i 作为循环控制变量,初始值为 1;第 4~8 行代码为 do…while 循环结构,其中第 8 行代码中的循环条件表达式"i<=5"限定了变量 i 的最大值为 5,即当 i 超过 5 时结束循环;第 6、7 行代码为循环体语句,每执行一次输出一个整数值 i(i 依次为 1、2、3、4、5),并将 i 的值增加 1,以使 i 的值不断接近最大值 5。程序运行结果如图 3.24 所示。

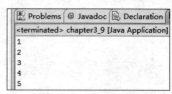

图 3.24　例 3-9 程序的运行结果

3. while 和 do…while 的区别

do…while 循环与 while 循环很相似,两者唯一的区别是:do…while 循环将先执行一次循环体内的代码,再去判断循环条件。所以无论循环条件是否满足,do…while 循环体内的代码至少会执行一次。因此,do…while 循环属于后测循环(post-test loop)。

3.4.4　for…each 循环

for…each 循环是 JDK5.0 新增加的一个循环结构,可以用于逐个处理(遍历)数组或集合中的所有元素。for…each 循环使得代码更加简短,也让代码更加易懂。值得注意的是,在使用 for…each 时不得在循环体中更改数组或集合中元素的值,即满足"仅访问,不修改"的条件。

1. 语法格式

```
for(<迭代变量声明>：<数组或集合>)
    <语句>
```

其中,迭代变量声明是指在使用 for…each 循环语句时首先要定义一个变量用于暂存集合中的每一个元素,显然其数据类型要与后面的数组或集合中的元素类型一致。程序执行时,依次将数组或集合中的元素赋给迭代变量,然后执行循环语句,直到数组或集合中的所有元素读取完毕。

2. 应用举例

【例 3-10】　输出数组 a 的值,a={3,5,67,98,56}。

完整程序代码:

```
1. public class chapter3_10 {
2.     public static void main(String[] args) {
3.         int[] a={3,5,67,98,56};
4.         for(int k: a){
5.         System.out.println(k);
6.         }
7.     }
8. }
```

在类 chapter3_10 程序中,第 3 行代码首先定义并初始化了一个数组 a;第 4~6 行代码为 for…each 循环结构,其中第 4 行代码定义了一个迭代变量 k 用于存放数组 a 中的每一个元素,第 5 行代码输出迭代变量 k。程序运行结果如图 3.25 所示。

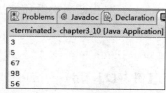

图 3.25　例 3-10 程序的运行结果

3.5　控制语句

在循环程序设计中,可能会有一些特殊情况需要中断整个循环或某些循环,Java 中提供了 break 语句和 continue 语句来完成程序设计者的这一要求。

1. break 语句

break 语句用于终止所在 switch 块或循环语句的运行。当程序执行到 break 语句时就会离开循环,继续执行循环外的下一个语句,如果 break 语句出现在嵌套循环中的内层循环,则 break 语句只会跳出当前层的循环。

break 语句用在 switch 语句和循环语句中,格式如下:

```
break;
```

【例 3-11】　用 break 语句中断 for 循环的执行。

完整程序代码:

```
1. public class chapter3_11 {
2.     public static void main(String[] args) {
3.         for(int i=0; i<10; i++){
4.             if(i==3)
5.                 break;
6.             System.out.println(" i=" +i);
7.         }
8.         System.out.println("Game Over!");
9.     }
10. }
```

在类 chapter3_11 程序中,第 3~7 行代码是一个 for 循环结构,第 3 行代码用循环变量

i 构造了一个 10 次的循环，但第 5、6 行代码用一个 if 语句和 break 语句使程序的实际循环次数只有 3 次。当程序运行时，首先会判断 i 值是否等于 3，如果 i 不等于 3，则将当前 i 值输出；如果 i 值等于 3 则中断循环的运行。所以当循环执行到第 4 次 i 值等于 3 时不再执行循环体语句，而是执行循环体外的第 8 行代码。程序运行结果如图 3.26 所示。

```
Problems  @ Javadoc  Declaration
<terminated> chapter3_11 [Java Application]
i =0
i =1
i =2
Game Over!
```

图 3.26　例 3-11 程序的运行结果

2. continue 语句

continue 语句用于结束所在的循环语句的本次运行，即跳过其后的循环体语句，开始下一次循环。也就是说，continue 语句可以强迫程序跳到循环的起始处，当程序运行到 continue 语句时会停止运行剩余的循环主体，回到循环的开始处继续运行。记住，不是跳出整个循环执行下一条语句，这是 break 和 continue 的主要区别所在，实际上使用 continue 就是中断一次循环的执行。

continue 语句的格式如下：

```
continue;
```

【例 3-12】　用 continue 语句中断 for 循环的执行。

完整程序代码：

```
1. public class chapter3_12 {
2.     public static void main(String[] args) {
3.         for(int i=0; i<10; i++){
4.             if(i==3)
5.                 continue;
6.             System.out.println(" i=" +i);
7.         }
8.         System.out.println("Game Over!");
9.     }
10. }
```

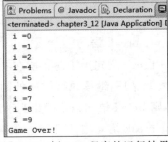

```
Problems  @ Javadoc  Declaration
<terminated> chapter3_12 [Java Application]
i =0
i =1
i =2
i =4
i =5
i =6
i =7
i =8
i =9
Game Over!
```

图 3.27　例 3-12 程序的运行结果

类 chapter3_12 程序代码和 chapter3_11 程序代码基本相同，程序执行过程也基本相同，只是将第 5 行的 break 语句换成了 continue 语句，当 i==3 时中断了一次循环，不输出 3 的值。程序运行结果如图 3.27 所示。

3.6　数组

3.6.1　数组的创建和使用

1. 一维数组

1）数组的声明

（1）一维数组声明的语法格式如下：

<元素类型><变量名>[];　　　或　　　<元素类型>[] <变量名>;

（2）举例：

```
int[] a;          //声明一个整型数组 a
```

```
double d[];              //声明一个双精度类型数组 d
String[] args;           //声明一个字符串类型数组 args
Person p[];              //声明一个 Person 类型数组 p,其中 Person 是一个自定义类型
```

注意：

（1）在 Java 语言中声明数组类型的变量时不允许指定数组的长度（数组中元素的个数）。例如，"int[3] a"这种形式是非法的。

（2）可以同时声明多个类型相同的数组变量,写法如下：

```
type[ ] arrayName1,arrayName2;
```

或

```
type arrayName1[ ],arrayName2[ ];
```

2）数组对象的创建和使用

（1）数组对象的创建：对新定义的变量赋值的过程就是变量的初始化过程。对数组的初始化有静态初始化和动态初始化两种方法。

- 静态初始化：在定义数组的同时为数组元素分配空间并赋值。

```
int iArray[ ]={1,3,5,7,8};
```

- 动态初始化：数组定义、创建对象以及为数组元素赋值等操作分开进行。

```
int iArray[ ]=new int[5];
iArray[0]=1;
iArray[1]=3;
iArray[2]=5;
iArray[3]=7;
iArray[4]=8;
```

（2）数组对象的使用。

【例 3-13】　使用数组输出 3 以内的整数。

完整程序代码：

```
1. public class chapter3_13 {
2.     public static void main(String[] args) {
3.         int iDemo[]={1,2,3};
4.         for(int i=0;i<iDemo.length;i++)
5.             System.out.println("iDemo["+i+"]="+iDemo[i]);
6.     }
7. }
```

类 chapter3_13 使用一个一维数组输出 3 个整数,第 3 行代码首先声明并初始化了一个一维数组 iDemo；第 4 行代码中的循环条件表达式利用数组 iDemo 的 length 方法获取其元素个数 3 作为循环控制变量 i 的最大值,以保证循环次数为 3 次；第 5 行代码每次输出数组 iDemo 中的一个整数值。程序运行结果如图 3.28 所示。

Java 中数组的使用有以下几个注意事项。

① 数组元素的下标从 0 开始,至数组元素个数－1为止,下标必须是整型数或是可以转化成整型的量。

② 所有数组都有一个属性 length,存储的是数组元素的个数。

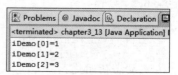

图 3.28　例 3-13 程序的运行结果

③ Java 系统能自动检查数组下标是否越界。利用 length−1 作为下标的上界可以避免越界。

④ Java 中的数组实际上是一种隐含的"数组类"的实例，每个数组名是对该实例的一个引用，而数组的每个元素是对数组元素类实例的引用，所以新建数组时要有创建数组和创建数组元素两个步骤。

2. 多维数组

多维数组可以理解为由若干低维数组所组成的数组。例如，一个二维数组中的元素是由一维数组组成的，一个三维数组中的元素是由二维数组组成的，以此类推，可以获得任意维数的数组。

1）二维数组的声明和初始化

```
type arrayName[ ][ ];
```

或

```
type[ ][ ] arrayName;
```

例如：

```
int iArray[ ][ ];
```

或

```
int[ ][ ] iArray;
```

2）二维数组初始化

（1）静态初始化：

```
int a[][]={{1,2},{3,4,0,9},{5,6,7}};     //创建了一个 3 行 4 列的二维数组，其结构图如
                                         //图 3.29 所示
```

i \ j	j=0	j=1	j=2	j=3
i=0	1	2		
i=1	3	4	0	9
i=2	5	6	7	

图 3.29　二维数组 a 的结构示意图

说明：

① Java 中多维数组的声明和初始化应按从高维到低维的顺序进行。

② 和其他高级编程语言不同，Java 多维数组不必为规则矩阵形式。

```
int[][] a=new int[3][4];
int[][] t=new int[3][];      //可以仅指定外层数组长度,内层数组长度可伸缩
t[0]=new int[4];
t[1]=new int[2];
int[][] b=new int[][4];      //非法
```

（2）动态初始化：

同一维数组一样，多维数组也可以动态初始化。

```
int[][] a=new int[3][];
a[0]=new int[2];
a[1]=new int[4];
a[2]=new int[3];
a[0][0]=45;
a[0][1]=87;
...
a[2][2]=99;
```

3.6.2　基本数据类型数组

【例 3-14】　基本类型元素组成的一维数组的使用。

完整程序代码：

```
1. public class chapter3_14 {
2.     public static void main(String[] args) {
3.         int[] s;
4.         s=new int[10];
5.         for(int i=0; i<10; i++) {
6.         s[i]=2 * i+1;
7.         System.out.println(s[i]);
8.         }
9.     }
10. }
```

在内存中存放数组元素的地址空间是连续的,这是数组的最大特点。现结合例 3-14 中程序的运行过程来说明数组在内存中的存储情况。在类 chapter3_14 程序中,第 3 行声明了一个整型数组 s,此时计算机会为 s 在栈内存中分配一个地址,如图 3.30(a)所示;第 4 行代码为数组 s 创建具体的对象并指定了 10 个元素的大小,此时计算机则为 s 在堆内存中开辟 10 个大小的空间,如图 3.30(b)所示;第 5～8 行代码是一个执行 10 次的循环,每次循环体语句执行时都会为数组 s 的每个元素 s[i](其中,i=1,2,…,10)赋值并输出该元素的值,其内存情况如图 3.30(c)所示。

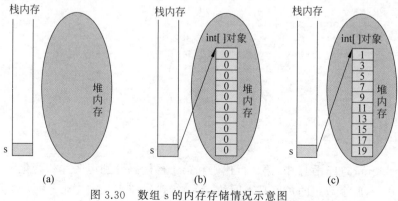

图 3.30　数组 s 的内存存储情况示意图

3.6.3　数组的操作

1. 数组的复制

在Java中,可以用赋值语句"A=B"给基本类型的数据传递值,但是如果A、B是两个同类型的数组,复制就相当于将一个数组变量的引用传递给另一个数组;如果一个数组发生改变,那么引用同一数组的变量也要发生改变。在Java,如果想实现数组的复制,常用的方法有以下两种。

(1) 使用for循环,将数组的每个元素复制或者复制指定元素,此方法的效率相对较差。

(2) 使用System.arraycopy(src,srcPos,dest,destPos,length)方法,可以提高程序的执行效率,特别是在大数组情况下。

下面主要介绍如何使用arraycopy进行数组的复制。java.lang.System类的静态方法arraycopy()提供了数组元素的复制功能,将一个数组的连续多个元素的值批量复制到另一个数组中。

arraycopy()方法的函数原型:

```
public static void arraycopy(Object src, int srcPos, Object dest, int destPos, int length)
```

说明:

- src:源数组。
- srcPos:源数组要复制的起始位置。
- dest:目的数组。
- destPos:目的数组放置的起始位置。
- length:复制的长度。

注意:src和dest必须是同类型或者是可以进行类型转换的数组。

【例3-15】 使用arraycopy进行数组的复制。

完整程序代码:

```
1. public class chapter3_15 {
2.     public static void main(String[] args) {
3.         int source[]={1,2,3,4,5,6};
4.         int dest[]={10,9,8,7,6,5,4,3,2,1};
5.         System.arraycopy(source,0,dest,0,3);
6.         for(int i=0;i<dest.length;i++)
7.         {
8.             System.out.print(dest[i]+",");
9.         }
10.    }
11. }
```

在类chapter3_15程序中,第3行代码和第4行代码分别声明并初始化了两个一维数组source和dest,两个数组的长度是不同的;第5行代码使用arraycopy方法将数组source的前3个元素复制到数组dest的相应位置,即数组dest的前3个元素值10、9、8被数组source的前3个元素值1、2、3代替;第6~9行代码循环输出数组dest的各元素值。程序运行结果如图3.31所示。值得说明的是,直接使用该方法进行多维数组的复制,将得到一个浅拷贝对象,即在修改某一数组元素时,另一数组的元素也会随之而变。因此,若需要实现多维数组的深拷贝,可以采用基本的 for 循环,也可以采用其他高阶方法。

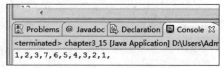

图 3.31　例 3-15 程序的运行结果

2. 数组的排序

对于排序算法,基本的高级语言都有提供。C 语言有 qsort()函数,C++ 有 sort()函数,Java 语言有 Arrays 类(不是 Array)。在用这些内容排序时,可以遵循自己的排序规则。Java API 对 Arrays 类的说明是,此类包含用来操作数组(例如排序和搜索)的各种方法。JDK 的 java.util 包中定义的 Arrays 类提供了多种数组元素排序的功能。本节主要介绍该类对基本数据类型的数组的排序,主要是利用 sort 方法的各种变化形式。例如:

static void sort(int[] a)：对指定的 int 型数组按数字升序进行排序。

static void sort(int[] a,int fromIndex,int toIndex)：对指定 int 型数组的指定范围按数字升序进行排序。

【例 3-16】　使用 sort 方法进行数组的升序排序。

完整程序代码:

```
1. import java.util.*;
2. public class chapter3_16 {
3.     public static void main(String[] args) {
4.         int[] arr={6,23,45,12,-83,94,41};
5.         Arrays.sort(arr);
6.         for(int i=0;i<arr.length;i++){
7.             System.out.print(arr[i] +"\t"); }
8.     } }
```

在类 chapter3_16 程序代码中,第 1 行代码引入了 java 包 java.util,因为 Arrays 类及其排序方法均在此包中;第 4 行代码声明并初始化一维数组 arr;第 5 行代码调用 Arrays 类的 sort()方法对数组进行默认升序排序;第 6~8 行代码输出排序后数组 arr 的各元素值。程序运行结果如图 3.32 所示。

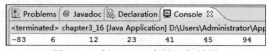

图 3.32　例 3-16 程序的运行结果

这里有以下几点说明。

(1) Arrays 类中的 sort()使用的是"经过调优的快速排序法"。

(2) 对于 int[]、double[]、char[]等数据类型的数组,Arrays 类只是提供了默认的升序排列,没有提供相应的降序排列方法。

(3) 要对基础类型的数组进行降序排序,需要将这些数组转化为对应的封装类数组,例如 Integer[]、Double[]、Character[]等,再对这些类数组进行排序(其实还不如先进行升序排序,自己再转为降序)。

3.6.4　数组的综合案例

【例 3-17】　职工工资排序。

完整程序代码：

```
1. import java.util.*;
2. public class chapter3_18 {
3.     public static void main(String[] args) {
4.         int total;
5.         int N=3;
6.         int salary[][]=new int[N][4];
7.         int t[]=new int[4];
8.         Scanner reader=new Scanner(System.in);
9.         for(int i=0;i<N;i++) {
10.            total=0;
11.            System.out.println("请输入第"+(i+1)+"个员工的基本工资、奖金、提成: ");
12.            for(int j=0;j<3;j++){
13.                salary[i][j]=reader.nextInt();
14.                total=total+salary[i][j];
15.            }
16.            salary[i][3]=total;
17.        }
18.        for(int i=0;i<N;i++){
19.            for(int j=i+1;j<N;j++){
20.                if(salary[i][3]<salary[j][3])
21.                {
22.                    t=salary[i];
23.                    salary[i]=salary[j];
24.                    salary[j]=t;
25.                }
26.            }
27.        }
28.        System.out.println("按总和排序后的工资: ");
29.        for(int i=0;i<N;i++)
30.            System.out.println(salary[i][0]+" "+salary[i][1]+" "+
    salary[i][2]+" "+salary[i][3]);
31.    }
32. }
```

在某部门的员工工资中，有基本工资、奖金和提成需要从键盘输入，当输入完每个员工的薪金组成金额后，把每个员工的工资计算出总和并按降序排序。要将员工工资按总和排序，如果存储单个员工薪金的每个组成部分，那么对该项目来说定义变量的数目将会增加，不利于程序员编写和阅读程序，因此引入数组专门解决存储大量数据的问题。

在类 chapter3_18 程序中，第 4 行代码定义一个变量 total 作为中间变量存储每个员工的工资总和；第 5 行定义变量 N 并赋值 3（即每名员工的工资组成维度）；第 6 行代码定义 3 行 4 列的二维数组 salary 存储所有员工的工资组成金额及总和；第 7 行定义的数组 t 是数组排序时用于存储每一个员工的工资组成金额及总和的临时数组；第 9～18 行代码是一个双层的 for 循环，内层循环用于接收每一个员工的工资组成金额并计算总和存入 total，外层循环将每个员工的工资总和存入 salary[i][3]中（其中 i＝1,2,3）；第 19～28 行使用选择排序算法将员工工资按总和降序排序；第 30～31 行使用循环输出排序后的所有员工工资及总和。程序运行结果如图 3.33 所示。

图 3.33　例 3-17 程序的运行结果

3.7　本章小结

1. 程序控制结构

（1）顺序结构。

（2）选择结构。

（3）循环结构。

2. 程序控制语句

（1）选择语句。

① 单路分支选择语句：if 语句。

② 双路分支选择语句：if…else 语句。

③ 多路分支选择语句：if…else 语句的嵌套，switch 语句。

（2）循环语句。

① 固定次数循环：for 语句。

② 当型循环：while 语句。

③ 直到型循环：do…while 语句。

3. 循环控制语句

（1）中断循环：break 语句。

（2）中止循环：continue 语句。

4. 数组

（1）一维数组。

① 一维数组的声明、创建和初始化。

② 一维数组的使用。

（2）多维数组。

① 多维数组的声明、创建和初始化。

② 多维数组的使用。

（3）基本数据类型数组。

（4）数组的复制和排序操作。

3.8 习题

一、选择题

1. 对于 Java 语句"String str＝"123456789";str＝str.subString(1,3);"，执行后 str 中的值为（　　）。

    A. "23"   B. "123"   C. "12"   D. "234"

2. 下列语句序列执行后 m 的值是（　　）。

```
int a=10,b=3,m=5;
if(a==b){
    m+=a;
} else{
    m=++a * m;
}
```

    A. 15   B. 50   C. 55   D. 5

3. 下列语句序列执行后 k 的值是（　　）。

```
int i=4;
int j=5;
int k=9;
int m=5;
if(i>j||m<k){
    k++;
} else{
    k--;
}
```

    A. 5   B. 10   C. 8   D. 9

4. 下列语句序列执行后 k 的值是（　　）。

```
int i=10,j=18,k=30;
switch(j-i)
{
  case 8: k++;
  case 9: k+=2;
  case 10: k+=3;
  default: k/=j;
}
```

    A. 31   B. 36   C. 2   D. 33

5. 若 a 和 b 均是整型变量并已正确赋值，正确的 switch 语句是（　　）。

    A. switch(a＋b);｛…｝   B. switch(a＋b * 3.0)｛…｝

    C. switch a｛…｝   D. switch(a％b)｛…｝

6. 设 int 型变量 a、b，float 型变量 x、y，char 型变量 ch 均已正确定义并赋值，正确的 switch 语句是（　　）。

    A. switch(x ＋ y)｛…｝   B. switch(ch ＋ 1)｛…｝

    C. switch ch｛…｝   D. switch(a ＋ b);｛…｝

7. 下列语句序列执行后 k 的值是(　　)。

```
int x=6,y=10,k=5;
switch(x%y)
{
  case 0: k=x*y;
  case 6: k=x/y;
  case 12: k=x-y;
  default: k=x*y-x;
}
```

　　A. 60　　　　　　　　B. 5　　　　　　　　C. 0　　　　　　　　D. 54

8. 下列语句序列执行后 j 的值是(　　)。

```
int j=1;
  for(int i=5; i>0; i-=2)
{
  j*=i;
}
```

　　A. 15　　　　　　　　B. 1　　　　　　　　C. 60　　　　　　　　D. 0

9. 下列语句序列执行后 j 的值是(　　)。

```
int j=2;
for(int i=7; i>0; i-=2){
  j*=2;
}
```

　　A. 15　　　　　　　　B. 1　　　　　　　　C. 60　　　　　　　　D. 32

10. 以下由 for 语句构成的循环执行的次数是(　　)。

```
for(int i=0; true; i++);
```

　　A. 有语法错,不能执行　　　　　　B. 无限次

　　C. 执行一次　　　　　　　　　　　D. 一次也不执行

11. 下列语句序列执行后 i 的值是(　　)。

```
int s=1,i=1;
while(i<=4) {
  s*=i;
  i++;
}
```

　　A. 6　　　　　　B. 4　　　　　　C. 24　　　　　　D. 5

12. 下列语句序列执行后 j 的值是(　　)。

```
int j=8,i=6;
while(i>4) {
  i-=2;
  --j;
}
```

　　A. 5　　　　　　B. 6　　　　　　C. 7　　　　　　D. 8

13. 若有循环：

```
int x=5,y=20;
do {
```

```
 y-=x;   x+=2;
}while(x<y);
```

则循环体将被执行(　　　)。

　　A. 2 次　　　　　　　B. 1 次　　　　　　　C. 0 次　　　　　　　D. 3 次

14. 以下由 do…while 语句构成的循环执行的次数是(　　　)。

```
int m=8;
do {
 ++m;
} while(m <8);
```

　　A. 一次也不执行　　　　　　　　B. 执行一次

　　C. 执行 8 次　　　　　　　　　D. 有语法错误,不能执行

15. 下列语句序列执行后 i 的值是(　　　)。

```
int i=10;
do {
 i/=2;
} while(i>1);
```

　　A. 1　　　　　　　B. 5　　　　　　　C. 2　　　　　　　D. 0

16. 下列语句序列执行后 i 的值是(　　　)。

```
int i=10;
do {
    i/=2;
} while(i-->1);
```

　　A. 1　　　　　　　B. 5　　　　　　　C. 2　　　　　　　D. −1

17. 数组中可以包含(　　　)的元素。

　　A. int 型　　　　　B. string 型　　　　　C. 数组　　　　　D. 以上都可以

18. 在 Java 中定义数组名为 xyz,下面可以得到数组元素的个数的是(　　　)。

　　A. xyz.length()　　B. xyz.length　　　C. len(xyz)　　　D. ubound(xyz)

19. 下列语句定义了 3 个元素的数组的是(　　　)。

　　A. int[] a={20,30,40};　　　　　　B. int a[]=new int(3);

　　C. int[3] array;　　　　　　　　D. int[] arr;

二、编程题

1. 试编写一个程序,输入 5 个数,输出其中的最大数并输出该最大数在这 5 个数中的序号。

2. 试将例 3-1 中的摄氏、华氏温度对照表改为用 while 循环和 do…while 循环实现。

3. 试编写一个程序,输入 3 条边的长度值,并判断这 3 条边的长度是否能构成三角形,如果能,则给出所构成三角形的形状(一般、等边、等腰)。

4. 有一个数组,将数组中的数据逆序存储。

第 3 章 资源包

第 3 章 习题解答

第4章 类与对象

主要内容：本章主要学习面向对象编程语言 Java 的核心——类和对象。Java 语言是面向对象的程序设计语言，面向对象是 Java 程序设计的主要思想，也是 Java 的核心。本章重点讲解 Java 语言的面向对象的基本技术，包含一个学生类案例，面向对象的基本概念，Java 语言的类定义、对象的创建、类成员和实例成员、访问控制符、对象的数组和组合以及基本类型的封装类。

教学目标：理解面向对象编程思想，掌握 Java 语言中类的定义和对象的创建。

4.1 案例：学生类的定义和使用

【例 4-1】 学生类的定义和使用：学生类案例包含两个包，在 cn.ahut.cs.userdefinelib 包中设计了日期类 CDate，用来表示学生的出生年月；在 cn. ahut.cs. mainapp 包中设计了学生类 CSudent 和测试类 EXA4_1。学生类的文件结构如图 4.1 所示。

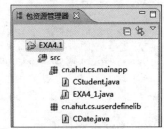

4.1.1 创建学生类程序的步骤

本节中的学生类程序的创建步骤如下。

（1）在 Eclipse 软件中创建一个"Java 项目"，项目名称为 javasource，在 src 文件夹下创建一个包，名称为"cn.ahut. cs.userdefinelib"，在该包中新建一个日期类文件，名称为 CDate。

图 4.1 学生类的文件结构

日期类 CDate 用于描述学生的出生日期，有 3 个成员变量 year、month、day，描述年、月和日。类中有无参和有参构造方法，以及对成员变量的 get 和 set 方法，get 方法用于控制成员变量的可读性，set 方法用于控制成员变量的可写性。日期类"CDate.java"文件代码如下：

```java
1.  package cn.ahut.cs.userdefinelib;
2.  //日期类
3.  public class CDate {
4.      //私有成员变量和默认(友好)成员变量
5.      private int year;                    //年
6.      private int month;                   //月
7.      int day;                             //日
8.      public CDate(){                      //无参构造方法
9.          this.year=2014;                  //this 代表该构造方法所创建的对象
10.         this.month=1;
```

```
11.            this.day=1;
12.        }
13.        public CDate(int y, int m, int d) {      //有参构造方法
14.            this.year=y;                          //this 代表该构造方法所创建的对象
15.            this.month=m;
16.            this.day=d;
17.        }
18.        //下面 6 个方法是成员变量对外接口，实现成员变量的读/写操作
19.        public int getYear() {
20.            return this.year;                     //this 代表使用该方法的当前对象
21.        }
22.        public int getMonth() {
23.            return this.month;
24.        }
25.        public int getDay() {
26.            return this.day;
27.        }
28.        public void setYear(int y) {
29.            this.year=y;
30.        }
31.        public void setMoneth(int m) {
32.            this.month=m;
33.        }
34.        public void setDay(int d) {
35.            this.day=d;
36.        }
37.        //Object 类具有一个 toString()方法，用户创建的每个类都会继承该方法。它返回对象
           //的一个 String 表示，并且对于调试非常有帮助。然而默认的 toString()方法往往不
           //能满足需求，需要覆盖这个方法
38.        public String toString() {
39.            return year+"年"+month+"月"+day+"日";
40.        }
41. }
```

（2）在 src 文件夹下创建一个包，名称为"cn.ahut.cs.mainapp"，在该包中新建一个学生类文件，名称为 CStudent。

学生类 CStudent 用于描述学生的基本信息和行为。类中有实例变量 sno、sname、sdate，描述学生的学号、姓名和出生日期；有类变量 count，统计学生对象的个数；有无参和三参构造方法，以及对私有成员变量的 set 和 get 方法，get 方法用于控制成员变量的可读性，set 方法用于控制成员变量的可写性。学生类"CStudent.java"代码如下：

```
1. package cn.ahut.cs.mainapp;
2. //引用自定义 cn.ahut.cs.userdefinelib 包中的日期类
3. import cn.ahut.cs.userdefinelib.*;
4. public class CStudent {
5.     //私有成员变量和默认成员变量
6.     private String sno;              //学号
7.     String sname;                    //姓名
8.     public CDate sdate;              //出生日期，组合对象
9.     private static int count;        //统计学生对象个数的类变量
10.    public CStudent() {              //无参构造方法，给成员变量一个固定初值
11.        this.sno="14074111";
12.        this.sname="安共达";
```

```
13.        this.sdate=new CDate();
14.        count++;
15.      }
16.      public CStudent(String no,String name,CDate date){
17.        //三参构造方法,给成员变量一个初值,初值由用户给出
18.        this.sno=no;
19.        this.sname=name;
20.        this.sdate=date;
21.        count++;
22.      }
23.      public String getSno(){
24.        return this.sno;
25.      }
26.      public void setSno(String no){
27.        this.sno=no;
28.      }
29.      public static int getCount(){    //类方法,获取类变量 count 的值
30.        return count;
31.      }
32.      public String toString(){         //toStirng()方法重写
33.        return "学生: "+sname+"\n 学号: "+sno+"\n 出生日期: "+
               sdate.toString();
34.      }
35. }
```

(3) EXA4_1 类完成学生类的测试,创建单个对象、对象数组,并测试学生类中的类变量 count,查看学生类对象的个数。测试类"EXA4_1.java"文件代码如下:

```
1. package cn.ahut.cs.mainapp;
2. //测试主类
3. import cn.ahut.cs.userdefinelib.*;
4. public class EXA4_1 {
5.      public static void main(String[] args) {
6.          //创建对象
7.          CDate date=new CDate(1999,2,5);
8.          CStudent stu=new CStudent("149074123","王思",date);
9.          System.out.println(stu.toString());
10.
11.         //调用 CDate 类中的公有方法 setDay(int)
12.         //stu.sdate.dayr=2000;//错误:不同包之间访问时只有公有权限才可以访问,默
                //认权限不行,私有权限更不行
13.         stu.sdate.setDay(20);
14.         System.out.println(stu.toString());
15.
16.         //类变量
17.         System.out.println("现在有 "+CStudent.getCount()+" 个学生");
18.         stu=new CStudent("149074100","李三",new CDate());
19.         System.out.println(stu.toString());
20.         System.out.println("现在有 "+CStudent.getCount()+" 个学生");
21.
22.         //对象数组
23.         System.out.println("\n 对象数组:");
24.         CStudent[] stus=new CStudent[2];
25.         stus[0]=new CStudent("149074211","赵四",new CDate(2014,11,11));
26.         stus[1]=new CStudent("149074212","赵六奇",new CDate(2014,12,12));
```

```
27.        System.out.println(stus[0].toString());
28.        System.out.println(stus[1].toString());
29.        System.out.println("现在有 "+CStudent.getCount()+" 个学生");
30.        }
31. }
```

（4）运行程序，输出程序运行结果。第1～3行输出一个学生对象的信息；第4～6行修改学生的出生日期并输出；第7行输出现在创建的学生个数，共一个；第8～10行又创建一个学生对象，并输出现在创建的学生个数，共两个，用来测试类变量 Count；第13～19行创建一个对象数组，有两个学生成员；第20行输出现在创建的学生个数，共4个。

程序运行结果如下：

```
1. 学生：王思
2. 学号：149074123
3. 出生日期：1999 年 2 月 5 日
4. 学生：王思
5. 学号：149074123
6. 出生日期：1999 年 2 月 20 日
7. 现在有 1 个学生
8. 学生：李三
9. 学号：149074100
10. 出生日期：2014 年 1 月 1 日
11. 现在有 2 个学生
12.
13. 对象数组：
14. 学生：赵四
15. 学号：149074211
16. 出生日期：2014 年 11 月 11 日
17. 学生：赵六奇
18. 学号：149074212
19. 出生日期：2014 年 12 月 12 日
20. 现在有 4 个学生
```

例 4-1 中有两个类，日期类定义了私有成员变量 year、month，友好成员变量 day，公有成员方法，包括两个构造方法，以及 getYear()、setYear(int)、toString()等。在学生类中定义了私有成员变量——学号 sno，友好成员变量——姓名 sname，公有成员对象变量——出生日期 sdate，私有静态成员变量——统计学生对象个数 count，当然也有成员方法，成员方法分为两种，一种是类成员方法 getCount()，其他方法都是实例成员方法。

4.1.2　程序解析

本案例中设计了 3 个类，即日期类、学生类、测试类，涉及以下知识点。

- 类变量和实例变量：学生类中的 count 变量是类变量，用于统计学生对象的个数；日期类和学生类的其他变量都是实例变量。
- 类方法和实例方法：学生类中的 getCount()方法是类方法，用于获取学生对象的个数；日期类和学生类的其他方法都是实例方法或构造方法。
- 包：本案例中有两个包，"cn.ahut.cs.userdefinelib"包中创建了日期类文件，名称为CDate；"cn.ahut.cs.mainapp"包中创建了学生类文件，名称为 CStudent。学生类中使用了日期类,必须引入该类,使用"import cn.ahut.cs.userdefinelib. * "语句。

- 访问控制符:在学生类中分别定义私有、默认、公有的成员变量,不同的控制符在类外、包中和包外有不同的访问权限,详见 4.7 节。
- 组合对象:学生类中组合了日期类对象。
- 对象数组:在测试类中创建了一个对象数组 stus,有两个学生成员。

4.2　面向对象程序设计

面向对象程序设计方法把软件系统分解为对象,对象就是软件系统的基本元素,这更接近人类的思维方式。面向对象方法将数据和数据的处理封装在一起形成对象,并采用对数据抽象和隐藏形成类。需求的变动往往是功能的变动,而功能的执行者——对象常常不会有大的变化,这使得按照对象设计的软件系统结构比较稳定,因而非常适合大型应用程序与系统程序的设计与开发。

4.2.1　面向对象程序设计概述

"这个世界是由什么组成的?"

这个问题如果让不同的人来回答,会得到不同的答案。如果是一个化学家,他也许会告诉你:"这个世界是由分子、原子、离子等化学物质组成的"。如果是一个画家,他也许会告诉你:"这个世界是由不同的颜色所组成的"。如果让一个分类学家来考虑问题就有趣多了,他会告诉你:"这个世界是由不同类型的物与事所构成的"。作为面向对象的程序员来说,要站在分类学家的角度去考虑问题。这个世界是由动物、植物等组成的。动物又分为单细胞动物、多细胞动物、哺乳动物等,哺乳动物又分为人、大象、老虎……就这样分类下去。

站在抽象的角度,我们给"类"下一个定义。首先看看人类所具有的一些特征,包括属性以及方法(行为,他能干什么)。每个人都有身高、体重、年龄、血型等一些属性。人会劳动、人都会直立行走、人都会用自己的头脑去创造工具等这些方法。人之所以能区别于其他类型的动物,是因为每个人都具有人这个群体的属性与方法。"人类"只是一个抽象的概念,它仅仅是一个概念,它是不存在的实体。但是所有具备"人类"这个群体的属性与方法的对象都叫人,这个对象"人"是实际存在的实体,每个人都是人这个群体的一个对象。老虎为什么不是人?因为它不具备人这个群体的属性与方法,老虎不会直立行走,不会使用工具等,所以说老虎不是人。

由此可见,类描述了一组有相同特性(属性)和相同行为(方法)的对象。在程序中,类可以是基本数据类型,例如整数、小数等,它们有自己的特性和行为,也可以是自定义类型,如学生、教师、课程等。

4.2.2　面向对象程序设计的特点

面向对象编程更接近于人类的思维过程,编写的程序具有更高的健壮性和可维护性。面向对象程序设计以功能为中心,并且将数据和方法封装,从而更适合复杂的应用程序。面向对象程序设计的基本特征是封装性、继承性、组合性、抽象、多态性。

1. 信息隐藏和封装性

封装是把过程和数据包围起来，对数据的访问只能通过已定义的界面。面向对象计算始于这个基本概念，即现实世界可以被描绘成一系列完全自治、封装的对象，这些对象通过一个受保护的接口访问其他对象。

2. 继承性

继承是一种连接类的层次模型，并且允许和鼓励类的重用，它提供了一种明确表述共性的方法。对象的一个新类可以从现有的类中派生，这个过程称为类继承。新类继承了原始类的特性，新类称为原始类的派生类（子类），而原始类称为新类的基类（父类）。派生类可以从它的基类那里继承方法和实例变量，并且类可以修改或增加新的方法使之更适合特殊的需要。

3. 组合性

组合用于表示类的"整体/部分"关系。例如，主机、显示器、键盘、鼠标组合成一台计算机。

4. 抽象

抽象就是忽略一个主题中与当前目标无关的那些方面，以便更充分地注意与当前目标有关的方面。抽象并不打算了解全部问题，而是选择其中的一部分，暂时不用部分细节。抽象包括两方面：一是过程抽象，二是数据抽象。

5. 多态性

多态性是指允许不同类的对象对同一消息作出不同响应。多态性包括参数化多态性和包含多态性。多态性语言具有灵活、抽象、行为共享、代码共享的优势，很好地解决了应用程序方法同名的问题。

4.2.3 过程与对象

1. 面向过程设计

传统的程序设计主要采用结构化的程序设计方法，也就是面向过程程序设计。下面先解决一个简单的问题。

【例 4-2】 计算长方体的体积。

```java
1. package cn.ahut.cs.mainapp;
2. public class EXA4_2 {
3.     public static double getBoxVolume (double lenght, double width, double
       height){
4.         return lenght * width * height;
5.     }
6.   public static void main(String[] args) {
7.         double len,wid,hei;
8.         len=10;wid=20;hei=30;
9.         double volume=EXA4_2.getBoxVolume(len,wid,hei);
10.        System.out.printf("长 %.2f,宽 %.2f,高 %.2f 的长方体体积为%.2f\n",len,
           wid,hei,volume);
11.   }
12. }
```

运行结果如下：

长 10.00,宽 20.00,高 30.00 的长方体体积为 6000.00

2. 存在的问题

通过例 4-2 可以看到,面向过程的编程思想是以方法(函数)为基本元素,数据都是通过形参传入,长方体的求体积方法和长、宽、高变量没有稳定的结合关系。现在提出如下问题:将长方体的长、宽、高变量和计算体积的方法进行类封装,能够解决上述问题吗?

3. 面向对象设计

面向对象的一个重要思想就是通过抽象得到类,即将数据和操作这些数据的方法封装在一个类中。抽象的内容有两个:一是成员变量,即数据;二是方法,即数据上的操作。

通过对长方体的观察做出以下抽象:成员变量有长、宽、高,方法有计算长方体的体积。根据上述抽象,编写出如下 Box 长方体类。

【例 4-3】 设计长方体类,并计算长方体的体积。

```
1.   package cn.ahut.cs.mainapp;
2.   class Box{
3.     double lenght;
4.     double width;
5.     double height;
6.     public double getBoxVolume(){
7.       return lenght * width * height;
8.     }
9. }
10. public class EXA4_3 {
11.    public static void main(String[] args) {
12.        Box b=new Box();
13.        b.width=10;b.height=20;b.height=30;
14.        double volume=b.getBoxVolume();
15.        System.out.printf("长 %.2f,宽 %.2f,高 %.2f 的长方体体积为%.2f\n",b.
           lenght,b.width,b.height,volume);
16.    }
17. }
```

运行结果如下:

长 10.00,宽 20.00,高 30.00 的长方体体积为 6000.00

比较例 4-2 和例 4-3 两个程序,可以发现两种程序设计思想的区别。例 4-2 中的数据和方法没有稳定的结合关系;而例 4-3 中计算长方体的体积没有形参,指的是计算当前长方体对象 b 的体积,例 4-3 的 13、14 行程序中的长、宽、高变量和 getBoxVolume()方法都属于 b 对象,实现了数据和方法的封装。所以,对象把数据和方法结合成一个不可分割的整体。

说明:

(1) 类声明:例 4-3 的第 2 行的 class Box 为类声明,Box 为类名。

(2) 类体:类声明之后的一对大括号"{""}"及它们之间的代码为类体。Box 类不是主类,没有 main 方法。

(3) 类对象:类是抽象的,要完成一个长方体的体积的计算,必须要创建该类的一个对象,即一个实例。例 4-3 的第 12 行程序创建了一个 Box 类对象 b。

(4) 对象成员的访问:对象通过"."运算符操作自己的成员变量和成员方法。对象调用自己成员的格式如下：

对象名.成员变量
对象名.成员方法

例如

```
b.width=10;
b.getBoxVolume();
```

扩展：请使用面向过程和面向对象两种方法设计计算圆面积的程序，并仔细体会两种方法的区别。

4.2.4　Java 程序的基本结构

一个 Java 应用程序可以有多个包，每个包中可以有多个 Java 源文件，每个源文件可以有多个类，每个类编译后产生一个类的字节码文件。一个 Java 应用程序至少有一个主类，每个 Java 源文件中都可以有一个主类。Java 应用程序总是从主类的 main 方法开始执行，Java 项目的基本结构如图 4.2 所示。

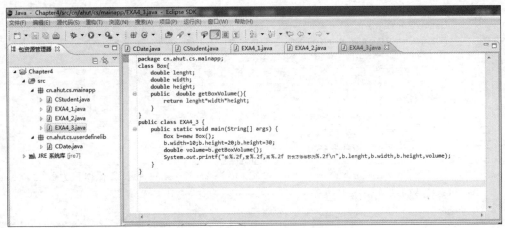

图 4.2　Java 项目的基本结构

Java 程序的基本单位是类，即一个 Java 程序由若干类构成。一个 Java 程序可以将它使用的各个类分别存放在不同的源文件中，也可以将它使用的类存放在一个源文件中。一个源文件中的类可以被多个 Java 程序重复使用，从软件设计角度看，Java 语言的类是可复用代码。

4.3　定义类

在面向对象编程思想中，类和对象是程序的基本组成单元。类是表示客观世界中某类群体的属性和行为的抽象。对象表示一个个具体的东西，如汽车表示一个类。因为汽车是一个抽象的概念，不是一辆辆具体的汽车，而某一个属于某个人的汽车就可以称为对象。

在面向对象编程语言中，类封装了一类对象的状态和方法。类是用来定义对象的模板，而对象是以类为模板创建的，或者说对象是以类为蓝图实例化的。

类是一个独立的程序单元，它由成员变量和成员方法构成。在语法上，Java 语言中的类定义语法如下。

【格式 4-1】 类定义语法格式。

```
访问控制符 [修饰符] class 类名标识符{
    访问控制符 [修饰符] 数据类型 成员变量 1;
    访问控制符 [修饰符] 数据类型 成员变量 2;  定义成员变量(属性)
    ⋮
    访问控制符 [修饰符] 数据类型 成员变量 n;
    访问控制符 [修饰符] 返回值的数据类型 方法名称
    (参数 1,参数 2,…){                        定义成员方法(行为)
        代码块
        [return 返回值;]
    }
}
```

（1）访问控制符：用于限定类、成员变量、成员方法的访问权限，主要有 private、默认（友好）、protected、public 共 4 种。

（2）修饰符：用户扩展类的功能，使声明的类、成员变量、成员方法具有某种特性。常见的修饰符有 abstract、static、final 等。如果一个类被修饰为 abstract，例如 abstract class Rect，那么该类是抽象类，抽象类不能使用 new 运算符创建对象。

（3）class：定义类的关键字，用于声明一个类，该行是类头，类名后面一对大括号中的成员变量和成员方法构成了类体。

类中包含两部分，即成员变量和成员方法。成员变量是类的属性，反映了对象的静态特性；成员方法是类的行为，反映了类的动态特性。

下面根据类的定义格式定义一个学生类。

【例 4-4】 学生类的定义。

```
1.  class 学生类{
2.    private String 学号="149074128";
3.    / * private String 学号;
4.    学号="149074128"; * /
5.  //上面一条语句错误,因为赋值语句不能作为类的基本成员,只能放在方法中
6.    public String 姓名="王刚";
7.    protected char 性别='男';
8.    int 年龄=21;
9.    final String 专业="计算机科学与技术";
10.   public static int 学生对象个数=0;
11.   public String toString(){
12.       return "学号="+学号+"        \n 姓名="+姓名+
13.              "\n 性别="+性别+"     \n 年龄="+年龄+
14.              "\n 专业="+专业;
15.       }
16.  }
```

在学生类中使用了访问控制符和修饰符，拥有成员变量（学号、姓名、性别、年龄、专业、学生对象个数）和成员方法（toString）。

在例 4-4 中，变量"学号"在声明时可以赋初值，但是如果先声明再赋值就错了，因为赋值语句不能作为类的基本成员，只能放在方法中。

4.4 构造方法与对象的创建

当程序员创建好一个类后，要想使用该类，必须创建该类的对象。当使用一个类创建一

个对象时,也就是给出了该类的一个具体实例。创建对象的格式如下。

【格式 4-2】 创建对象的语法格式。

格式一:

```
类名 对象名[=null];
对象名=new 类名();
```

格式二:

```
类名 对象名=new 类名();
```

首先创建一个类,然后按照上面的格式创建对象。

【例 4-5】 雇员类及对象创建。

```
1.   package cn.ahut.cs.mainapp;
2.   class Employee{
3.     private int eno;
4.     String ename;
5.     static int ecount;
6.     Employee(){ecount++;}
7.     Employee(int eno,String ename){
8.       this.eno=eno;
9.       this.ename=ename;
10.      ecount++;
11.    }
12.    public String toString(){
13.      return "雇员工号: "+eno+"    \n雇员姓名: "+ename;
14.    }
15.  }
16.  public class EXA4_5 {
17.    public static void main(String[] args) {
18.      Employee e1=null;
19.      e1=new Employee();
20.      e1.ename="赵四";
21.      System.out.println(e1.toString());
22.      System.out.println("雇员对象个数: "+Employee.ecount);
23.
24.      Employee e2=new Employee(2499,"王五");
25.      System.out.println(e2.toString());
26.      System.out.println("雇员对象个数: "+Employee.ecount);
27.
28.      Employee e3=e1;
29.      System.out.println(e3.toString());
30.      System.out.println("雇员对象个数: "+Employee.ecount);
31.    }
32.  }
```

运行结果如下:

```
雇员工号: 0
雇员姓名: 赵四
雇员对象个数: 1
雇员工号: 2499
雇员姓名: 王五
```

雇员对象个数：2
雇员工号：0
雇员姓名：赵四
雇员对象个数：2

1. Java 对象的内存空间分配

例 4-5 中创建了 3 个对象，那么内存是怎样分配的呢？

类是一种引用数据类型，与 C++ 语言中的结构体相似，Employee 类有两个属性，即 eno 和 ename，而属性是需要内存空间来存储的。这里以例 4-5 中的 3 个对象讲解。执行 Employee e1＝null 时，Java 系统会在栈内存开辟一个空间给对象 e1，如图 4.3 所示。程序继续向下执行到 e1＝new Employee()时，Java 系统会在堆内存开辟空间保存对象 e1 成员变量的内存，如图 4.4 所示。

Employee e1=null; e1=new Employee();

图 4.3　声明对象内存的分配

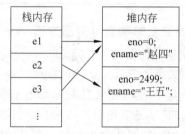

图 4.4　实例化对象内存空间

e1 对象变量本身存储的只是一个地址值，没有存储任何数据，但它指向了一个 Employee 对象空间。所以访问 e1 对象的成员变量和方法时，实际上访问的是 e1 所引用对象的成员变量和方法。

值得注意的是，堆空间可以有多个引用，如 e1 和 e3 就是引用同一个对象空间。如果对 e3 对象的成员变量进行修改，那么 e1 对象的成员变量的值也会同步变化，因为它们引用同一个实体对象。

Java 中的堆和栈的区别如下。

* Java 把内存划分成两种，一种是栈内存，另一种是堆内存。
* 在方法中定义的一些基本类型的变量和对象的引用变量都在方法的栈内存中分配。
* 当在一段代码块中定义一个变量时，Java 在栈中为这个变量分配内存空间，当超过变量的作用域后，Java 会自动释放掉为该变量所分配的内存空间，该内存空间可以立即被另作他用。
* 堆内存用于存放由 new 创建的对象和数组。
* 在堆中分配的内存由 Java 虚拟机的自动垃圾回收器来管理。
* 在堆中产生了一个数组或对象后，还可以在栈中定义一个特殊的变量，让栈中这个变量的取值等于数组或对象在堆内存中的首地址，栈中的这个变量就成了数组或对象的引用变量。

2. 成员变量的默认值

从图 4.3 和图 4.4 中可以看到，对象的名称保存在栈空间中，而成员变量保存在 new 关键字开辟的堆空间中。从图 4.4 可以发现，当成员变量分配空间的时候，eno 变量没有被赋值，为什么它们就有了一个值呢？

实际上，在类创建对象时，编译器会为对象的各类型的成员变量给一个默认值，无论是基本数据类型还是引用数据类型，按表 4.1 列出的规则自动赋默认值。

表 4.1　成员变量的默认值

序　号	类成员变量数据类型	默 认 值	序　号	类成员变量数据类型	默 认 值
1	byte	0	6	double	0.0D
2	short	0	7	char	'\u0000'空
3	int	0	8	boolean	false
4	long	0L	9	引用数据类型	null
5	float	0.0F			

3. 成员变量的赋值与构造方法

成员变量的赋值有 3 种方式。

(1) 在类声明成员变量的时候同时赋予初值（如例 4-4 中的第 4～9 行代码）。

(2) 在类外，使用对象名对非私有成员变量直接赋值（如例 4-5 中的第 13 行代码"e1.ename="赵四""），或者使用非私有成员方法赋值（如例 4-1 中的 CDate 类的第 19～34 行代码）。

(3) 使用构造方法完成对成员变量的赋值。

类中有 3 种方法，即构造方法、类方法、实例方法，后面两种方法将在 4.6 节中详细讲解。在类创建对象时需要使用构造方法，以便给类创建的对象一个合理的初始状态。

构造方法是一种特殊方法，它的名字必须与它所在的类的名称完全相同，而且没有返回类型。对象不可以显式调用构造方法，构造方法是专门在创建对象时使用的。

Java 允许构造方法重载，也就是一个类中可以有多个构造方法，但这些构造方法的参数必须不同，或者是参数的个数不同，或者是参数的类型不同。在例 4-5 中加入了两个构造方法，如下面的代码所示：

```
1.   class Employee{
2.     private int eno;
3.     String ename;
4.     Employee(){    }
5.     Employee(int eno,String ename){
6.         this.eno=eno;
7.         this.ename=ename;
8.     }
9.     public String toString(){
10.        return "雇员工号："+eno+"\n 雇员姓名："+ename;
11.        }
12.  }
```

在测试主类中，使用这两个构造方法创建了 e1 和 e2，分别使用无参和有参构造方法。在调用有参构造方法时，实参传递给形参，在构造方法体中，形参再赋值给对象成员变量，即完成了对象空间中成员变量的赋值。

```
1.   public class EXA4_5 {
```

```
2.    public static void main(String[] args) {
3.        Employee e1=null;
4.        e1=new Employee();
5.        e1.ename="赵四";
6.        System.out.println(e1.toString());
7.        Employee e2=new Employee(2499,"王五");
8.        System.out.println(e2.toString());
9.        Employee e3=e1;
10.        System.out.println(e3.toString());
11.        }
12.  }
```

4. 使用对象

对象通过修改成员变量的值来改变状态,也可以使用类中定义的方法来产生一定的行为。通过使用运算符".",对象可以实现对自己的成员变量的访问和成员方法的调用。如上面程序的主函数中,第 5 行代码使用对象名访问的成员变量,3 条输出语句都调用了类中的 toString()方法。

4.5　类变量和实例变量

前面的所有应用程序都是用 main()方法启动程序,其中 main 方法都是用关键字 static 修饰符。关键字 static 可以用来标识成员方法和变量,分别称为类方法和类成员变量。本节主要讲述类成员变量。

1. 类变量和实例变量

成员变量用于描述对象的属性,即静态特征。成员变量分为两种,即类变量和实例变量,用关键字 static 修饰的成员变量是类变量,不用 static 修饰的成员变量是实例变量。例如在下面的类 Test 中,x 是类变量,y 是实例变量。

```
class Test{
    static int x;
    int y;
}
```

那么,类变量和实例变量有什么区别呢? 类变量和实例变量有以下几点不同。

- 关联性:类变量是与类相关联的数据变量,类变量属于整个类的对象集合,不属于某个具体的对象;而实例变量仅仅是与相应的对象关联的变量,也就是说,不同对象的实例变量互不相同,即分配不同的空间,改变其中一个对象的实例变量的值不会影响其他对象的相应实例变量。
- 访问权限:类变量可以通过类名和对象名访问;而实例变量只能通过对象名来访问。
- 空间分配:当创建多个不同的对象时,这些对象将分配不同的内存空间,更准确地说,不同的对象的实例变量将分配不同的内存空间;而类变量不管创建多少个对象,类变量只有一个存储的内存空间,所有类对象都共享类变量。
- 生存周期:当 Java 程序执行时,类的字节码文件被加载到内存,类变量就分配了相应的内存空间;而实例变量只有在创建时才被分配内存空间。

【例 4-5 修改】 加入类变量：使用类变量统计雇员的人数。

```
1.    package cn.ahut.cs.mainapp;
2.    class Employee{
3.      private int eno;
4.      String ename;
5.      static int ecount;
6.      Employee(){ecount++;}
7.      Employee(int eno,String ename){
8.          this.eno=eno;
9.          this.ename=ename;
10.         ecount++;
11.     }
12.     public String toString(){
13.         return "雇员工号: "+eno+"\n 雇员姓名: "+ename;
14.     }
15.   }
16.   public class EXA4_5 {
17.     public static void main(String[] args) {
18.         Employee e1=null;
19.         e1=new Employee();
20.         e1.ename="赵四";
21.         System.out.println(e1.toString());
22.         System.out.println("雇员对象个数: "+Employee.ecount);
23.
24.         Employee e2=new Employee(2499,"王五");
25.         System.out.println(e2.toString());
26.         System.out.println("雇员对象个数: "+Employee.ecount);
27.
28.         Employee e3=e1;
29.         System.out.println(e3.toString());
30.         System.out.println("雇员对象个数: "+Employee.ecount);
31.     }
32.   }
```

运行结果如下：

```
雇员工号: 0
雇员姓名: 赵四
雇员对象个数: 1
雇员工号: 2499
雇员姓名: 王五
雇员对象个数: 2
雇员工号: 0
雇员姓名: 赵四
雇员对象个数: 2
```

在例 4-5 程序中加了类变量 ecount，用于统计创建类对象的个数。在主方法中，当创建对象时会自动调用构造方法，所以在两个构造方法中都加入了 ecount++语句，当创建一个对象时，ecount 会自动加 1。对象 e1 和 e2 是使用 new 关键字创建的，所以创建了两个对象，此时 ecount 等于 2，语句 e3＝e1 只是新声明了一个对象变量 e3，e3 并没有使用 new 关键字分配空间。所以这里只有两个对象内存空间，但有 3 个对象变量。

2. 常量

C++ 语言用 Const 关键字修饰的变量为常量，Java 用 final 修饰的成员变量为常量，常量的名称习惯上用大写字母，如例 4-4 中的第 9 行代码：

```
final String 专业="计算机科学与技术";
```

对于 final 修饰的成员变量，只能读取它的值，不能修改它的值。

4.6　类方法和实例方法

类中包含成员变量和成员方法，成员方法又包含构造方法、类方法和实例方法。我们已经知道，构造方法是用来给出类创建对象的初始状态，即给类对象的成员变量赋初值。本节重点讲解类方法和实例方法的区别及方法的参数传递。

方法包含方法声明和方法体两部分，它的语法格式如下：

```
访问控制符 [修饰符] 方法返回值的数据类型 方法名称(参数 1,参数 2,…){
    方法中的语句;
    [return 返回值;]
}
```

方法的特点如下。

- 方法的返回值：方法的返回值可以是任意 Java 数据类型。当一个方法不需要返回值时，返回类型必须是 void 类型，void 不允许省略。
- 方法的形参列表：方法的形参可以没有，也可以有多个。如果有多个参数，参数用逗号隔开。当参数的个数或类型不同时，可以实现方法重载。
- 方法名称：方法的名称必须符合标识符规定。但在给方法起名时一般应遵循如下习惯，即名称如果使用英文字母，首字母使用小写；如果名称由多个英文单词构成，从第二个单词开始的其他单词的首字母使用大写，例如 float getCircleArea() 和 void setCircleRadius(double radius)。
- 局部变量和形参变量：方法中定义的变量仅仅在方法内有效，方法的参数在整个方法内有效，方法内定义的局部变量从它定义的位置之后开始有效。

1. 实例方法和类方法

用关键字 static 修饰的方法称为类方法，又称为静态方法；不用 static 修饰的方法称为实例方法，又称为对象方法。

大家都知道，方法可以调用成员变量，也可以调用其他方法。那么类变量、实例变量、类方法、实例方法、构造方法之间有什么调用规则呢？

1）类中的访问规则

- 类方法只能操作类变量，不能操作实例变量。
- 实例方法可以操作成员变量，无论是类变量还是实例变量。
- 类方法只能调用该类中的其他类方法，不能调用实例方法，不能使用 this 调用类中的成员。
- 实例方法可以调用该类中的实例方法和类方法。
- 构造方法可以访问类中的类变量和实例变量；也可以访问类中的类方法和实例方法。

【例 4-6】 类成员访问。

```
1.   package cn.ahut.cs.mainapp;
2.   public class EXA4_6 {
3.     int x;                                   //实例变量
4.     static int y=28;                         //类变量
5.     public EXA4_6(int x){
6.       this.x=x;
7.       System.out.println("构造方法中调用实例方法"+this.getMaxSquare());
8.       System.out.println("构造方法中调用类方法"+getMinSquare());
9.     }
10.    public int getMax(){                     //实例方法
11.      return x> y? x:y;
12.    }
13.    public static int getMin(int a,int b){   //类方法
14.      //return x> y? x:y;                     //错误,不能访问 x
15.      return a> b? a:b;
16.    }
17.    public int getMaxSquare(){
18.      int t1,t2;
19.      t1=getMax();
20.      t2=getMin(10,20);
21.      return t1 * t1+t2 * t2;
22.    }
23.    public static int getMinSquare(){
24.      int t1,t2;
25.      //t1=getMax();                          //错误,不能调用实例方法
26.      t2=getMin(10,20);
27.      //return t1 * t1+t2 * t2;
28.      return t2 * t2;
29.    }
30.    public static void main(String[] args) {
31.      EXA4_6  e1=new EXA4_6(27);
32.      System.out.println("对象名调用实例方法: "+e1.getMax());
33.      System.out.println("对象名调用类方法: "+e1.getMin(45,23));
34.      System.out.println("类名调用类方法: "+EXA4_6.getMin(45,23));
35.
36.    }
37. }
```

运行结果如下：

```
构造方法中调用实例方法 1184
构造方法中调用类方法 400
对象名调用实例方法: 28
对象名调用类方法: 45
类名调用类方法: 45
```

2）类外的访问规则

实例方法必须通过对象名来访问,类方法可以通过类名和对象名来访问。如例 4-6 主方法中的 getMax()只能用对象名 e1 访问；而 getMin()方法可以用对象名 e1 和类名 EXA4_6 访问。

为什么实例方法只能通过对象名来访问呢？

这是因为当运行 Java 程序时,类的实例方法不会被分配入口地址,实例变量没有被分配内存空间;当使用 new 运算符创建对象时首先分配成员变量内存空间给当前对象,同时给实例方法分配入口地址,完成初始化。

实例方法在内存中只有一份副本,当创建类的第一个对象时,实例方法就分配了入口地址,在创建更多的当前类对象时,不再分配入口地址,即方法的入口地址被所有的对象共享。

那么,为什么类方法可以通过类名来访问呢?

这是因为当运行 Java 程序时,类中的类方法就分配了入口地址,即使没有创建任何类对象,用户也可以通过类名调用类方法。

所以,在类创建对象之前,实例成员变量还没有分配内存空间,实例方法还没有分配入口地址。因此,类方法不可以调用其他实例变量和实例方法。

通常在下面情况下使用类方法。

(1)当方法不需要访问对象的状态,其所需的参数都是通过显式参数来提供。

(2)当方法只需要访问类中的类变量。如例 4-1 中学生类中的 getCount()类方法,只需要返回学生对象的个数,访问类变量 count。

2. 参数传递

若方法有形参,在调用方法时需要传递实参值。Java 里面传递方式有两种,即传值和传引用。传值是单向传递,形参的值是调用者指定的实参的值的副本,改变形参的值不会影响实参的值。传引用是双向传递,相当于 C++ 中的传地址,形参的值获取的是实参的引用地址,所以形参和实参都指向一个值空间,改变形参的值会影响实参的值。参数传递的内存空间分配如图 4.5 所示。

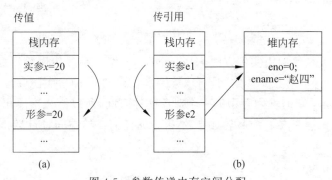

图 4.5 参数传递内存空间分配

1)基本类型参数传值

对于基本数据类型的参数,向形参传递的实参精度不可以高于形参的精度,反之可以。例如,形参类型为 float,实参为 int 类型可以传递,实参为 double 类型就不可以传递。

2)引用类型参数传引用

当参数是引用类型时,传递的是变量的引用而不是变量所引用的堆内存的实体空间。如果改变形参变量所引用的实体内容,就会导致实参变量的实体发生同样的变化,因为两个引用型变量具有相同的引用地址,即相同的实体内存空间,但是改变形参的引用地址不会影响实参。

【例 4-7】 引用类型参数传递。

```
1.  package cn.ahut.cs.mainapp;
2.  class Point{                                    //点类
3.    int x,y;                                      //x、y坐标
4.    Point(int x,int y){
5.        this.x=x;
6.        this.y=y;
7.    }
8.    public String toString(){
9.        return "(x,y)=("+x+","+y+")";
10.   }
11.  }
12.  public class EXA4_7 {
13.    void f(Point p){
14.        System.out.println("形参引用变量 p:"+p.toString());
15.        p=new Point(11,22);                       //改变形参的引用地址
16.        System.out.println("改变形参引用后:"+p.toString());
17.        p=null;
18.        System.out.println("p 变成空对象:"+p.toString());
19.    }
20.    public static void main(String[] args) {
21.        Point p1=new Point(100,200);
22.        EXA4_7  e1=new EXA4_7();
23.        e1.f(p1);
24.    }
25.  }
```

运行结果如下：

```
形参引用变量 p:(x,y)=(100,200)
改变形参引用后:(x,y)=(11,22)
Exception in thread "main" java.lang.NullPointerException
```

在例 4-7 中，e1 对象调用实例方法 f(Point p)，p1 作为实参传递给形参 p，那么 p 和 p1 都指向堆内存的同一个对象实体空间，所以第一次输出的是 p1 的内容；当 p 用 new 重新分配空间时，p 就指向了新的堆内存中的一个对象实体空间，所以第二次输出的是新的 p 的内容；当 p=null 时，p 就变成了一个空对象，不再指向任何实体空间，所以第三次输出"空指针异常"。

3) 方法参数个数可变的传递

在 C++语言中，函数可以定义默认形参值，调用函数的实参个数是可以变化的，但是形参中变量的个数是不能变化的，C++ 不是真正意义上的参数个数可变。在 JDK 1.5 之后，Java 语言提供了一个新的概念——可变参数。可变参数是允许为方法指定数目可变的参数，可以根据调用要求传入任意个实参。

【格式 4-3】 可变参数方法的语法格式。

```
访问控制符 [修饰符] 方法返回值数据类型 方法名(参数类型…参数名){
    代码块
    [return 返回值;]
}
```

【例 4-8】 可变参数程序。

```
1.  package cn.ahut.cs.mainapp;
```

```
2.  public class EXA4_8 {
3.      public static void showString(String…str){
4.          System.out.println("传入"+str.length+"个字符串");
5.          for(String s:str)              //访问所有字符串
6.              System.out.print(s+" ");
7.          System.out.println();
8.      }
9.      public static void main(String[] args) {
10.         //直接给出 5 个字符串
11.         showString("Java","C# ","C++","VB","Eclipse");
12.         //传入一个字符串数组
13.         String[] ss={"数学","英语","语文","音乐","体育","政治"};
14.         showString(ss);
15.     }
16. }
```

运行结果如下：

```
传入 5 个字符串
Java C# C++ VB Eclipse
传入 6 个字符串
数学 英语 语文 音乐 体育 政治
```

程序中实参形式有两种。

（1）可变实参：传入多个字符串。

（2）数组实参：传入一个字符串数组。

第一种方式传入的参数实际上也是以数组的形式存放的，那么是否可以用数组参数来代替可变参数呢？虽然两种方法的执行结果没有区别，但它们之间还是存在细微的差别。

- 方法定义的可变形参可以接收可变实参和数组实参，而数组形参只能接收数组实参。
- 一个方法只能定义一个可变形参，但可以定义多个数组形参。例如，showString(int a[],String str[])是正确的，而 showString(int…a,String…str)是错误的。
- 当定义多个形参时，可变参数必须放在最后，而数组参数可以放在任意位置。例如，showString(String…str,int a)是错误的。

4.7　包

当需要开发一个项目时，如果有两个协同开发小组 A 和 B(各自开发自己的模块，再组合在一起)，小组 A 开发一个类 Person，小组 B 也开发了一个 Person，那么怎么区分呢？只有通过包区分了。为了避免类文件命名的冲突，Java 引入了包机制，使用 package 关键字定义，以解决类的重名冲突，不同包可以存在相同名的源码文件。包还有另外一个功能，使用包可以把每个类按照不同功能分门别类地存放，以便更好地查找和使用。

4.7.1　包的概念

包(package)是用来组织一组相关类和接口的名称空间，可以认为包类似于计算机上的不同文件夹。由于 Java 面向对象程序由成百上千个类构成，如果将相关的类和接口放在不同的包下面,那么程序的层次结构更清晰、功能模块划分更容易,能快速地找到问题所在,定位类的位置。

总之,Java 引入包的主要原因是 Java 本身跨平台特性的需求。因为 Java 中的所有资源也是以文件方式组织的,这其中包含大量的类文件需要组织管理。Java 中同样采用了目录树形结构。虽然各种常见操作系统对文件的管理都是以目录树的形式组织的,但是它们对目录的分隔表达方式不同,为了区别于各种平台,Java 中采用了"."来分隔目录。

包有如下优点:

- 通过类似目录树的形式组织 Java 程序,管理和查找类比较方便、有序。
- 包可以减少类重名带来的问题。
- 包可以保护包中的类、方法和变量。
- 包可以标识类和接口的功能。

4.7.2　使用 package 定义包

在 Eclipse 开发工具中,定义类首先要选择一个包,如果不选择,当前创建的类存在默认包中;如果没有已创建的包,首先应该创建包。那么如何定义一个包呢?

定义包的语法格式如下:

【格式 4-4】　包的语法格式。

```
package 包名 1[,子包名 1,子包名 2,…];
```

其中,包名必须符合 Java 标识符的命名规范,包名的所有字符一般都是小写,不含特殊字符。包名和子包名可以设置多层且没有层数限制,包名之间用"."分隔。例如定义以下包名:

```
Package com.sun.java.swing;
```

包定义语句比较特殊,有以下特点:

- package 语句必须是程序中可执行的第一行代码,即 package 语句必须放在有效代码序的第一行。
- package 语句在一个文件中只有一句。
- 包名可以嵌套,前面的包名为后面包名的父目录。
- 若没有 package 语句,则为默认包。

在前面的实例中,主函数所在的类都属于 cn.ahut.cs.mainapp 包,包的定义如下:

```
package cn.ahut.cs.mainapp;
```

在例 4-1 中,在 cn.ahut.cs 包下面定义两个子包,即 mainapp 和 userdefinelib。

4.7.3　使用 import 引入包

当定义包后,在同一个包中的类是默认隐式导入的。但如果一个类访问来自另一个包中的类,则前者必须显式通过 import 语句,导入后者才能使用。import 导入包语句的语法格式如下。

【格式 4-5】　使用 import 导入包的语法格式。

格式一:

```
import 包名[.子包名…].类名;          //单类型导入(single-type-import)
```

格式二：

```
import 包名[.子包名…].*;          //按需类型导入(type-import-on-demand)
```

其中，包名和包名之间使用“.”作为分隔符。如果要使用一个包下面的多个类，则格式二比较好，“*”表示导入一个包中的所有类，但不会导入包中子包的类。如果只需要导入包中的一个类，使用格式一实现单独导入。

单类型导入和按需类型导入的区别如下：

单类型导入很简单，因为包名和文件名都已经确定，所以可以一次性查找定位。

按需类型导入比较复杂，编译器会把包名和文件名进行排列组合，然后对所有的可能性进行类文件查找定位。例如：

```
package com;
import java.io.*;
import java.util.*;
```

若类文件中用到了 File 类，那么可能出现 File 类的地方如下：

- File　\\ File 类属于无名包，就是说 File 类没有 package 语句，编译器会首先搜索无名包
- com.File　\\ File 类属于当前包
- java.lang.File　\\编译器会自动导入 java.lang 包
- java.io.File
- java.util.File

需要注意的地方是，编译器找到 java.io.File 类后并不会停止下一步的寻找，而是要把所有的可能性都查找完以确定是否有类导入冲突。假设此时的顶层路径有 3 个，那么编译器就会进行 3 * 5＝15 次查找。

了解以上原理之后，我们可以得出这样的结论：按需类型导入是绝对不会降低 Java 代码的执行效率的，但会影响 Java 代码的编译速度。

查看 JDK 的源代码就可以知道 Java 的软件工程师一般不会使用按需类型导入，因为使用单类型导入至少有以下两点好处：

- 提高编译速度。
- 避免命名冲突（例如，“import java.awt.*;import java.util.*;”后，再使用 List 的时候编译器将会出现编译错误）。

当然，使用单类型导入会使 import 语句看起来很长。

在例 4-1 中，在 cn.ahut.cs 包下面定义了两个子包，即 mainapp 和 userdefinelib。在 userdefinelib 子包中定义了一个日期类 CDate，在 mainapp 子包的 Cstudent 学生类中引入并使用了该类，即“import cn.ahut.cs.userdefinelib.CDate;”。当引入类名之后，在当前类中就可以随意地使用该类了。

4.7.4　系统包

Java 开发包(JDK)中包含大量的系统功能包，包中有各种实用类，称为 API(Application Programming Interface，应用程序接口)。这些类根据功能的不同放入不同的包中，所以根

据包名就可以判断该包主要有哪些功能类，以方便编程时查找和使用。表 4.2 中列出了一些常用的系统功能开发包。

表 4.2 Java 常用开发包

序号	包　名	功　能　描　述
1	java.lang	Java 的核心类库，包含了运行 Java 程序必不可少的系统类，如基本数据类型、基本数学函数、字符串处理、线程、异常处理类等，系统默认加载这个包
2	java.io	Java 语言的标准输入/输出类库，例如，基本输入/输出流、文件输入/输出、过滤输入/输出流等
3	java.util	Java 的实用工具类库包 java.util。在这个包中，Java 提供了一些实用的方法和数据结构。例如，Java 提供了日期(Data)类、日历(Calendar)类
4	java.awt.image	处理和操纵来自于网上的图片的 Java 工具类库
5	java.net	实现网络功能的类库有 Socket 类、ServerSocket 类
6	java.awt	构建图形用户界面(GUI)的类库、低级绘图操作 Graphics 类、图形界面组件和布局管理
7	java.awt.event	GUI 事件处理包
8	java.sql	实现 JDBC 的类库
9	java.security	为安全框架提供类和接口
10	java.text	提供以与自然语言无关的方式来处理文本、日期、数字和消息的类和接口

下面的例子使用系统包 java.util 中的 Calendar 类，输出某人从出生到现在一共生活了多少天。

【例 4-9】　Calendar 应用：计算日期之差。

```
1.  package cn.ahut.cs.mainapp;
2.  import java.util.Calendar;
3.  import java.util.Date;
4.  public class EXA4_9 {
5.     public static void main(String[] args) {
6.        Calendar cal=Calendar.getInstance();
7.        cal.set(1995,3,9);
8.        long timeStart=cal.getTimeInMillis();
9.        cal.setTime(new Date());
10.       long timeEnd=cal.getTimeInMillis();
11.       long 出生天数=(timeEnd-timeStart)/(1000 * 60 * 60 * 24);
12.       System.out.println("出生天数："+出生天数);
13.    }
14. }
```

运行结果如下：

```
出生天数：6918
```

4.8 封装性与访问控制符

在前面的学习中，我们认识了面向对象的封装的特点。封装主要是隐藏类的实现细节，把对象的属性和操作细节隐藏,不允许外界直接访问,必须要通过接口来访问或操作隐藏的属性和方法。如果类外部的代码可以随意访问类中的成员,这无疑降低了类中数据的安全性。所以,要对类中的成员设置合适的访问权限,进行合理的访问控制。

在 Java 语言中,访问控制修饰符用于说明类、成员变量、成员方法、构造方法的访问权限,使得对象访问自己的成员受到一定的限制。Java 语言提供了 4 种级别的访问控制,如表 4.3 所示,不同的访问修饰符在不同的类或包中的访问范围不同。

表 4.3　访问控制符的作用域

范　　围	私　有	友　好	保　护	公　有
同一个类中	√	√	√	√
同一个包中不同的类	×	√	√	√
不同包中的派生子类	×	×	√	√
不同包中的不同类	×	×	×	√

其中,"√"表示可以访问;"×"表示不能访问。

- 友好(默认):没有控制符,称为"友好模式",只向同一个包中的类公开。
- 公有(public):Java 访问控制权限中最宽松的访问权限,public 修饰的类、变量和方法不仅可以跨类访问,还可以跨包访问。
- 保护(protected):基于公有和私有之间的一种访问控制符,protected 修饰的类中的成员能被类本身的方法、本包中的类和不同包中的子类访问。
- 私有(private):Java 访问控制权限中最狭窄的访问权限,private 修饰的类、成员变量和成员方法只能在该类中可以访问。

【例 4-10】 访问权限程序。

包 cn.ahut.cs.userdefinelib 中:

```
1.  package cn.ahut.cs.userdefinelib;
2.  public class CRectangle {
3.      private int prix;            //私有成员
4.      protected int proy;          //保护成员
5.      int friz;                    //友好成员
6.      public int pubt;             //共有成员
7.      public static void main(String[] args) {
8.          CRectangle r1=new CRectangle();
9.          r1.prix=10;              //同一个类中访问私有成员
10.         r1.proy=20;              //同一个类中访问保护成员
11.         r1.friz=30;              //同一个类中访问友好成员
12.         r1.pubt=40;              //同一个类中访问公有成员
13.     }
14. }
15. class Test{
16.     CRectangle r=new CRectangle();
17.     void prt(){
18.         //r.prix=10;             //同一个包中,不同的类中访问私有成员,错误
19.         r.proy=20;               //同一个包中,不同的类中访问保护成员
20.         r.friz=30;               //同一个包中,不同的类中访问默认友好成员
```

```
21.          r.pubt=40;              //同一个包中,不同的类访问公有成员
22.     }
23. }
24. //包 cn.ahut.cs.mainapp 中:
25. package cn.ahut.cs.mainapp;
26. import cn.ahut.cs.userdefinelib.CRectangle;
27. public class EXA4_10 {
28.     public static void main(String[] args) {
29.         CSquare s1=new CSquare();
30.         s1.pubt=444;           //只有公有成员才可以访问,其他 3 个成员变量都不可以访问
31.         CRectangle r1=new CRectangle();
32.         r1.pubt=555;           //不同包中,只有公有成员才可以访问
33.     }
34. }
35. class CSquare extends CRectangle{      //继承
36.     void prt() {
37.         //this.pri=11;       //私有成员在不同包中的子类中不可访问
38.         this.proy=22;        //保护成员在不同包中的子类中可以访问
39.         //this.friz=33;      //友好成员在不同包中的子类中不可访问
40.         this.pubt=44;        //公有成员在不同包中的子类中可以访问
41.     }
42. }
```

从例 4-10 中可以看出,在不同包中,公有成员可以访问,保护成员只有在派生子类中才可以访问父类的保护成员,私有成员只有在自己的类中才可以被直接访问,友好成员只要在同一个包中都可以访问。

4.9 对象数组

数组在 C 语言中已经广泛使用,在 C 语言中可以定义基本类型和结构类型的数组,数组是相同类型变量按顺序组成的集合。对象数组,顾名思义,数组中的每个对象都是一个类的对象。数组是引用数据类型,其元素的默认初始值为 null,在使用数组元素时必须分别对每个元素进行实例化。

【例 4-11】 学生对象数组的创建和使用。

```
1.  package cn.ahut.cs.mainapp;
2.  import cn.ahut.cs.userdefinelib.CDate;
3.  public class EXA4_11 {
4.     public static void main(String[] args) {
5.         CStudent[] cs=new CStudent[5];
6.         cs[0]=new CStudent();
7.         cs[1]=new CStudent("14074233","赵四梅",new CDate(1998,1,8));
8.         cs[2]=new CStudent("14074234","王麻子",new CDate(1997,10,8));
9.         cs[3]=new CStudent("14074235","刘大哥",new CDate(1994,7,812));
10.        cs[4]=new CStudent("14074236","穆桂英",new CDate(1999,12,18));
11.        for(int i=0;i<cs.length;i++)
12.            System.out.printf("学号=%-12s 姓名=%-10s 出生日期=%s\n",cs[i]
                .getSno(),cs[i].sname,cs[i].sdate.toString());
13.     }
14.}
```

运行结果如下:

学号=14074111	姓名=安共达	出生日期=2014 年 1 月 1 日
学号=14074233	姓名=赵四梅	出生日期=1998 年 1 月 8 日
学号=14074234	姓名=王麻子	出生日期=1997 年 10 月 8 日
学号=14074235	姓名=刘大哥	出生日期=1994 年 7 月 812 日
学号=14074236	姓名=穆桂英	出生日期=1999 年 12 月 18 日

数组本身是一个引用数据类型,但其元素可以分为基本数据类型和引用数据类型,基本数据类型要使用其封装类。例如,int 的封装类为 Integer,主方法中的 String[] args 就是一个字符串对象数组。

4.10 对象的组合

在客观世界里,很多实物都是由多个更小的物体组合而成的。以一辆汽车为例,汽车是由传动控制系统、信息系统、行驶控制系统、车身控制系统、安全控制系统等构成的。汽车将其他对象作为自己的组成部分,或者说汽车是由几个对象组合而成的,如图 4.6 所示。

图 4.6 汽车组成结构图

我们知道,成绩是由学生和课程共同决定的。例如叫"张三"的同学的"数据结构"课程的成绩为 89 分。所以,成绩单中包含学生、课程对象的信息,或者说成绩单是由学生信息、课程信息、成绩共同组合而成的。

【例 4-12】 对象的组合应用实例。

```
1.  package cn.ahut.cs.mainapp;
2.  import cn.ahut.cs.userdefinelib.*;
3.  class CCourse{                //课程类
4.     String cno;
5.     String cname;
6.     public CCourse(String cno,String cname){
7.        this.cno=cno;
8.        this.cname=cname;
9.     }
10.    public String toString(){
11.       return  "课程号="+cno+";课程名="+cname;
12.    }
13. }
```

```
14. class CGrade{                          //成绩类
15.     CStudent cs;
16.     CCourse cc;
17.     double score;
18.     public CGrade(CStudent cs,CCourse cc,double score){
19.         this.cs=cs;
20.         this.cc=cc;
21.         this.score=score;
22.     }
23.     public String toString(){
24.         return cs.sname+"同学的"+cc.cname+"课的成绩为："+score;
25.     }
26. }
27. public class EXA4_12 {
28.     public static void main(String[] args) {
29.         CStudent cs1=new CStudent("11074128","王刚",new CDate(1990,9,8));
30.         CCourse cc1=new CCourse("011","计算机应用技术");
31.         CGrade cg1=new CGrade(cs1,cc1,87.5);
32.         System.out.println(cg1.toString());
33.     }
34. }
```

运行结果如下：

王刚同学的计算机应用技术课的成绩为：87.5

4.11　基本类型的封装类

Java语言是完全面向对象的，提倡一切皆为对象的思想。但是考虑到使用基本数据类型的习惯，Java还是保留了8种基本数据类型，基本数据类型不能作为对象来处理，不具备对象的特征，没有相应的属性和方法。

4.11.1　封装类

在使用Java编程时，操作的基本元素就是对象，如果希望将基本数据类型作为对象来使用，则需要封装类，也称包装类。基本数据类型和相应的封装类如表4.4所示。

表4.4　基本数据类型和封装类

序号	基本数据类型	封装类	装　箱	拆　箱
1	boolean	Boolean	Boolean(boolean value)	Boolean 对象.booleanValue()
2	byte	Byte	Byte(byte value)	Byte 对象.byteValue()
3	char	Character	Character(char value)	Character 对象.charValue()
4	short	Short	Short(short value)	Short 对象.shortValue()
5	int	Integer	Integer(int value)	Integer 对象.intValue()
6	long	Long	Long(long value)	Long 对象.longValue()
7	float	Float	Float(float value)	Float 对象.floatValue()
8	double	Double	Double(double value)	Double 对象.doubleValue()

在设计程序时,需要基本数据类型和封装类转换以便操作,这就需要装箱和拆箱动作。

- 装箱:把基本数据类型转换为对象类型的封装过程。例如,将 int 封装为 Integer 对象类型。

```
int x=100;
Integer in=new Integer(x);
```

- 拆箱:把封装类转换为基本数据类型的过程。例如,将 Float 转换为 float 类型。

```
Float F=new Float(12.4F);
float f=F.floatValue();
```

4.11.2　利用封装类进行数据类型的转换

封装类作为一个类,可以包含成员方法。下面介绍封装类的常用成员方法,以实现数值和字符串的相互转换。

1. 将数值转换为数值字符串

所有封装类都实现了 Object 祖先类中的 toString()方法,将基本数据类型的数值转换为字符串数值并作为方法的返回值。但必须把数值转换为封装类对象,再使用类对象调用 toString()方法。例如:

```
int x=100;
Integer in=new Integer(x);
Double dou=new Double(12.56D);
String strIn=in.toString();
String strDou=dou.toString();
```

2. 将数值字符串转换为数值

在封装类中,除了 Character 类,其他封装类都提供了将字符串数值转换为数值的成员方法 parseXXX(String str),此方法是静态方法,使用封装类的类名直接调用。

方法如下:

```
parseBoolean(String str)、parseByte(String str)、parseInt(String str)、parseFloat
(String str)、parseDouble(String str)
```

例如:

```
String radius="120";
String pi="3.1415926";
int r=Integer.parseInt(radius).intValue();
double dPi=Double.parseDouble(pi).doubleValue();
System.out.println("圆面积="+(dPi * r * r));
```

提示:数值字符串要求必须全是数字,否则在转换时会抛出 NumberFormatExcetption(数字格式异常)。

4.11.3　字符的处理

Character 类是 char 的封装类,在类中定义了一些类方法,用于对字符进行分类,例如判断一个字符是否为数字字符或改变一个字符的大小等。

(1) static boolean isDigit(char ch):判断字符 ch 是否为数字。

(2) static boolean isLetter(char ch):判断字符 ch 是否为字母。

(3) static boolean isLetterOrDigit(char ch)：判断字符 ch 是否为字母或数字。

(4) static boolean isLowerCase(char ch)：判断字符 ch 是否为小写字母。

(5) static boolean isUpperCase(char ch)：判断字符 ch 是否为大写字母。

(6) static char toLowerCase(char ch)：转换 ch 为小写字母。

(7) static char toUpperCase(char ch)：转换 ch 为大写字母。

【例 4-13】 分别统计一个字符串中的数字和字母的个数。

```
1.   package cn.ahut.cs.mainapp;
2.   public class EXA4_13 {
3.     public static void  statisticsCount(){
4.         String str="截至中午收盘,上证综指下跌 2.81 点,跌幅 0.14%,创业板指数上涨
             26.75 点,涨幅为 1.92%.";
5.         char[] cstr=str.toCharArray();
6.         int digitalCount=0,letterCount=0;
7.         for(int i=0;i<cstr.length;i++){
8.             if(Character.isDigit(cstr[i])==true)
9.                 digitalCount++;
10.            else if(Character.isLetter(cstr[i]))
11.                letterCount++;
12.         }
13.         System.out.println ( "数字个数 =" + digitalCount +"\r\n 字母个数 =
             "+letterCount);
14.     }
15.     public static void main(String[] args) {
16.         EXA4_13.statisticsCount();
17.     }
18. }
```

运行结果如下：

```
数字个数=13
字母个数=26
```

提示：isLetter(char)方法统计字母的个数，这里的字符串的字母实际上是指汉字字母。当然，英文字母也可以。

4.12 本章小结

(1) 本章首先给出一个综合使用 Java 基本技术的案例——学生类,该类基本上使用了本章所有的 Java 技术。

(2) 面向对象程序设计的特点有信息隐藏和封装、继承、组合、抽象。

(3) 面向过程和面向对象设计思想的区别：面向过程中数据和处理过程是分开的,而面向对象将数据和处理数据的过程紧密地封装在一起。

(4) 在创建对象时通常要设计构造方法,构造方法是在创建对象时给出该对象的初始状态。

(5) 基本数据类型和类类型的内存空间分配的区别：基本数据类型的空间分配在栈内存就完成了,而类类型的空间分配分为两部分,类变量在栈空间中,对象在堆空间中。

(6) 类中的成员分为成员变量和成员方法。成员变量分为实例变量和类变量,成员方法分为类方法和实例方法。

(7) 包是 Java 为解决类的重名冲突而引入的,类似 C♯和 C++的 namespace 命名空间。

(8) Java 类的访问权限分为默认(友好)、私有、公有和保护。

（9）现实世界中的物体很多都是组合而成的，所以类也可以组合。

（10）由于 Java 是完全面向对象的，提倡一切皆为对象的思想，所以在使用基本数据类型的时候会遇到麻烦，Java 提供了将基本数据类型转换为相应的封装类的功能。

4.13 习题

一、选择题

1. 在 Java 语言中，在包 Package1 中包含包 Package2，类 Class_A 直接隶属于包 Package1，类 Class_B 直接隶属于包 Package2。若在类 Class_C 中应用 Class_A 的方法 A 和 Class_B 的方法 B，需要（　　）语句。（选择两项）

    A. import Package1. * ;　　　　　　B. import Package1.Package2. * ;

    C. import Package2. * ;　　　　　　D. import Package2.Package1. * ;

2. 在 Java 中，若要定义某类所在的包外的所有类都能访问这个类，则应用的关键字是（　　）。（选择一项）

    A. protected　　　　B. private　　　　C. public　　　　D. 默认

3. 在 Java 中，访问修饰符限制性最高的是（　　）。（选择一项）

    A. private　　　　B. protected　　　　C. public　　　　D. friendly

二、简答题

1. 面向过程设计和面向对象设计思想有什么区别？

2. 包是为解决命名冲突而设计的，它还有什么作用？

3. 什么是方法的重载？方法重载的优点是什么？

4. 实例变量和类变量有什么区别？实例方法和类方法有什么区别？为什么要定义类变量和类方法？

三、程序设计题

1. 扩展 4.1 节的案例，加入课程类、成绩类，在成绩类中包含相应课程和学生对象，完成某学生某门课的成绩的设计（要求主要使用两个包，实现包之间类文件的引入）。

2. 使用封装类和对象数组设计一个 int 类型的 n 个元素的数组，实现数组元素的添加、删除、排序和输出。

3. 设计学生类、课程类、教师类，要求检验学生成绩的合法性，并对学生的成绩进行管理。

4. 设计一个复数类，实现复数的加减乘除运算并输出结果。

5. 创建银行账户类 SavingsAccount。用一个静态变量存储每个储户的年利率 annualInterestRate。每个类的对象都包括一个 private 实例变量 SavingsBalance，用于指明账户当前的余额。提供 CalulageMonthlyInterest 方法，用 annualInterstRate 除以 12 再乘以 SavingsBalance 计算月利息，并将这个利息加到 SavingsBalance 中。要提供 static 方法 modityInterestRate，用于为 annualInterestRate 设置新值。然后测试 SavingsAccount 类。

第 4 章 资源包

第 4 章 习题解答

第5章 面向对象高级特性

主要内容：封装、继承和多态是面向对象程序设计的三大核心，封装在第 4 章已经讲解，本章主要学习面向对象编程语言 Java 的高级特性——继承、多态、接口等。本章重点讲解 Java 语言的面向对象的高级技术，包含结合本章内容完善第 4 章中的学生类案例，继承与派生、this 和 super、final 修饰符、多态、接口、接口回调、匿名类、内部类和异常类。

教学目标：理解面向对象高级技术特性，掌握 Java 语言中继承、多态、接口的思想和实现技术。

5.1 案例：完善学生类

5.1.1 完善学生类的步骤

在 Java 项目"javasource"中新建一个包"cn.ahut.cs.mainapp.chapter5"，在包中新建一个类 EXA5_1。

(1) 在类 EXA5_1 中引用第 4 章创建的类 CDate，新建一个接口 CPeople，定义常量和方法，方法只有方法头，没有方法实现。

【例 5-1】 完善学生类。

```
1.  package cn.ahut.cs.mainapp.chapter5;
2.  import cn.ahut.cs.userdefinelib.CDate;
3.  interface CPeople{                      //人员接口
4.    final String nationality="中国";      //国籍是一个常量
5.    String getSno();
6.    void setSno(String sno);
7.    String getName();
8.    void setName(String name);
9.    CDate getDate();
10.   void setDate(CDate date);
11.   double getGrade();
12. }
```

(2) 定义 CStudent 学生类，实现 CPeople 接口中的所有方法。

```
1.  class CStudent implements CPeople{       //学生
2.    String sno;                            //学号
3.    String sname;                          //姓名
4.    CDate sdate;                           //出生日期
5.    double smark;                          //考试分数
6.    public CStudent(String sno,String sname,CDate sdate,double smark){
7.        this.sno=sno;
```

```
8.            this.sname=sname;
9.            this.sdate=sdate;
10.           this.smark=smark;
11.      }
12.      public String getSno(){return sno;}
13.      public void setSno(String sno){this.sno=sno;}
14.      public String getName(){return sname;}
15.      public void setName(String name){this.sname=name;}
16.      public CDate getDate(){return this.sdate;}
17.      public void setDate(CDate date){this.sdate=date;}
18.      public double getGrade(){return smark;}       //此时学生只有考试分数
19.      public String toString(){
20.          return "学号："+sno+"\n 姓名："+sname+"\n 出生日期："+sdate+"\n 国籍："
             +this.nationality+"\n";
21.      }
22. }
```

（3）定义大学生类 CUniversityStudent 和研究生类 CGraduateStudent。大学生添加宿舍号字段，总评成绩根据平时成绩和考试分数评定；而研究生添加了宿舍号和导师字段，总评成绩根据导师成绩和考试分数评定。

```
1.  class CUniversityStudent extends CStudent{        //大学生类
2.      int roomNo;                                   //宿舍号
3.      double usualGrade;                            //平时成绩
4.      public CUniversityStudent(int roomNo, String sno, String sname, CDate sdate,
        double smark,double usualGrade){
5.          super(sno,sname,sdate,smark);
6.          this.roomNo=roomNo;
7.          this.usualGrade=usualGrade;
8.      }
9.      public double getGrade(){return smark+this.usualGrade;}
                                            //大学生成绩有平时成绩和考试成绩
10.     public String toString(){
11.         return "宿舍号："+roomNo+"\n"+super.toString();
12.     }
13. }
14. class CGraduateStudent extends CStudent{          //研究生类
15.     int roomNo;                                   //宿舍号
16.     String advisor;                               //导师
17.     double advisorGrade;                          //导师成绩
18.     public CGraduateStudent(int roomNo, String advisor, String sno, String
        sname,CDate sdate,double smark,double advisorGrade){
19.         super(sno,sname,sdate,smark);
20.         this.roomNo=roomNo;
21.         this.advisor=advisor;
22.         this.advisorGrade=advisorGrade;
23.     }
24.     public double getGrade(){return smark+this.advisorGrade;}
                                            //研究生成绩有考试成绩和导师成绩
25.     public String toString(){
26.         return "宿舍号："+roomNo+"\n 导师："+advisor+"\n"+super.toString();
27.     }
28.}
```

（4）在主函数中测试类的多态和接口回调。

```
1.    public class EXA5_1 {
2.    public static void main(String[] args) {
3.        //上转型对象和多态
4.        CStudent  csu = new CUniversityStudent (211," 159074111 "," 李 四 ", new
          CDate(1997,1,10),98.5,85.0);
5.        System.out.println("期末总评: "+csu.getGrade());
6.        System.out.println(csu.toString());
7.        csu=new CGraduateStudent(301,"王三强","156111","王五",new CDate(1993,
          11,23),89.0,90.0);
8.        System.out.println("期末总评: "+csu.getGrade());
9.        System.out.println(csu.toString());
10.
11.       //接口变量和接口回调
12.       CPeople cpu=new CUniversityStudent(511,"139074123","李大有",new
          CDate(1996,11,11),94.5,95.0);
13.       System.out.println("期末总评: "+cpu.getGrade());
14.       System.out.println(cpu.toString());
15.       cpu=new CGraduateStudent(301,"孙大四","156111","丁巳",new CDate(1994,
          11,21),85.0,95.0);
16.       System.out.println("期末总评: "+cpu.getGrade());
17.       System.out.println(cpu.toString());
18.    }
19. }
```

5.1.2　程序解析

本案例中设计一个接口——人员接口，以及学生类、大学生类、研究生类 3 个类，涉及以下知识点：

- Java 接口中只能定义常量和方法，方法只有方法头，没有方法体。
- 方法的实现类——学生类必须要实现接口中所有的方法，否则学生类不能创建对象。
- 由学生类派生大学生类和研究生类，其中 getGrade() 和 toString() 方法都实现了父类中同名方法的重写。
- 在主方法中，通过上转型对象调用不同子类中的同名方法，实现多态；通过接口变量调用实现类中的同名方法，实现接口回调，请参考 5.6 节和 5.7 节的相关内容。

5.2　继承

继承是面向对象程序设计的基本特征，继承是利用已有的基类（父类）派生出新的派生类（子类），对基类进行功能的扩充。派生类可以不用定义而直接使用继承基类中的属性和方法，当然，在此基础上派生类通常要添加一些新的属性和方法，以满足新的设计需求。

继承的目的是程序代码的重用，面向对象程序设计方法的核心思想就是利用已存在的类的属性和方法，通过继承创建出功能更为强大的新类，这样会节省程序开发的时间、加快开发进度、降低代码的出错率。

大家都知道，类是利用分类的思想，类也有包含关系。例如，汽车可以包含轿车、卡车、特种车辆等，而轿车又可以包含小轿车、越野车，小轿车又可以包含两厢和三厢……这些都属于包含关系(is-a 关系)。按照这种分类方式,如果已经定义汽车类别,那么在定义轿车时,作为汽车共同的特征在轿车类中就不需要重复定义了。否则,汽车类、轿车类、三厢轿车类中都单独列出了所有的特征,那么相当多的内容就会重复定义,不利于代码的重用和编程效率的提高。

在程序设计中,如果设计的类可以已存在的类为基础进行设计,那么该特性即为面向对象编程思想中的继承性,Java 的继承有以下几个特征。

- Java 的单继承性:Java 不支持多重继承,只支持单继承。也就是说,Java 的类只能有一个父类。Java 支持多层继承,如人员类 CPeople 可以派生学生类 CStudent,学生类 CStudent 还可以派生出自己的子类大学生类 CUniversityStudent,当然大学生类 CUniversityStudent 还可以派生出研究生类 CGraduateStudent。
- 继承关系的传递性:CGraduateStudent 类继承 CUniversityStudent 类,而 CUniversity-Student 类继承 CStudent 类,则 CGraduateStudent 类中不仅有从 CUniversityStudent 类继承下来的属性和方法,还有从 CStudent 类继承下来的属性和方法,当然,CGraduateStudent 类还有自己定义的属性和方法,这些都是 CGraduateStudent 类拥有的属性和方法。
- 类的层次结构:多层继承不仅简化了类的设计,还能清晰地反映相关类间的层次结构关系。
- 软件复用:软件复用(Software Reuse)是将已有软件的各种有关知识用于建立新的软件,以减少软件开发和维护的花费。软件复用是提高软件生产力和质量的一种重要技术。早期的软件复用主要是代码级复用,被复用的知识专指程序,后来扩大到包括领域知识、开发经验、设计决定、体系结构、需求、设计、代码和文档等的有关方面。
- 增强程序的易维护性:继承通过软件设计的一致性减少了软件模块间的接口和界面的设计工作量,增强了程序的易维护性。

5.2.1　创建子类

在 Java 语言中,创建子类通过继承来声明子类,使用 extends 关键字来创建一个类的子类,语法格式如下。

【格式 5-1】　创建子类的语法格式。

```
访问控制符 [修饰符] class 子类名标识符 extends 父类名标识符 {
    访问控制符 [修饰符] 数据类型　成员变量 1;
    …
    访问控制符 [修饰符] 数据类型　成员变量 n;
    [访问控制符] 子类名 (参数 1,参数 2,…) {              //构造方法
        代码块
    }
    访问控制符 [修饰符] 返回值的数据类型 方法名称(参数 1,参数 2,…) {
        代码块
        [return 返回值;]
    }
}
```

(1) extends 关键字表明父类和子类之间的继承关系。extends 关键字前面是要创建的

子类,后面是要继承的父类(父类必须已经存在),Java 采用单继承,所以 extends 后面只能写一个父类名称。

(2) 子类继承父类中的属性和方法,当然也可以定义自己的属性和方法。如果子类和父类中的属性或方法同名,那么父类的同名属性或方法会被隐藏或重写。

注意:如果不写 extends 父类名标识符,则当前创建的类会自动继承 Object 类,所有 Java 类都直接或间接地继承 java.lang.Object 类。当创建一个类 Car 时,如果没有写父类,相当于 class Car extends Object。

在例 5-1 中,创建子类 CUniversityStudent 的类头为"class CUniversityStudent extends CStudent",父类为 CStudent;类 CUniversityStudent 继承了父类的属性 sno、sname、sdate、smark,以及方法 getSno、setSno 等,新增了属性 roomNo、usualGrade,重写了方法 getGrade、toString。

5.2.2 子类的继承性

子类的继承性随着访问控制符、同包或不同包而不同。子类的继承性分为两种情况,即子类和父类在同一包中;子类和父类不在同一包中。

1. 子类和父类在同一包中

如果子类和父类在同一包中,则子类不能直接访问父类中 private 的属性和方法,但是可以调用非 private 的属性和方法。private 成员在子类中不可见,不能直接访问,非 private 成员在子类中的访问权限保持不变。子类和父类定义在同一个文件中,肯定在同一个包中,当然可以定义在不同的文件中,也可以在同一个包中。

【例 5-2】 点类 Point 是线类 Line 的父类。

```
1.  package cn.ahut.cs.mainapp.chapter5;
2.  import java.util.*;
3.  class Point{
4.      private int x;
5.      int y;
6.      void setX(int x){this.x=x;}
7.      int getX(){return x;}
8.      void print(){
9.          System.out.println("("+x+","+y+")");
10.     }
11. }
12. class Line extends Point{
13.     //继承 Point 类中 x 不可见,y 是可见的;方法都是可见的
14.     double getLen(Point p){
15.         //错误:成员变量 p.x 和 this.x 不可见
16.         //double Len=Math.sqrt(Math.pow(this.x-p.x,2)+Math.pow(this.y,p.y));
17.         //修改成下面的语句
18.         double Len=Math.sqrt(Math.pow(this.getX()-p.getX(),2)+Math
            .pow(this.y,p.y));
19.         return Len;
20.     }
21. }
22. public class EXA5_2 {
23.     public static void main(String[] args) {
```

```
24.         //Point 类的对象创建和成员访问
25.         Point p=new Point();
26.         p.setX(10);p.y=20;
27.         p.print();
28.         //Line 类的对象创建和成员访问
29.         Point p1=new Point();
30.         p1.setX(20);p.y=40;
31.         Line line=new Line();
32.         System.out.printf("距离: %10.2f\n",line.getLen(p1));
33.     }
34. }
```

Point 类中的 x 成员变量是私有的,在派生子类中不可以直接访问,必须通过 getX()方法进行访问。

2. 子类和父类不在同一包中

如果子类和父类不在同一包中,则子类不能直接访问父类中 private、友好的属性和方法,但是可以调用 protected、public 的属性和方法。private、友好的成员在子类中不可见,不能直接访问,protected、public 的成员在子类中的访问权限保持不变。子类和父类不能定义在同一个文件中。

【例 5-3】 点类 Point 是线类 Line 的父类,两个文件不在同一包中。

```
1.  package cn.ahut.cs.mainapp.chapter5.sub;
2.  public class Point2{
3.      private int x;
4.      public int y;                          //添加 public
5.      //void setX(int x){this.x=x;}          //友好成员不能被不同包中的类继承
6.      public void setX(int x){this.x=x;}     //添加 public
7.      public int getX(){return x;}           //添加 public
8.      public void print(){                   //添加 public
9.          System.out.println("("+x+","+y+")");
10.     }
11. }
12. package cn.ahut.cs.mainapp.chapter5;
13. import java.util.*;
14. import cn.ahut.cs.mainapp.chapter5.sub.Point2;
15. class Line2 extends Point2{
16.     //继承 Point 类中 x 不可见,y 是可见的;方法都是可见的
17.     double getLen(Point2 p){
18.         //错误: 成员变量 p.x 和 this.x 不可见
19.         //double Len=Math.sqrt(Math.pow(this.x-p.x,2)+Math.pow(this.y,p.y));
20.         //修改成下面的语句
21.         double Len=Math.sqrt(Math.pow(this.getX()-p.getX(),2)+Math.pow
            (this.y,p.y));
22.         return Len;
23.     }
24. }
25. public class EXA5_3 {
26.     public static void main(String[] args) {
27.         //Point 类的对象创建和成员访问
28.         Point2 p=new Point2();
29.         p.setX(10);p.y=20;
30.         p.print();
```

```
31.        //Line 类的对象创建和成员访问
32.        Point2 p1=new Point2();
33.        p1.setX(20);p.y=40;
34.        Line2 line=new Line2();
35.        System.out.printf("距离: %10.2f\n",line.getLen(p1));
36.    }
37. }
```

在包 cn.ahut.cs.mainapp.chapter5.sub 中定义类 Point2,其中的友好成员(在 EXA5_2 中)修改为 public 成员,那么在另外一个包 cn.ahut.cs.mainapp.chapter5 中的派生子类 Line2 中可以访问。

为什么没有修改成 protected 保护型呢?

因为,如果修改成保护型,在子类 Line2 中访问没有问题,但是在主类 EXA5_3 中的 p.y＝20、p.setX()、getLen()成员就不能访问了。

5.2.3　子类对象的内存构造

子类继承父类的成员变量和方法,继承的私有成员在子类中是不可见的,那么私有成员在子类中分配空间吗?

答案是肯定的。父类中的成员变量在创建子类对象时都分配了内存空间,但只是一部分在子类中可以访问。例如,父类的私有成员在继承时,子类对象尽管分配了空间,但在子类中也是不可见的,即不可访问,如图 5.1 所示。

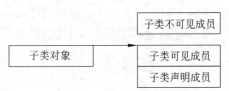

图 5.1　子类对象的内存空间构造

在图 5.1 中,在子类中可以访问继承父类中的可见成员,对于不可见成员是不可以直接访问的,当然子类中有自己声明的新的成员变量和方法。

注意:子类不可见成员分配变量内存空间吗?

答案是分配的。那么,既然分配,岂不是浪费空间吗?

当然不是。子类创建对象时,继承的父类中的所有成员属性都分配了内存空间,但只有可见的成员变量通过子类对象才可以访问。例如私有成员变量,在创建子类对象时分配了内存空间,但是子类不可以直接访问,这时候没有父类对象,也不是某个父类对象的成员,那么,这部分内存空间就像垃圾空间一样,似乎浪费了,但事实不是如此。在例 5-3 中,Point2 中的 x 变量被定义为 private,在子类中就不能通过变量名来读取或修改 x 变量的值,必须通过对外接口 getX 和 setX 成员方法来访问。如果在 Line2 中不分配 x 变量的空间,那么线段两端的点从何而来。所以子类继承父类中的所有成员,只是有些成员是不可以直接访问的,即不可见,而有些成员是可以访问的,但成员变量都是分配空间的。

5.2.4　父类与子类的同名成员

当在子类中定义和父类中同名的成员变量和方法时,会产生成员变量隐藏和成员方法的重写两种情况。

1. 子类隐藏父类中的成员变量

如果子类中定义了与父类中同名的成员变量,那么子类就隐藏了从父类中继承的成员变量,即子类重新定义了这个同名的成员变量。

【例 5-4】 定义父类长方形,派生子类正方形,子类中定义了和父类同名的成员变量 width。

```
1.   package cn.ahut.cs.mainapp.chapter5;
2.   class CRect{                            //长方形类
3.     int width,length;                     //长和宽
4.     double getArea(){
5.        return width * length;
6.     }
7.   }
8.   class CSquare extends CRect{            //正方形类
9.     double width;                         //只有一个边长,变量名和父类同名,但是类型不同
10.    double getArea(){
11.       return width * width;
12.    }
13.  }
14.  public class EXA5_4 {
15.    public static void main(String[] args) {
16.       //长方形
17.       CRect r=new CRect();
18.       r.width=10;
19.       r.length=20;
20.       System.out.println("长方形的面积: "+r.getArea());
21.       //正方形
22.       CSquare s=new CSquare();
23.       s.width=20.4;
24.       System.out.printf("正方形的面积: %10.2f\n",s.getArea());
25.    }
26.  }
```

运行结果如下:

```
长方形的面积: 200.0
正方形的面积: 416.16
```

注意:
(1) 子类中重新定义了继承父类中的同名成员变量,类型不必相同。

(2) 父类中被隐藏的成员变量在子类中仍然可以操作,使用"super.同名成员变量名"就可以访问被隐藏的父类中的同名成员变量。

2. 子类重写父类中的方法

子类可以隐藏父类中的同名成员变量,也可以隐藏从父类中继承的方法。如果子类和父类中的某个方法的定义完全一致,那么子类就重写了父类中被隐藏的同名方法,这就构成了方法重写或方法覆盖。

方法重写是指子类中定义了一个方法,并且这个方法的方法名、返回类型、参数个数、参数类型和从父类中继承的方法完全相同。

那么,方法重写有什么作用呢?通过方法重写,子类可以把父类的状态和行为改变为自身的状态和行为,例如 5-4 中同名了方法 getArea(),父类长方形中是长和宽的乘积,而子类正方形中是边长和边长的乘积,所以子类通过重写父类中的同名方法实现适合自己行为的

方法体。

注意：

（1）父类中被隐藏的成员方法在子类中仍然可以操作，使用"super.同名成员方法()"就可以访问被隐藏的父类中的同名成员方法。

（2）重写要求方法的声明必须完全一致，即方法头必须完全相同。例 5-4 中长方形类中的 getArea 方法头如果修改为 int getArea()，那么在子类中就会出现方法覆盖不兼容错误，这样就构不成重写，也构不成方法重载。

（3）父类和子类的方法可以构成方法重载，例如下面的程序段：

```
1.   class A{
2.      int f(int x,int y){
3.      //public int f(int x,int y){
4.         return x+y;
5.      }
6.   }
7.   class B extends A{
8.      double f(int x,double y){
9.         return x+y;
10.     }
11. }
```

（4）子类方法不能缩小父类方法的访问权限。例如，上面程序段中在"int f(int x,int y)"前面加上 public 修饰符，而在派生子类中的 f 函数前面没有 public 修饰符，程序会报错"覆盖时不能降低继承方法的可视性"，即 f 方法的权限缩小，程序正在尝试分配更低的访问权限，父类中的权限是 public，而子类是友好访问权限。

（5）父类的静态方法不能被子类重写为非静态方法，父类的非静态方法也不能被子类重写为静态方法。子类可以定义与父类的静态方法同名的静态方法，子类重写并隐藏了父类的同名静态方法。例如下面的程序段：

```
1.   class CRect{                        //长方形类
2.      int width,length;               //长和宽
3.      static double  getArea(){
4.         return 1.1;                   //width * length;
5.      }
6.   }
7.   class CSquare extends CRect{        //正方形类
8.      double width;                    //只有一个边长,变量名和父类同名,但是类型不同
9.      static double getArea(){
10.        return 0.5;                    //width * width;
11.     }
12. }
```

（6）在这段代码中，getArea 在父类和子类中都为静态方法，如果有一个类中不是静态方法就会报错。如果去掉长方形类中该方法的 static 修饰符，那么会报错"静态方法不能隐藏父类中的实例方法"；如果去掉正方形类中该方法的 static 修饰符，那么会报错"实例方法不能覆盖父类中的静态方法"。

（7）那么，在长方形类中该方法的语句"return width * length"为什么会报错呢？这是因为静态方法中不能引用非静态成员。

（8）父类中的私有成员方法不能被子类重写。

5.3　关键字 this 和 super

this 关键字和 super 关键字在前面程序中多次使用，它们的作用比较难以理解，而且使用方法多变。this 表示当前正在创建的对象本身，通常使用 this 来引用本类中定义的成员变量或成员方法，用于区别同名的形参变量、同名的局部变量等。super 表示当前类的父类，用于引用父类中和子类同名的成员变量和成员方法，以及构造方法等。

5.3.1　在构造方法和实例方法中使用 this

1. 用 this 引用类中的成员

【格式 5-2】　用 this 引用类中成员的格式。

```
this.成员变量；
this.成员方法；
```

【例 5-5】　用 this 引用本类中的成员。

```
1.  package cn.ahut.cs.mainapp.chapter5;
2.  class CRect55{
3.     int width,length;
4.     void display(){
5.         this.width=10;
6.         this.setLength(20);
7.         System.out.println("宽="+this.width+"\n 长="+this.length);
8.     }
9.     void setLength(int L){
10.    //static void setLength(int L){
11.        this.length=L;
12.    }
13. }
```

static 修饰的方法是静态方法，在静态方法中不能引用 this。如例 5-5 中的第 10 行语句，如果前面加上 static 修饰符，setLength()方法就从实例方法变为类方法，大家都知道类方法不需要创建对象就可以通过类名来访问，但此时 length 实例变量可能还没有被分配内存空间，更谈不上访问了，所以类方法中是不能使用 this 关键字的。

2. 用 this 区别形参局部变量和成员变量同名问题

当形参名称和类中的成员变量同名时，使用"this.成员变量名"的格式引用成员变量名，从而区分形参。

【例 5-6】　形参和类中成员变量同名。

```
1.  package cn.ahut.cs.mainapp.chapter5;
2.  class CRect56{
3.     int width,length,x=12;
4.     CRect56(int width,int length){
5.         this.width=width;
6.         this.length=length;
7.         double x=12.56;              //方法中定义的局部变量
8.         this.x=(int)x;
```

```
9.      }
10.     void setLength(int length){
11.         this.length=length;
12.     }
13. }
```

在例 5-6 中，构造方法中 CRect56(int width,int length)的形参名称和成员变量名称相同，如果不使用 this 关键字，使用"width＝width;length＝length;"语义很模糊，使用 this 加以区分，this 引用的变量名是成员变量名，不用 this 引用的是形参名。当然，如果不同名，可以不用 this 关键字进行区分。

x 变量是在构造方法中定义的一个局部变量，它仅仅在方法内从定义开始到方法结束有效。类中定义的 x 在整个类中有效，但是当局部变量的名称和类中成员变量的名称相同时，类中成员变量会被隐藏，所以，这里使用 this 引用的变量的类中定义的成员变量，而"(int)x"表达式中的 x 变量是定义的 double 类型的局部变量。

3. 用 this 调用构造方法

在面向对象程序设计中，构造方法是用来实现对象实例化、初始化成员变量的。构造方法的名称必须与类名一致，没有返回类型，一般为公有或友好的访问权限。构造方法可以重载，当重载多个构造方法时，可以在某个构造方法中调用其他构造方法。

【格式 5-3】 用 this 调用构造方法的格式。

```
this([参数列表]);
```

【例 5-7】 用 this 调用构造方法。

```
1.  package cn.ahut.cs.mainapp.chapter5;
2.  class CRect57{
3.      int width,length;
4.      CRect57(){                           //无参构造方法
5.          width=length=0;
6.      }
7.      CRect57(int width){                  //一个参数的构造方法
8.          this();                          //调用无参构造方法
9.          this.width=width;
10.     }
11.     CRect57(int width,int length){       //两参构造方法
12.         this(width);                     //调用一个参数的构造方法
13.         this.length=length;
14.     }
15. }
```

注意：

（1）this 语句必须放置在构造方法体中的第 1 行。

（2）构造方法不能显式调用，所以 this 后面的实参列表要和某个构造方法的形参列表一致。

5.3.2　this 表示当前对象

在 C++ 程序中，this 是当前对象的指针，输出 this 就可以看到当前对象的内存空间地址。在 Java 语言中 this 也代表当前对象，那么输出 this 会是什么呢？

【例 5-8】　this 表示的当前对象。

```
1.  package cn.ahut.cs.mainapp.chapter5;
2.  class A{}
3.  public class EXA5_8 {
4.    public static void main(String[] args) {
5.        A a=new A();
6.        System.out.println(a.toString());
7.        a=new A();
8.        System. out .println(a.toString());
9.    }
10. }
```

运行结果如下：

```
cn.ahut.cs.mainapp.chapter5.A@18c56d
cn.ahut.cs.mainapp.chapter5.A@497934
```

结果中前面是包，后面的"A@18c56d"和"A@497934"是当前创建对象的引用地址。this 表示的是当前实例对象的引用，因此在实例方法和构造方法中使用 this 关键字，而不能在类方法（静态方法）中使用。

5.3.3　使用 super 调用父类中指定的构造方法

当创建子类对象时，必须调用父类的构造方法来初始化继承的成员变量的值，但是子类不能继承父类的构造方法，因此要调用父类的构造方法必须在子类的构造方法中使用关键字 super，且 super 语句必须放在子类构造方法体中的第 1 行。当子类创建对象时，首先调用父类的构造方法来初始化继承的父类成员变量。

【格式 5-4】　用 super 调用构造方法的格式。

```
super([参数列表]);
```

super 的参数列表的类型和个数与父类中构造方法的形参列表的类型和个数必须相对应。如果有多个构造方法，必须要指定调用的是哪一个构造方法。

【例 5-9】　子类通过 super 关键字调用父类中指定的构造方法。

```
1.  package cn.ahut.cs.mainapp.chapter5;
2.  class AA{
3.    int x,y;
4.    AA(){
5.        x=y=0;
6.    }
7.    AA(int x,int y){
8.        this.x=x;
9.        this.y=y;
10.   }
11. }
12. class SonOfAA extends AA{
13.   int z;
14.   SonOfAA(int z){
15.       super();
16.       this.z=z;
17.   }
```

```
18.    SonOfAA(int x,int y,int z){
19.        super(x,y);
20.        this.z=z;
21.    }
22.    void display(){
23.        System.out.printf("(%d,%d,%d)\n",x,y,z);
24.    }
25. }
26. public class EXA5_9{
27.    public static void main(String[] args){
28.        SonOfAA son=new SonOfAA(1,2,3);
29.        son.display();
30.    }
31. }
```

运行结果如下：

```
(1,2,3)
```

关键字 super 可以调用无参构造方法，也可以调用有参构造方法，实参列表要和父类中的形参列表相对应。

注意：

（1）this()和 super()都可以调用构造方法，this()调用本类中的其他构造方法，而 super()调用父类中的构造方法。

（2）this()和 super()调用构造方法时不会同时出现，因为 this()和 super()都需要放在构造方法体中的首行。

5.3.4　使用 super 调用被隐藏的成员

当子类定义了和父类中同名的成员变量时，父类的成员变量在子类中就被隐藏了；当子类定义了和父类同名的方法，而且返回类型、参数个数和参数类型完全一致时，那么，子类就重写或覆盖了父类的同名方法。在子类中如果想访问同名的父类成员，必须使用 super 关键字。

【格式 5-5】　用 super 调用同名成员。

```
super.同名成员变量;
super.同名成员方法名([参数列表])
```

【例 5-10】　用 super 调用父类中被隐藏的成员。

```
1.  package cn.ahut.cs.mainapp.chapter5;
2.  class A10{
3.      int x=10;
4.      double y=20.58;
5.      void display(){
6.          System.out.println("("+x+","+y+")");
7.      }
8.  }
9.  class  B10 extends A10{
10.     double x=10.55;
11.     double z=34.40;
12.     void display(){
```

```
13.            super.display();
14.            System.out.println("("+super.x+","+y+","+z+")");
15.            System.out.println("("+x+","+y+","+z+")");
16.      }
17. }
18. public class EXA5_10 {
19.    public static void main(String[] args) {
20.          B10 b=new B10();
21.          b.display();
22.      }
23. }
```

运行结果如下：

```
(10,20.58)
(10,20.58,34.4)
(10.55,20.58,34.4)
```

在派生子类中，分别使用 super.x 和 super.display() 调用父类中的成员变量 x 和成员方法 display。

5.4　final 关键字

在 C++ 语言中用 const 定义一个常量，但是在 Java 里面没有一个关键字专门来定义一个常量。Java 使用更为灵活的 final 关键字，final 的本义是"最终"，final 可以修饰变量、一般方法和类，这有点类似于 C♯ 里面的 sealed 关键字。

final 修饰变量，表示变量一旦获取了初始值就不能被修改，final 既可以修饰类变量和实例变量，也可以修饰局部变量和形参变量，甚至引用变量。final 修饰方法，表示该方法在派生子类中不能被重写，只能引用。final 修饰类，表示该类不能派生出子类。

5.4.1　final 修饰变量

1. final 修饰基本类型变量

类中的变量有类的成员变量，有方法中的局部变量，这些变量一旦被 final 修饰，表示这些变量的值就不能被修改。Java 变量在创建时，系统会为变量分配内存，并赋予一个默认值，当然 Java 变量在定义时、构造方法和一般方法中都可以修改它们的值。如果一个变量被 final 修饰，表示它的值不能被重新赋值，如果在定义变量时没有赋予指定的初始值，那么这些 final 修饰的变量将一直是系统默认分配的 0、false 或 null 等，这些常量也就失去了存在的意义。所以，在 Java 中使用 final 定义一个常量时必须由程序员显式地指定初始值。

【例 5-11】　final 常量。

```
1.  package cn.ahut.cs.mainapp.chapter5;
2.  public class EXA5_11 {
3.      int x=10;
4.      //final int y=20;                   //可以赋值
5.      final int y;                        //也可以在构造方法中赋值
6.      static int z=30;
7.      final static int k=40;
```

```
8.      EXA5_11(){
9.          y=25;
10.         z=35;
11.         //k=45;                              //报错,不能对终态变量 k 赋值
12.     }
13.     public static void main(String[] args) {
14.         final int p=50;
15.
16.         EXA5_11 e=new EXA5_11();
17.         //e.y=28;                            //报错,不能对终态变量 y 赋值
18.         z=38;
19.         //e.k=48;                            //报错,不能对终态变量 k 赋值
20.         //p=58;                              //报错,不能对终态变量 p 赋值
21.     }
22. }
```

例 5-11 中列出了初始化 final 成员变量的各种情形,示范了 final 修饰成员变量的用法。

注意：

（1）final 常量与变量不同,final 成员变量在定义时必须显式地初始化,给定一个指定的初值。如果定义一个常量却没有给定一个自己要指定的值,那么这个常量没有任何意义。

（2）将例 5-11 中的第 14、15 行的程序修改为：

```
final int p;
System.out.println(p);           //报错: p 尚未初始化
```

那么,程序会报错"p 尚未初始化",所以,final 修饰的变量必须赋予一个初值,把上面的程序修改为如下就可以了。

```
final int p;
//System.out.println(p);
p=20;
System.out.println(p);
```

如果就此修改 p 的值呢？例如下面的程序段：

```
final int p;
//System.out.println(p);
p=20;
System.out.println(p);
p=30;      //报错,已经对终态变量 p 赋值
System.out.println(p);
```

所以,final 常量要么在定义的时候赋值,要么在定义以后赋值,但是只能赋值一次。

2. final 修饰引用型变量

final 修饰基本类型的变量称为常量,其值不可以被重新赋值。对于引用类型的变量来说,变量中保存的是对象空间的引用。final 修饰引用变量,那么引用变量所引用的对象空间的地址不可以改变,即该引用变量只能引用同一个对象空间,但对象内存空间的成员变量完全可以发生改变。也就是说,引用变量的常量,所引用的对象还是可以当成一个变量对象。

【例 5-12】 final 修饰引用变量。

```
1.  package cn.ahut.cs.mainapp.chapter5;
2.  class Rect12{
```

```
3.      int W,L;
4.      Rect12(int W,int L){
5.          this.W=W;
6.          this.L=L;
7.      }
8.  }
9.  public class EXA5_12 {
10.    public static void main(String[] args) {
11.        final Rect12 r=new Rect12(10,20);
12.        System.out.println("宽: "+r.W+",长: "+r.L);
13.        r.W=24;
14.        r.L=36;
15.        //对象中的成员变量的值是可以改变的
16.        System.out.println("宽: "+r.W+",长:"+r.L);
17.        //r=new Rect12(15,25);              //报错: 不能对终态变量赋值
18.    }
19. }
```

从例 5-12 中可以看出,对象变量 *r* 被 final 修饰,变成对象常量,通过 r.W 和 r.L 可以改变引用类型变量 *r* 所引用对象空间的成员变量的值,但是不能被重新创建对象(例 5-12 的第 17 行程序)。

5.4.2　final 方法

如果类中的某个方法设计已经很完善,出于安全的考虑或者不希望类中的该方法被子类重写,可以使用 final 修饰该方法,这样此方法就不会被重写或覆盖,该方法称为终极方法。例如,所有 Object 的派生子类都可以重写 toString()方法,但不允许重写 getClass()方法。

【例 5-13】　final 方法。

```
1.  package cn.ahut.cs.mainapp.chapter5;
2.  class A13{
3.     final void getMax(int x,int y){
4.         System.out.println(x>y? x:y);
5.     }
6.  }
7.  class B13 extends A13{
8.     //final void getMax(int x,int y){}        //报错: 不能覆盖 A13 中的终极方法
9.     final void getMax(int x,int y,int z){
10.        int max=x>y? x:y;
11.        max=max>z? max:z;
12.        System.out.println(max);
13.    }
14. }
15. public class EXA5_13 {
16.    public static void main(String[] args) {
17.        B13 b=new B13();
18.        b.getMax(12,45,34);
19.    }
20.}
```

在例 5-13 中,getMax()方法不能重写覆盖父类中的终极方法,但是可以重载该方法,在重载方法中 final 写不写都可以完成方法的重载。

注意：

（1）终极方法能够被派生类继承、访问，但不能被重写。

（2）Java 的方法都是虚方法，在调用方法的时候都要判断子类是否重写了父类中的同名方法。但是如果一个方法被定义为终极方法，就不需要进行覆盖的判断了，在一定程度上提高了该方法的执行效率。

（3）构造方法不能被定义为终极方法。

（4）final 方法可以实现重载。

5.4.3　final 修饰类

如果 final 修饰一个类，那么这个类就称为终极类，该类不能被继承，也就是说，该类没有子孙类。类在派生子类中可以重写或重定义父类中的方法和变量，这降低了程序的安全性，而终极类不能被继承，也破坏了代码的可重用性和可扩展性。

```
final class A{final int a=20;}
class B extends A{}                              //报错：终极类不能被继承
```

设计终极类主要是出于安全的考虑，设计一个类只能调用它，不允许该类有任何改动。

5.5　转型与多态

转型是把一个类型的对象的引用放到另外一个类的声明的对象变量中，主要用于类的声明和创建对象中，转型分为上转型和下转型。上转型指子类对象到父类对象的类型转换，即把创建的子类对象放到父类的对象变量中，该过程是自动完成的，有些像基本类型的自动类型转换。下转型指父类对象到子类对象的转换，必须使用强制转换。

多态是面向对象程序设计中的核心技术之一，要实现多态首先要有继承关系，甚至可以说多态性是继承性的扩展。多态是指同一个操作被不同类型对象调用时可能产生不同的行为，即父类的某个实例方法被子类重写时可以各自产生不同于别人的行为。

如果要实现多态，一般需要上转型对象的引用。如果一个类派生出多个子类，并且这些子类都重写了父类中的某个实例方法，在把子类对象的引用放到父类的对象变量中时得到了该对象的一个上转型对象，那么这个上转型对象在调用这个实例方法时就产生了多态，因为不同的子类在重写父类的实例方法时都重写定义了自己的方法体。例如动物都会叫，而狗、猫、老鼠、鸭等叫的声音都不一样，也就是同一个方法在不同类型的对象中表现不同的行为。

上转型是子类对象赋值给父类对象变量。

【格式 5-6】　上转型定义。

```
父类名 父类对象变量=new 子类名();             //调用子类对象的构造方法
```

例如：

```
Cpeople p= new CStudent();
```

【例 5-14】　使用上转型对象实现多态。

```
1.  package cn.ahut.cs.mainapp.chapter5;
2.  abstract class Shape14{              //抽象类
3.     abstract void calArea();         //抽象方法
```

```
4.    }
5. class Rect14 extends Shape14{
6.     int width,length;
7.     Rect14(int w,int l){
8.         width=w;
9.         length=l;
10. }
11.     public void calArea(){
12.         System.out.println("长方形面积为: "+width * length);
13.     }
14. }
15. class Circle14 extends Shape14{
16.     double radius;
17.     final double PI=3.1415;
18.     Circle14(double r){
19.         this.radius=r;
20.     }
21.     public void calArea(){
22.         System.out.println("圆形面积为: "+PI * radius * radius);
23.     }
24. }
25. public class EXA5_14 {
26.     public static void main(String[] args) {
27.         //多态,通过上转型对象调用子类中重写或实现的方法
28.         Shape14 shape=new Rect14(12,34);
29.         shape.calArea();
30.         shape=new Circle14(14);
31.         shape.calArea();
32.     }
33. }
```

运行结果如下:

```
长方形面积为: 408
圆形面积为: 615.734
```

在例 5-14 中,类 Shape14 是一个抽象类,使用 abstract 修饰该类,类中包含一个抽象方法 calArea,抽象方法只允许声明,不允许实现。抽象类也不能用 new 运算创建对象,但是抽象类可以创建上转型对象。在例 5-14 中,shape 是抽象类 Shape14 的对象变量,它首先引用 Shape14 的实现类 Rect14,并调用 calArea 方法,此时调用的是 Rect14 类中的 calArea 方法;然后引用 Shape14 的实现类 Circle14,并调用 calArea 方法,此时调用的是 Circle14 类中的 calArea 方法。

通过上转型对象可以调用子类中重写或实现父类中的方法,此时调用的是子类中的实现方法。那么通过上转型对象可以调用继承的、隐藏的父类中的成员变量和方法吗? 可以调用子类中新增的成员变量和方法吗?

如图 5.2 所示,上转型对象指向子类对象空间时,会失去原对象的一些属性和行为,上转型对象的引用权限如下:

* 上转型的对象可以调用继承的所有成员,也可以调用被隐藏的父类中的成员变量。
* 上转型调用重写方法时,调用的是子类中的重写方法,而不是父类中的同名方法。
  所以,如果子类重写了父类的某个实例方法,子类对象的上转型对象调用这个方法

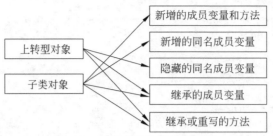

图 5.2　上转型对象的引用权限

时，一定是调用了这个重写的方法。

- 上转型对象不能调用子类中新增的成员变量和成员方法。

大家可以看到，上转型对象是父类的对象变量，但引用的却是子类中的继承、隐藏、重写的成员，所以除了重写的方法之外，其他能引用的成员都在父类中。

【例 5-15】　上转型对象的引用权限。

```
1.  package cn.ahut.cs.mainapp.chapter5;
2.  class A15{
3.      int x=10;
4.      int y=20;
5.      void max(){
6.          System.out.println("要被子类重写的方法,求最大值: "+(x>y? x:y));
7.      }
8.      void sum(){
9.          System.out.println("父类中的方法,求和: "+(x+y));
10.     }
11. }
12. class B15 extends A15{
13.     double y=234;                        //重新定义父类中的同名成员变量
14.     double z=200;                        //新增的成员变量
15.     void max(){                          //重写方法
16.         System.out.println("子类重写父类中的方法,求最大值: "+(x>y? x:y));
17.     }
18.     void ave(){                          //新增的方法
19.         System.out.println("子类中的方法,求平均数: "+(x+y)/2);
20.     }
21. }
22. public class EXA5_15 {
23.     public static void main(String[] args) {
24.         A15 a=new B15();
25.         //不能访问的成员
26.         //a.z=222;
27.         //a.ave();
28.         //能访问的成员
29.         a.x=123;
30.         a.y=124;                          //这里访问的是父类中被隐藏的 y
31.         a.sum();
32.         a.max();                          //这里访问的是子类中重写的方法
33.     }
34. }
```

上转型对象主要用于实现多态机制，使用上转型对象访问子类成员时会受到限制，这里可以把上转型对象转换为子类对象：

```
B15 b=(B15)a;
```

这样 b 就可以访问子类中新增的成员变量和方法了。

5.6　抽象类和接口

设计一个类,需要为该类定义成员变量和成员方法,成员方法是描述该类的具体的行为方式,所以方法一般都有方法体。但是有些类,例如形状类 Shape,只要是形状就可以求面积和周长,那么 Shape 类不知道要派生的子类如何实现这些方法,或者 Shape 类的派生子类实现这些方法的方式不同,所以没法定义方法体。

另外,既然 Shape 不知道如何实现求面积和周长的方法,那么就不求了,留给派生子类去实现。这是多态机制的实现前提。大家都知道,如果在 Shape 类中不定义求面积和周长的抽象方法,在 Shape 派生子类中各自定义求面积和周长的方法,那么 Shape 类的对象变量指向派生子类对象时就无法实现多态,即调用这些求面积和周长的方法。

所以,抽象类通过定义抽象方法既可以不管方法的实现,又可以实现类的多态。抽象方法只有方法的声明,即方法的方法头,没有方法的实现,即方法体。

那么,为什么还需要接口呢?

大家都知道,Java 只支持单继承,不允许一个类有多个父类。那么,Java 如何实现多种类别的交叉特性呢? 例如,销售经理既是销售人员,又是管理人员。Java 提供了接口机制,一个类可以实现多个接口中的行为特性。另外,抽象类是从多个有共同特性的类抽象出来的模板,抽象还不彻底,接口是更抽象的编程机制。接口中不能包含一般方法,里面所有的方法都是公有抽象方法,在新的 JDK8 中对接口进行了改进,允许接口中定义默认方法,默认方法可以有方法实现。

5.6.1　抽象类

抽象类是程序设计过程中对问题分析后得出的事物的抽象描述,是专门用来做父类的,是对具有共同行为的事物进行抽象。抽象类描述所有子类共有的属性和方法,它不能实现实例化,即不能使用 new 关键字创建对象,抽象类只能通过实现抽象方法的子类创建对象,实现所设计的功能。抽象类往往要设计一种方法,其只定义了方法的声明,没有方法体的实现,这种方法称为抽象方法。包含抽象方法的类一定是抽象类,一个抽象类中可以包含一个或多个抽象方法,当然也可以不包含抽象方法。

【格式 5-7】　抽象类定义格式。

```
[访问控制符] abstract class 抽象类的类名{
    成员变量;
    [访问控制符] 返回类型 方法名([形参列表]){
        //方法体,即方法的实现
    }
        [访问控制符] abstract 返回类型 方法名([形参列表]);
}
```

注意：

（1）抽象类和抽象方法必须在类名和方法名之前加上 abstract 关键字，抽象方法不能定义方法体，必须在方法声明之后加上分号。

（2）抽象类可以包含成员变量、一般方法（有方法体）、抽象方法、构造方法，抽象类即使拥有构造方法也不能创建实例，只能被其子类调用来初始化继承的父类成员。

（3）抽象类对象可以作为上转型对象实现类的多态机制。虽然抽象类不能创建对象，但子类必须实现抽象类中的所有抽象方法，这样一来，抽象类对象声明的对象变量就可以引用子类的对象，并调用子类中实现的父类抽象方法。

【例 5-16】 抽象类和实现子类。

```java
1.  package cn.ahut.cs.mainapp.chapter5;
2.  abstract class Shape16{                      //抽象类
3.      String shapeName;
4.      Shape16(String s){
5.          shapeName=s;
6.      }
7.      abstract double calArea();
8.  }
9.  class Rect16 extends Shape16{                //长方形类
10.     int W,L;
11.     Rect16(String s,int W,int L){
12.         super(s);
13.         this.W=W;
14.         this.L=L;
15.     }
16.     double calArea(){
17.         return W * L;
18.     }
19. }
20. class Circle16 extends Shape16{              //圆类
21.     int r;
22.     final double PI=3.1415;
23.     Circle16(String s,int r){
24.         super(s);
25.         this.r=r;
26.     }
27.     double calArea(){
28.         return PI * r * r;
29.     }
30. }
31. class Cylinder{                              //柱体类
32.     Shape16 s;
33.     double height;
34.     Cylinder(Shape16 s,double height){
35.         this.s=s;                            //传入具体的形状对象
36.         this.height=height;
37.     }
38.     void calVolume(){
39.         System.out.println(s.shapeName+"的体积："+(s.calArea() * height));
40.     }
41. }
```

```
42. public class EXA5_16 {
43.    public static void main(String[] args) {
44.        Shape16 s;
45.        Cylinder c;
46.        //计算长方体的体积
47.        s=new Rect16("长方体",20,40);
48.        c=new Cylinder(s,30.5);
49.        c.calVolume();
50.        //计算圆柱体的体积
51.        s=new Circle16("圆柱体",20);
52.        c=new Cylinder(s,30);
53.        c.calVolume();
54.
55.    }
56. }
```

运行结果如下：

```
长方体的体积：24400.0
圆柱体的体积：37698.0
```

设计抽象类贯彻"面向对象"的编程思想，这使得软件更容易维护，当增加和修改某部分功能时，并不需要修改其他部分。如例 5-16 中，当需要增加一个三角形类时，只要三角形类继承 Shape16 抽象类，柱体类 Cylinder 不需要修改，就可以直接使用三角形类。

扩展：添加一个三角形类，在主方法中创建一个三角形对象，并求三角形柱体的体积。

5.6.2　接口

接口（Interface）是面向对象设计中的核心技术之一，是对抽象的进一步深化。接口可以解决 Java 单继承的问题，Java 中的接口主要是实现类的行为抽象定义，用于约束类的行为，接口就像一份契约，约定了实现类必须实现的功能。当然，实现类可以实现多个接口的功能，兼容多种角色，也可以实现自己特有的一些功能。

接口，对于这个名字大家都很熟悉，在计算机硬件平台上，常见的主板上有 AGP、PCI、ISA 等接口，顾名思义，接口是一个系统和另外一个系统之间通信的渠道、通信的方法。Java 中的接口是一个类所具有的方法行为的抽象集合，用于描述系统对外提供的所有服务和服务的方法，接口中的方法都是抽象方法，能将系统的实现细节和接口定义分离，接口是抽象的，不能创建对象，所以接口必须有实现类来实现接口中所有的方法。

接口的定义格式与类比较类似，也有属性和方法，接口之间也可以继承。但是和类不同，接口中的属性都是静态常量，方法都是抽象方法，接口使用关键字 interface。

【格式 5-8】　接口格式。

```
[public] interface 接口名 [extends 父接口 1,父接口 2,…] {
    [public static final] 数据类型 变量名=初值;//常量
    [public abstract] 返回类型 方法名([形参列表]);
}
```

注意：

（1）interface 是定义接口的关键字，用于定义一个接口，类似于类的定义关键字 class。

（2）接口中的父接口可以有多个，但都必须是接口类型，不能是类类型。

（3）接口中的属性默认是用 public static final 修饰的，在定义时修饰符可以不写，系统会默认这些修饰符，由于属性是常量，所以在定义时必须赋予一个初值。

（4）接口中的方法默认是 public abstract，公有且抽象的方法，定义时可以不写。在实现类中实现这些方法时也必须是公有类型（public），不能不写，如果不写就是友好类型，访问权限缩小会报错。抽象方法只有方法声明，没有方法体，即"{}"，以分号结束。

（5）接口编译后产生它的字节码文件（.class），和普通类一致。

下面定义几个接口，并实现接口的派生。

```
interface interfaceA{
    public static final double PI=3.14;      //定义常量,public static final 可以省略
    public abstract void calArea();          //定义抽象方法,public abstract 可以省略
}
interface interfaceB{
    public abstract void calPerimeter();     //抽象方法
}
interface interfaceC extends interfaceA,interfaceB{}        //接口的多继承
```

在这个程序段中包含了 3 个接口，其中 interfaceA 接口中声明了一个常量和一个方法，interfaceB 接口中声明了一个方法，interfaceC 接口继承上面的两个接口，自己没有新增的成员，所以该接口中继承两个父接口的，共有 3 个成员。接口的方法都是抽象方法，必须有实现类对接口中的所有方法进行具体化，即定义一个类，实现某个接口中的所有方法，此时这些方法就不能再是抽象的了，这个过程称为创建接口的实现类，通过 implements 关键字实现接口，实现接口的格式如下。

【格式 5-9】 实现接口的格式。

```
[public] class 类名 implements 接口 1,接口 2…{…}
```

在声明实现类时使用 implements 关键字来表示该类要实现的接口列表，在实现类中必须要实现 implements 关键字后面接口中的所有抽象方法。

【例 5-17】 接口的实现类。

```
1.  package cn.ahut.cs.mainapp.chapter5;
2.  interface interfaceA{
3.      public static final double PI=3.14;  //定义常量,public static final 可以省略
4.      public abstract void calArea();       //定义抽象方法,public abstract 可以省略
5.  }
6.  interface interfaceB{
7.      public abstract void calPerimeter();               //抽象方法
8.  }
9.  interface interfaceC extends interfaceA,interfaceB{} //接口的多继承
10. class Circle17 implements interfaceC{
11.     int r;
12.     Circle17(int r){
13.         this.r=r;
14.     }
15.     public void calArea(){//public 不能省略,因为接口中默认是 public,权限不能缩小
16.         System.out.println("圆的面积: "+(PI * r * r));
17.     }
18.     public void calPerimeter(){
19.         System.out.println("圆的周长: "+(2 * PI * r));
20.     }
```

```
21. }
22. public class EXA5_17 {
23.     public static void main(String[] args) {
24.         Circle17 c=new Circle17(14);
25.         c.calArea();
26.         c.calPerimeter();
27.     }
28. }
```

运行结果如下：

```
圆的面积：615.44
圆的周长：87.92
```

在实现类中实现了 interfaceC 中的 calArea 和 calPerimeter 两个抽象方法，使用了 PI 这个常量。由于实现类实现了接口的所有抽象方法，所以可以创建实例对象。

5.6.3　接口回调

接口回调是接口实现多态机制的方式。对于类或抽象类使用上转型对象实现多态，即声明一个父类对象变量，然后引用不同子类的对象，调用子类中重写的父类中的方法，实现同一方法在不同子类中的多态性，产生了不同的行为。接口回调也是这一原理，声明接口的对象变量，然后引用实现该接口的类所创建的对象，那么接口变量就可以调用被类实现的接口中的方法，当接口变量调用接口中的方法时，就是通知相应的实现类对象去调用实现接口中的方法，这一过程称为接口回调。一个接口可以有多个实现类，各个类中的实现方法不同，通过接口回调实现了接口的多态机制。

【例 5-18】　接口回调。

```
1.  package cn.ahut.cs.mainapp.chapter5;
2.  interface Shape18{                        //图形接口
3.     double calArea();
4.  }
5.  class Rect18 implements Shape18{          //长方形
6.     int W,L;
7.     Rect18(int W,int L){
8.         this.W=W;
9.         this.L=L;
10.    }
11.    public double  calArea(){
12.        return W * L;
13.    }
14. }
15. class Circle18 implements Shape18{        //圆形
16.    int r;
17.    final double PI=3.1415;
18.    Circle18(int r){
19.        this.r=r;
20.    }
21.    public double calArea(){
22.        return PI * r * r;
23.    }
24. }
```

```
25. class Cylinder18{                                         //圆柱体
26.     Shape18 s;
27.     double height;
28.     String shapeType;
29.     Cylinder18(String shapeType,Shape18 s,double height){
30.         this.s=s;
31.         this.height=height;
32.         this.shapeType=shapeType;
33.     }
34.     void calVolume(){
35.         //通过接口变量 s 实现接口回调,调用实现类中实现的 calArea 方法
36.         System.out.println(this.shapeType+"的体积: "+(s.calArea() * height));
37.     }
38. }
39. public class EXA5_18 {
40.     public static void main(String[] args) {
41.         Shape18 s;
42.         Cylinder18 c;
43.         //计算长方体的体积
44.         s=new Rect18(20,40);
45.         c=new Cylinder18("长方体",s,30.5);
46.         c.calVolume();
47.         //计算圆柱体的体积
48.         s=new Circle18(20);
49.         c=new Cylinder18("圆柱体",s,30);
50.         c.calVolume();
51.
52.     }
53. }
```

运行结果如下：

```
长方体的体积: 24400.0
圆柱体的体积: 37698.0
```

5.6.4　接口和抽象类

抽象类和接口有相似的地方,也有一些相区别的特点。抽象类可以实现一般类中的所有成员,而接口中一般包含描述事物的行为特征集合,没有具体实现。

其相同点如下：

- 抽象类和接口都包含抽象方法,这些方法在继承抽象类或实现接口的类中都要具体实现,如果有一个不实现,该类就是抽象类,还是不能创建实例对象。
- 抽象类和接口都包含抽象方法,不能用 new 创建对象实例,两者都可以引用继承抽象类或实现接口的类,调用重写或实现的抽象方法,并通过上转型对象或接口回调方式实现多态机制。

其不同点如下：

- 声明方式不同,接口使用 interface 关键字,而抽象类使用 abstract class 关键字。
- 成员变量不同,接口中只能有静态常量,而抽象类中不受限制。
- 成员方法不同,接口中的方法均是 public abstract,不管写不写,默认都是;而抽象类

中的抽象方法必须加上修饰符 abstract,对于访问权限,需要程序员自己加上去,否则默认是友好访问权限。另外,接口中不能定义静态方法,而抽象类可以。

* 构造方法不同,接口中不能有构造方法,而抽象类中可以定义构造方法。
* 继承方式不同,接口是多继承,而抽象类是单继承。

5.7　内部类

如果一个类 A 的内部定义了一个类 B,那么类 A 称为外部类或外嵌类,而类 B 称为内部类或内嵌类,也就是说,类的定义是可以嵌套的。内嵌类可以定义在类的内部,也可以定义在类成员方法的内部,此时称为局部内部类。

那么为什么要使用内部类?当内部类的内容只对外部类有意义时,或者内部类的功能依赖外部类时,才会设计内部类。

内部类的定义在一般类的内部,格式和一般类基本一致,内部类的格式如下。

【格式 5-10】　内部类的定义格式。

```
[public] class 外部类名{
    [访问控制符] [修饰符] 外部类成员
    [访问控制符] [修饰符] class 内部类名{              //内部类
        [访问控制符] [修饰符] 外部类成员
    }
    [访问控制符] [修饰符] 外部类成员方法([形参列表]){
        [访问控制符] [修饰符] class 内部类名{          //局部内部类
            [访问控制符] [修饰符] 外部类成员
        }
    }
}
```

注意:

(1) 内部类可以访问所在外部类的所有成员,包括私有成员。因为内部类和外部类的成员都属于类的成员,所以可以互相访问,但是外部类不能直接访问内部类中的私有成员,但通过内部类对象可以访问内部类中的私有成员。局部内部类可以访问外部类的所有成员,包括私有成员。

(2) 内部类分为静态内部类(修饰符为 static)和实例内部类。实例内部类的对象实例必须在定义它的外部类对象存在实例的情况下才可以创建,且内部不能定义静态成员;而静态内部类的对象的创建不受此限制。

在外部类中可以通过内部类的对象名来访问内部类的成员,而在外部类以外的其他类中,例如主方法中,则需要通过内部类的完整类名来访问内部类,格式如下。

【格式 5-11】　在外部类以外的其他类中访问内部类的格式。

外部类.内部类 内部类对象=new 外部类().new 内部类();

【例 5-19】　内部类的定义和使用。

```
1.  package cn.ahut.cs.mainapp.chapter5;
2.  class outer{
3.      private int x=10;
4.      public String y="外部类";
```

```
5.    class inner{
6.        private int ix=15;
7.        public String iy="内部类";
8.        void g(){
9.            x=x+110;                                    //访问外部类的私有成员
10.       }
11.   }
12.   void f(){
13.       inner in=new inner();                          //创建内部类对象
14.       //ix=115;                                       //不能访问内部类的私有成员
15.       in.ix=115;                                      //通过内部类可以访问内部类的私有成员
16.       System.out.println("内部类的成员变量 ix 的值被修改为："+in.ix);
17.       in.g();                                         //调用内部类方法
18.       System.out.println("外部类的私有成员 x 被内部类的方法修改为："+x);
19.       //创建局部内部类
20.       class localInner{
21.           void k(){
22.               x=215;
23.               System.out.println("外部类的私有成员 x 被局部内部类的方法修改为：
                  "+x);
24.           }
25.       }
26.       localInner ain=new localInner();
27.       ain.k();
28.   }
29. }
30. public class EXA5_19 {
31.     public static void main(String[] args) {
32.         outer ter=new outer();
33.         ter.f();
34.         //在主方法中访问内部类
35.         outer.inner inn=new outer().new inner();
36.         inn.g();
37.         ter.f();
38.     }
39. }
```

运行结果如下：

```
内部类的成员变量 ix 的值被修改为：115
外部类的私有成员 x 被内部类的方法修改为：120
外部类的私有成员 x 被局部内部类的方法修改为：215
内部类的成员变量 ix 的值被修改为：115
外部类的私有成员 x 被内部类的方法修改为：325
外部类的私有成员 x 被局部内部类的方法修改为：215
```

5.8　匿名对象和类

5.8.1　匿名对象

匿名对象是指没有栈引用的对象，即创建一个对象，并没有给出名字，匿名对象不分配栈空间，只有堆空间，通过 new 关键字创建一个对象，但是没有分配栈对象变量来引用该对象的内存空间,所以对象只能使用一次。

如例 5-18 中,在主方法中创建一个 Cylinder18 类的对象并调用成员方法,可以使用下面的方法:

```
new Cylinder18("圆柱体",s,30).calVolume();
```

但是该匿名对象不能调用其他成员,例如 height 成员变量就不能进行调用了。

5.8.2　类的匿名类

当创建一个对象时,可以把类体的定义和对象的创建组合在一起,即创建对象时,除构造方法的调用外,还有类体的定义,此类体是某个类的一个派生子类去掉类声明后(类头)的类体,称为匿名类,此时创建的对象称为匿名对象。

【格式 5-12】　类的匿名类格式。

```
new 类名([实参列表]){                                    //类体
    继承"类名"的子类
}
```

注意:

(1)"类名"所指的类必须已经存在。

(2)此类体是继承"类名"的派生子类,可以重写父类中的方法。

(3)匿名类一定是一个内部类,匿名类可以访问外嵌类中的成员变量和方法。

(4)匿名类创建的匿名对象一般作为一个参数进行传递。

(5)匿名类中不能定义静态成员变量和方法。

【例 5-20】　类的匿名类的匿名对象作为方法的参数传递。

```
1.  package cn.ahut.cs.mainapp.chapter5;
2.  class A20{
3.    void f(){
4.        System.out.println("这是一个父类!");
5.    }
6.  }
7.  public class EXA5_20 {
8.    static void g(A20 a){
9.        a.f();
10.   }
11.   public static void main(String[] args) {
12.      g(                                       //g方法调用
13.         new A20(){
14.            void f(){
15.               System.out.println("这是一个匿名类!");
16.            }
17.         }
18.      );                                        //g方法调用结束
19.   }
20. }
```

运行结果如下:

这是一个匿名类!

5.8.3 接口的匿名类

接口也可以实现匿名类,当使用一个接口名和一个接口的实现类体创建一个匿名对象时,该类体就是匿名类的类体。

【格式 5-13】 接口的匿名类格式。

```
new 接口名(){                                    //类体
    实现"接口名"的类
}
```

【例 5-21】 接口的匿名类的匿名对象作为参数传递。

```
1.  package cn.ahut.cs.mainapp.chapter5;
2.  interface interface21{
3.      void f();
4.  }
5.  public class EXA5_21 {
6.      static void g(interface21 a){
7.          a.f();
8.      }
9.      public static void main(String[] args) {
10.         g(                                        //g方法调用
11.             new interface21(){
12.                 public void f(){
13.                     System.out.println("这是一个实现接口的匿名类!");
14.                 }
15.             }
16.         );                                        //g方法调用结束
17.     }
18. }
```

运行结果如下:

这是一个实现接口的匿名类!

5.9 异常类

在程序设计中,程序的可靠性是衡量一个软件质量的重要指标之一。设计的软件不仅能运行,还要保证运行可靠、健壮,有更好的容错性,以使程序出现异常时不至于导致整个软件崩溃。异常处理已经成为一门程序设计语言的基本标准,现在主流的程序设计语言Java、C♯等都提供了成熟的异常处理机制,异常处理机制可以使程序的处理代码和正常业务代码分离,保证程序代码的可靠运行,提高了程序运行的健壮性。

对于一个程序员来说,没有人能保证自己写的程序不会出现异常。就算程序本身没有错误,你能保证用户总是按照你的设计要求进行输入吗?就算程序员和用户沟通充分,设计出用户满意的操作交互界面,你能保证程序的运行永远不会出错吗?你能保证和程序交互的硬件不会突然出现故障吗?你能保证网络通信不会出现堵塞吗?对于可能要发生的情况,一个程序员只能尽可能地保证在可预知的所有可能的情况下程序可以运行,这样就不错了。

　　程序错误出现在编译和运行两个阶段,一般称为编译错误和运行时异常。程序员希望所有的错误都在编译阶段出现并解决掉,但这是不现实的,很多难以解决的问题在运行时出现。

　　异常是指程序运行时可能出现的错误,例如试图打开一个不存在的文件,链接一个网页时出现堵塞或中断等。异常的出现会破坏程序的正常运行,通过异常处理改变程序执行的流程,让程序对错误做出处理,使程序回到正常运行轨道上来。

5.9.1　异常处理机制

Java 的异常处理主要通过 try、catch、finally、throw 和 throws 关键字来实现。

- try 关键字对紧随其后的一对花括号括起来的代码块(try 代码块)进行异常捕捉,如果出现异常就跳转到 catch 模块。
- catch 关键字可以出现多次,每个 catch 关键字后面会紧随一个处理异常的代码块来处理 try 代码块中出现的异常。
- finally 关键字用于回收在 try 块中使用的物理资源,如文件打开并操作后,必须要关闭。finally 块不管出不出现异常,总会被执行。
- throws 关键字主要在方法签名中使用,用于声明该方法在运行过程中可能要抛出的异常。例如下面的程序段:

```
public void throwChecked(int a) throws Exception{
    if(a<0){
        throw new Exception("a 的值小于 0,不符合要求!,");
    }
    System.out.println("a 的平方根是: "+Math.sqrt(a));
}
```

- throw 关键字作为单独的语句使用,用于抛出一个异常对象。

【格式 5-14】　异常处理格式。

```
try{
    可能出现异常的程序代码
}catch(异常类 异常类对象){                          //catch 可以出现多次
    出现异常时的处理代码
}
[finally{
    回收资源代码块
}]
```

注意:

　　(1) 在出现异常时,要判断出现的异常并进行处理,如果不进行处理,程序就会崩溃。那么异常有哪些呢? Java 中异常类的父类是 Exception 类,它有很多子类,用于处理多种异常情况,常见的异常类如下。

- 算术异常类:ArithmeticExecption
- 空指针异常类:NullPointerException
- 类型强制转换异常:ClassCastException
- 数组负下标异常:NegativeArrayException
- 数组下标越界异常:ArrayIndexOutOfBoundsException

- 违背安全原则异常：SecturityException
- 文件已结束异常：EOFException
- 文件未找到异常：FileNotFoundException
- 字符串转换为数字异常：NumberFormatException
- 操作数据库异常：SQLException
- 输入输出异常：IOException
- 方法未找到异常：NoSuchMethodException

（2）如果 try 语句出现多种异常，可以使用多个 catch 语句块来处理这些异常。异常处理的形式可以变化，通常有以下 3 种形式：

- try…catch
- try…catch…finally
- try…finally

try 块不存在，catch 和 finally 也不能存在，当 try 块执行完后，如果出现错误，就跳转到 catch 块执行，如果有 finally 块，则必须要执行，异常的处理流程如图 5.3 所示。

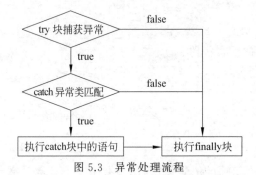

图 5.3　异常处理流程

【例 5-22】 异常处理。

```
1.   package cn.ahut.cs.mainapp.chapter5;
2.   import java.util.*;
3.   public class EXA5_22 {
4.       public static void main(String[] args) {
5.       int[] a=new int[10];
6.       int m,n;
7.       Scanner scan=new Scanner(System.in);
8.       try{
9.           a[10]=123;
10.          m=scan.nextInt();
11.      }catch(IndexOutOfBoundsException iobe){
12.          System.out.println("数组越界异常："+iobe.toString());
13.      }catch(InputMismatchException ime){
14.          System.out.println("输入格式异常："+ime.toString());
15.      }catch(Exception e){
16.          System.out.println(e.toString());
17.      }finally{
18.          System.out.println("finally 块总会被执行！");
19.      }
20.      System.out.println("主方法运行结束！");
```

```
21.    }
22. }
```

运行结果如下：

> 数组越界异常：java.lang.ArrayIndexOutOfBoundsException: 10
> finally 块总会被执行！
> 主方法运行结束！

例 5-22 中有两种错误，即数组越界访问和输入内容不匹配。当程序运行到 try 块中的 a[10]＝123 语句时出错，try 捕获错误，程序处理错误跳转到第一个 catch 异常处理块，如图 5.4 所示，而 m＝scan.nextInt()语句不会被执行；注释 try 块中的 a[10]＝123 语句，此时输入 12.45，输入接收方法 scan.nextInt()出错，跳转到第二个 catch 块进行异常处理，如图 5.5 所示。不管错误是否出现或出现多少个错误，finally 块都会被执行。

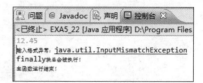

图 5.4 程序跳转到第一个 catch 异常处理块 　　图 5.5 程序跳转到第二个 catch 异常处理块

5.9.2 自定义异常

一般程序很少自行抛出异常，在选择抛出异常时，应该选择合适的系统异常类，如果系统异常类不能明确地描述该异常情况，这时就需要自定义异常。

用户自定义的异常类继承 Exception 基类，如果希望自定义 Runtime 异常，则应该继承 RuntimeException 基类，RuntimeException 也是 Exception 的子类。自定义异常类要重写 getMessage()方法，返回对该异常对象的描述信息。

【例 5-23】 自定义异常类。

```
1.  package cn.ahut.cs.mainapp.chapter5;
2.  import java.util.*;
3.  class deltaException extends Exception{
4.     String msg;
5.     deltaException(double d){
6.        this.msg="一元二次方法的 delta 的值为"+d+"且小于 0";
7.     }
8.     public String getMessage(){
9.        return msg;
10.    }
11. }
12. public class EXA5_23 {
13.    static void f() throws deltaException{        //方法签名处抛出异常
14.       int a,b,c;
15.       Scanner scan=new Scanner(System.in);
16.       System.out.println("请输入一元二次方程的系数 a、b、c 的值");
17.       a=scan.nextInt();
18.       b=scan.nextInt();
19.       c=scan.nextInt();
```

```
20.        double delta=b*b-4*a*c;
21.        if(delta<0){
22.            deltaException de=new deltaException(delta);
23.            throw(de);                          //抛出自定义异常类的对象
24.        }
25.        double x1=(-b+Math.sqrt(delta))/(2*a);
26.        double x2=(-b-Math.sqrt(delta))/(2*a);
27.        System.out.printf("一元二次方程的解为%5.2f;%5.2f",x1,x2);
28.
29.    }
30.    public static void main(String[] args) {
31.        try{
32.            EXA5_23.f();
33.        }catch(deltaException de){                //处理异常
34.            System.out.println(de.toString());
35.        }
36.    }
37. }
```

运行结果如图 5.6 所示。

图 5.6　例 5-23 的运行结果

5.10　反射

在日常生活中，反射是一种物理现象。例如，通过照镜子可以反射出你的容貌，水面可以反射出物体的形态等，这些都是反射。通过反射，可以将一个虚像映射到实物，这样就可以获取实物的某些形态特征。Java 程序中也有反射，Java 程序中的反射也是同样的道理，常规情况下程序通过类创建对象，反射就是将这一过程进行反转，通过实例化对象来获取所属类的信息。

反射机制是 Java 中非常重要的一个知识点，应用面很广，Java 中的大部分类库以及框架底层都用到了反射机制，反射机制是 Java 框架设计的灵魂。反射机制的优点是可以实现动态创建对象和编译（即动态编译），特别是在 Java EE 的开发中，反射的灵活性表现得十分明显。例如，一个大型的软件，不可能一次就把程序设计得很完美，当这个程序编译、发布上线后，需要更新某些功能时，如果采用静态编译，需要把整个程序重新编译一次才可以实现功能的更新，这就需要用户把以前的软件卸载，再重新安装新的版本。而采用反射机制，程序可以在运行时动态地创建和编译对象，不需要用户重新安装软件，即可实现功能的更新。本节将针对 Java 的反射机制进行详细讲解。

5.10.1　认识 Class 类

Java 的反射机制可以动态获取程序信息以及动态调用对象的功能，它主要有以下 4 个作用。

（1）在程序运行状态中，构造任意一个类的对象。

（2）在程序运行状态中，获取任意一个对象所属的类的结构信息。

（3）在程序运行状态中，调用任意一个类的成员变量和方法。

（4）在程序运行状态中，获取任意一个对象的属性和方法。

上述功能的实现都离不开一个重要的类 Class。

我们知道一个 Java 程序的运行过程：JVM 编译 .java 源程序文件并生成对应的 .class 文件，然后将 .class 文件加载到内存中执行。在执行 .class 文件的时候可能需要用到其他类（其他 .class 文件内容），这时就需要获取其他类的结构信息（反射）。JVM 在加载 .class 文件时，会产生一个 Class 对象代表该 .class 字节码文件，从 Class 对象中可以获得 .class 文件内容，即获得类的信息。因此要想完成反射操作，就必须先认识 Class 类。

Class 类由 JDK 提供实现，封装了类型信息（Type）并提供了大量方法用于获取类结构的相关信息。通过 Class 类的方法可以获取一个类的相应信息，包括该类的方法、属性，具体如表 5.1 所示。

表 5.1　Class 类的方法

方　　法	描　　述
forName(String className)	获取与给定字符串名称的类或接口相关联的 Class 对象
getConstructors()	获取类中所有 public 修饰的构造方法对象
getDeclaredFields()	获取所有成员变量对应的字段类对象，包括 public、protected、default 和 private 修饰的字段，但不包括从父类继承的字段
getFields()	获取所有 public 修饰的成员变量对应的字段类对象，包括从父类继承的字段
getMethods()	获取所有 public 修饰的成员方法对应的方法类对象，包括从父类继承的方法
getMethod(String name, Class...parameter Type)	根据方法名和参数类型获得对应的方法类对象，并且只能获得 public 修饰的方法类对象
getInterfaces()	获取当前类所实现的全部接口
getClass()	获取调用该方法的 Class 对象
getName()	获取类的完整名称，名称中包含包的名称
getPackage()	获取类所属的包名称
getSuperclass()	获取类的父类
newInstance()	创建 Class 对象关联类的对象
getComponentType()	获取数组的对应 Class 对象
isArray()	判断此 Class 对象是否是一个数组

因为 Class 类本身并没有定义任何构造方法，所以 Class 类不能直接使用构造方法进行对象的实例化，使用 Class 类进行对象的实例化有以下 3 种方式。

（1）根据全限定类名获取：Class.forName("限定类名")。

（2）根据对象获取：对象名.getClass()。

（3）根据类名获取：类名.class。

【例 5-24】 使用 Class 类进行对象的实例化。

```
1.   class A{        }
2.   class Example01 {
3.   public static void main(String args[]){
4.       Class<?>c1=null;            //声明 Class 对象 c1
5.       Class<?>c2=null;            //声明 Class 对象 c2
6.       Class<?>c3=null;            //声明 Class 对象 c3
7.        try{
8.            c1=Class.forName("cn.ahut.cs.mainapp.chapter5.A");
                                     //通过第(1)种方式实例化 c1 对象
9.        }catch(ClassNotFoundException e){
10.           e.printStackTrace();
11.       }
12.      c2=new A().getClass();      //通过第(2)种方式实例化 c2 对象
13.      c3=A.class;                 //通过第(3)种方式实例化 c3 对象
14.      System.out.println("类名称:"+c1.getName());
15.      System.out.println("类名称:"+c2.getName());
16.      System.out.println("类名称:"+c3.getName());
17.  }
18.  }
```

运行结果如图 5.7 所示。

图 5.7　例 5-24 的运行结果

从图 5.7 可以看出，3 种实例化 Class 对象的结果是一样的，但是类名.class 是 JVM 使用类装载器，将类装入内存（如果类还没有装入内存），不做类的初始化工作，返回 Class 的对象；Class.forName("类名字符串")会进行类的静态初始化，返回 Class 的对象；实例对象.getClass()返回实例对象运行时所属的类的 Class 的对象。

1. 通过无参构造方法实例化对象

【例 5-25】 无参构造方法实例化对象。

如果想通过 Class 类实例化其他类的对象，则可以调用 newInstance()方法，在调用 newInstance()方法实例化其他类的对象时，必须保证被实例化的类中存在一个无参构造方法。具体步骤如下。

步骤一：创建 Person 类，在 Person 类中定义 name 和 age 属性并编写 name 与 age 的

getter()和 setter()及 toString()方法,代码如下所示。

```
1.  package cn.ahut.cs.mainapp.chapter5;
2.  class Person{
3.      private String name;
4.      private int age;
5.      public String getName() {return name;}
6.      public void setName(String name) {this.name=name;}
7.      public int getAge() {return age;}
8.      public void setAge(int age) {this.age=age;}
9.      public String toString() {
10.         return "姓名:"+this.name+",年龄:"+this.age;
11.     }
12. }
```

步骤二:定义 main()方法,调用 Class.forName()方法实例化 Class 对象,将 Person 的全限定名作为参数传入,使用 Class 对象 c 调用 newInstance()方法实例化对象 per,代码如下所示。

```
1.  package cn.ahut.cs.mainapp.chapter5;
2.  public static void main(String args[]){
3.  try{
4.          c=Class.forName("cn.ahut.cs.mainapp.chapter5.Person");
                                            //调用 forName()方法实例化 c
5.      }catch(ClassNotFoundException e){
6.          e.printStackTrace();
7.      }
8.  Person per=null;        //声明 Person 类对象 per
9.   try{
10.      per=(Person)c.newInstance();//通过 c 调用 newInstance()方法实例化 per
11.     }catch (Exception e){
12.         e.printStackTrace();
13.     }
14.      per.setName("张三");
15.      per.setAge(30);
16.      System.out.println(per);
17.  }
18.
```

运行代码,控制台显示的运行结果如图 5.8 所示。

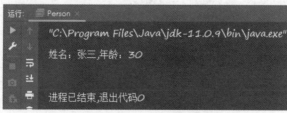

图 5.8　例 5-25 的运行结果

注意:在调用 newInstance()方法实例化类对象时,被实例化对象的类中必须存在无参构造方法,否则无法实例化对象。

2. 通过有参构造方法实例化对象

【例 5-26】　有参构造方法实例化对象。

通过有参构造方法实例化对象的操作步骤如下。

（1）通过调用 Class 类中的 getConstructors（）方法获取要实例化的类中的全部构造方法。

（2）获取实例化使用的有参构造方法对应的 Constructor 对象。

（3）通过 Constructor 类实例化对象。

Constructor 类用于存储要实例化化的类的构造方法，Constructor 类的常用方法如表 5.2 所示。

表 5.2　Constructor 类的常用方法

方　　法	描　　述
getModifiers（）	获取构造方法的修饰符
getName（）	获取构造方法的名称
getParameterTypes（）	获取构造方法中参数的类型
toString（）	返回此构造方法的信息
newInstance(Object...initargs)	通过该构造方法的指定参数列表创建一个该类的对象，如果未设置参数则表示采用默认无参的构造方法

步骤一：创建 Person2 类，在 Person2 类中定义带参数的构造方法，代码如下所示。

```
1.  package cn.ahut.cs.mainapp.chapter5;
2.  class Person2{
3.      private String name;
4.      private int age;
5.      public Person2(String name,int age){      //定义有参构造方法
6.          this.setName(name);
7.          this.setAge(age);
8.      }
9.      public String toString() {
10.         return "姓名:"+this.name+",年龄:"+this.age;
11.     }
12. }
```

步骤二：定义 main()方法，代码如下所示。

```
1.  package cn.ahut.cs.mainapp.chapter5;
2.  public static void main(String args[]){
3.      Class<?>c=null;
4.      try{
5.          c=Class.forName("cn.ahut.cs.mainapp.chapter5.Person2");
        //实例化对象 c
6.      }catch(ClassNotFoundException e){
7.          e.printStackTrace();
8.      }
9.      Person2 per=null;
10.     Constructor<?>cons[]=null;      //声明 Constructor 类对象数组 cons
11.     cons=c.getConstructors();          //获取 Person 类的全部构造方法
12.     try{
13.      per=(Person2)cons[0].newInstance("张三",30); //实例化 Person 对象 per
14.      }catch (Exception e){
```

```
15.        e.printStackTrace();
16.      }
17.    System.out.println(per);
```

运行代码,控制台显示的运行结果如图 5.9 所示。

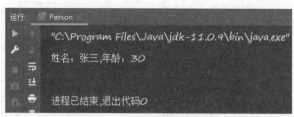

图 5.9 例 5-26 的运行结果

5.10.2 通过反射获取类的结构

与 Java 反射有关的几个重要类有 Class、Constructor、Field、Method、Modifier、AccessibleObject 等。

在实际开发中,通过反射可以得到一个类的完整结构,包括类的构造方法、类的属性、类的方法。

通过反射获取类结构需要使用到 java.lang.reflect 包中的以下 3 个类。

(1) Constructor:用于获取类中的构造方法。

(2) Field:用于获取类中的属性。

(3) Method:用于获取类中的方法。

Constructor 类、Field 类和 Method 类都是 AccessibleObject 类的子类,AccessibleObject 类的继承关系如图 5.10 所示。通过 AccessibleObject 类的 setAccessible 方法可以修改成员的访问权限。

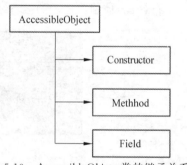

图 5.10 AccessibleObject 类的继承关系

1. 获取类所实现的全部接口

要获取一个类所实现的全部接口,可以调用 Class 类中的 getInterfaces()方法。getInterfaces() 方法返回一个 Class 类的对象数组,数组中存储的是类所实现的接口。使用对象数组中的元素(接口)调用 Class 类中的 getName()方法可以获取接口的名称。

下面通过一个案例讲解通过 getInterfaces()方法获取一个类所实现的全部接口,具体步骤如下。

【例 5-27】 通过 getInterfaces()方法获取一个类所实现的全部接口。

步骤一:定义接口 China,声明两个字符串常量 NATION 和 AUTHOR,然后定义 Person 类实现接口 China,在类中声明 name 和 age 属性并编写属性的 getter 和 setter 方法及 toString()方法,定义有参构造方法,代码如下所示。

```
1.  interface China{
2.  public static final String NATION="CHINA";
3.  public static final String AUTHOR="张三";
```

```
4.    }
5.    class Person implements China{
6.        private String name;
7.        private int age;
8.        public Person(String name,int age){
9.            this.setName(name);
10.           this.setAge(age);
11.       }
12.    //省略定义 getter/setter 方法和 toString()方法的代码
13. }
```

步骤二：定义 main()方法，以 Class 数组的形式将全部的接口对象返回，并利用循环的方式将数组的内容依次输出，代码如下所示。

```
1.    public static void main(String args[]){
2.    Class<?>c=null;
3.        try{
4.          c=Class.forName("cn.ahut.cs.mainapp.chapter5.Person");
5.        }catch(ClassNotFoundException e){
6.            e.printStackTrace();
7.        }
8.    Class<?>cons[]=c.getInterfaces();
9.    for(int i=0;i<cons.length; i++){
10.            System.out.println("实现的接口名称:"+cons[i].getName());
11.    }
12. }
```

运行代码，控制台显示的运行结果如图 5.11 所示。

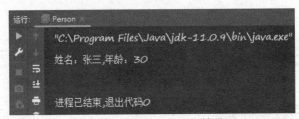

图 5.11　例 5-27 的运行结果

2. 获取父类

如果要获取一个类的父类，可以调用 Class 类中的 getSuperClass()方法。getSuperClass()方法声明格式如下：

```
public Class<? Super T>getSuperClass();
```

getSuperClass()方法返回一个 Class 类的实例，通过该实例调用 Class 类中的 getName()方法可以获取类的名称。下面通过一个案例讲解调用 getSuperClass()方法获取一个类的父类。具体步骤如下。

【例 5-28】　调用 getSuperClass()方法获取一个类的父类。

步骤一：定义 Person 类，在类中定义属性和构造方法，并编写属性的 getter/setter 方法和 toString()方法，代码如下所示。

```
1.    package cn.ahut.cs.mainapp.chapter5;
2.    class Person2{
```

```
3.    private String name;
4.       private int age;
5.       public Person2(String name,int age){          //定义有参构造方法
6.             this.setName(name);
7.             this.setAge(age);
8.       }
9.       public String toString() {
10.            return "姓名:"+this.name+",年龄:"+this.age;
11.      }
12. }
```

步骤二：定义 main()方法，声明从 class 对象并实例化，使用 getSuperclass()方法取得 Person 类的父类，代码如下所示。

```
1.  public static void main(String args[]){
2.          Class<?>c1=null;                          //声明 Class 对象
3.          try{
4.              c1=Class.forName("cn.ahut.cs.mainapp.chapter5");
                                                       //实例化 Class 对象
5.          }catch(ClassNotFoundException e){
6.              e.printStackTrace();
7.          }
8.          Class<?>c2=c1.getSuperclass();             //取得 Person 类的父类
9.          System.out.println("父类名称:"+c2.getName());
10. }
```

运行代码，控制台输出结果：父类名称：java.lang.Object。由此可知，Person 类在编写时没有显式地继承一个父类，所以会默认继承 Object 类。

3. 获取全部构造方法

获取类的构造方法需要调用 Class 类的 getConstructors()方法。调用 getConstructors()方法获取的构造方法需要存储到 Constructor 类型的数组中。通过调用 Constructor 类的方法可以获取构造方法的详细信息，如构造方法的权限、名称、参数信息等。

下面演示通过 getConstructors()方法获取全部构造方法，然后存储到 Constructor 类型的数组中的过程。具体步骤如下。

【例 5-29】　通过 getConstructors()方法获取全部构造方法。

步骤一：定义 Person3 类，声明属性 name 和 age，定义无参构造方法，有一个参数 name 的构造方法，有两个参数的构造方法，为属性定义 getter/setter 方法，定义 toString()方法。

步骤二：定义 main()方法，代码如下所示。

```
1.  Class<?>c1=null;                               //声明 Class 对象 c1
2.  try{
3.          c1=Class.forName("cn.ahut.cs.mainapp.chapter5.Person3");
        //实例化 c1
4.          }catch(ClassNotFoundException e){e.printStackTrace();}
5.          Constructor<?>con[]=c1.getConstructors();
        //获取全部构造方法,存储到 Constructor 类数组中
6.          for(int i=0;i<con.length;i++){          //循环打印构造方法信息
7.              Class<?>p[]=con[i].getParameterTypes();
                                                    //获取构造方法详细信息并输出
8.              System.out.print("构造方法:");
```

```
9.        System.out.print(con[i].getModifiers()+" ");        //获取构造方法权限
10.       System.out.print(con[i].getName()); //获取构造方法名称
11.       System.out.print("(");
12.       for (int j=0;j<p.length; j++){        //打印构造方法参数信息
13.           System.out.print(p[j].getName()+" arg"+i);
14.           if(j<p.length-1){
15.               System.out.print(",");
16.           }
17.       }
18.       System.out.println("){}");
19.    }
```

运行代码,控制台显示的运行结果如图 5.12 所示。

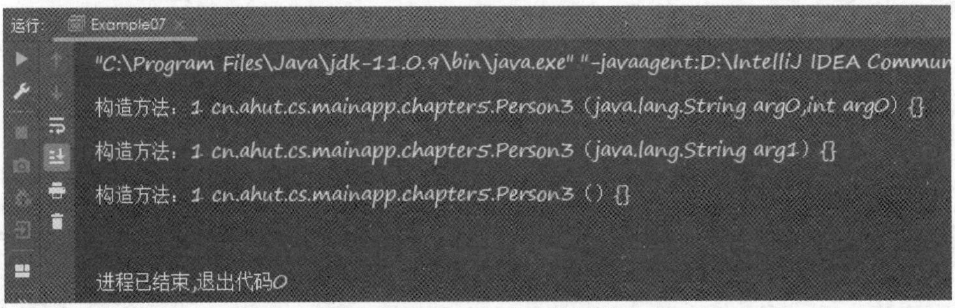

图 5.12　例 5-29 的运行结果

由图 5.12 可知,控制台输出了 Person3 类的所有构造方法名称及参数信息,在获取构造方法权限时可以发现,getModifiers()方法返回的是一个数字 1 而不是 public,这是因为 Java 源码中方法的权限修饰符是使用数字标识的,如果要把表示权限的数字转换成用户可以看懂的关键字,则需要调用 java.lang.reflect 包中 Modifier 类的 toString()方法。调用 Modifier 类的 toString()方法将数字还原成权限修饰符。

调用 Modifier 类的 toString()方法将数字还原成权限修饰符,只需要将案例中的这行代码 System.out.print(con[i].getModifiers()＋" ");替换成如下代码:

```
int mo=con[i].getModifiers();
System.out.print(Modifier.toString(mo) +" ");
```

代码替换后,再次运行程序,运行结果如图 5.13 所示。

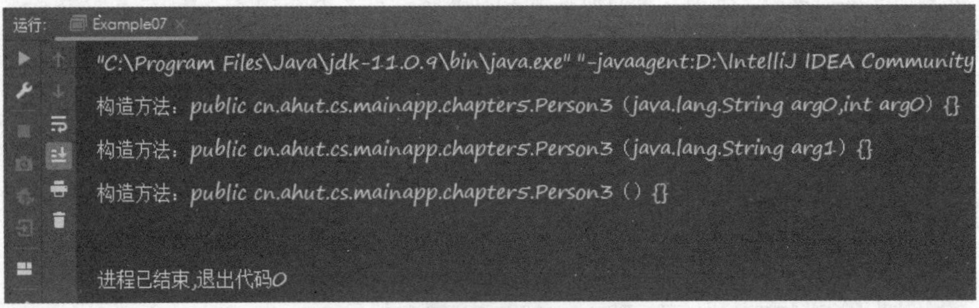

图 5.13　代码替换后的运行结果

由图 5.13 可知,使用 Modifier 类将权限修饰符从数字 1 还原成了关键字 public。

4. 获取全部方法

如果要获取类中所有 public 修饰的成员方法对象,那么可以使用 Class 类中的 getMethods()方法,该方法返回一个 Method 类的对象数组。如果想要进一步获取方法的具体信息,如方法的参数、抛出的异常声明等,可以调用 Method 类提供的一系列方法。

定义 main()方法演示类的全部方法的获取,省略 Person 类的定义,具体代码如下所示。

```
1.  public static void main(String args[]){
2.  Class<?>c=null;                                   //声明 Class 对象 c
3.  try{
4.  c=Class.forName("cn.ahut.cs.mainapp.chapter5.Person3");    //实例化 Class 对象 c
5.  }catch(ClassNotFoundException e){
6.  e.printStackTrace();
7.  }
8.  //获取全部方法,存储到 Method 类数组对象 m 中
9.  Method m[]=c.getMethods();
10. for (int i=0;i <m.length; i++){                    //遍历数组 m 循环输出方法信息
11. Class<?>r=m[i].getReturnType();                    //获取方法的返回值类型
12. Class<?>p[]=m[i].getParameterTypes();              //获取全部的参数类型
13. int xx=m[i].getModifiers();                        //获取方法的权限修饰符
14. System.out.print(Modifier.toString(xx)+" ");       //还原修饰符
15. System.out.print(r.getName()+" ");                 //获取方法名称
16. System.out.print(m[i].getName());
17. System.out.print("(");
18. for(int x=0; x<p.length;x++){                       //循环输出方法的参数
19. System.out.print(p[x].getName()+" "+"arg"+x);
20. if(x<p.length-1) {
21. System.out.print(",");
22. }
23. }
24. //获取方法抛出的全部异常
25. Class<?>ex[]=m[i].getExceptionTypes();
26. if(ex.length>0){                                    //判断是否有异常
27. System.out.print(") throws ");
28. }else{
29. System.out.print(") ");
30. }
31. for(int j=0;j<ex.length;j++){
32. System.out.print(ex[j].getName());                 //输出异常信息
33. if(j<ex.length-1){
34. System.out.print(",");
35. }
36. }
37. System.out.println();
38. }
39. }
```

运行代码,控制台显示的运行结果如图 5.14 所示。

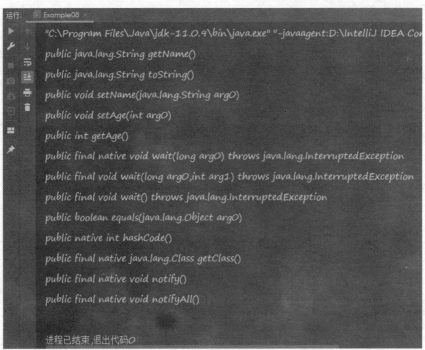

图 5.14   控制台显示的运行结果

由图 5.14 可知，控制台不仅将 Person 类的方法输出，也将从 Object 类中继承而来的方法进行了输出。

5. 获取全部属性

通过反射也可以获取一个类中的全部属性，类中的属性包括两部分，从父类继承的属性和本类定义的属性。

（1）获取本类中，以及实现的接口或继承的父类中的公共属性，需要调用 getFields()方法。getFields()方法声明如下所示：

```
public Field[] getFields() throws SecurityException;
```

（2）获取本类中的全部属性，需要调用 getDeclaredFields()方法。getDeclareFields()方法声明如下所示：

```
public Field[] getDeclaredFields throws SecurityException;
```

上述两个方法返回的都是 Field 数组，Field 数组中的每一个 Field 对象表示类中的一个属性。如果要获取属性的详细信息，就需要调用 Field 类提供的一系列方法。

下面讲解如何获取一个类中的全部属性信息。定义 main()方法，省略 Person 类的定义，具体代码如下所示。

【例 5-30】 获取类中的全部属性。

```
1.  Class<?>c1=null;                          //声明 Class 对象 c
2.  try{
3.  c1=Class.forName("com.itheima.Person");   //实例化 Class 对象 c
4.  }catch(ClassNotFoundException e){
5.  e.printStackTrace();
```

```
6.    }
7.    //获取本类属性,存储到 Field 类数组 f 中
8.    Field f[]=c1.getDeclaredFields();
9.    for(int i=0;i<f.length;i++){                    //循环输出属性信息
10.   Class<?>r=f[i].getType();                       //获取属性的类型
11.   int mo=f[i].getModifiers();                     //获取属性权限修饰符
12.   String priv=Modifier.toString(mo);             //转换属性的权限修饰符
13.   System.out.print("本类属性:");
14.   System.out.print(priv+" ");                     //输出属性权限修饰符
15.   System.out.print(r.getName()+" ");              //输出属性类型
16.   System.out.print(f[i].getName());               //输出属性名称
17.   System.out.println(";");
18.   }
```

运行代码,控制台显示的运行结果如图 5.15 所示。

图 5.15　例 5-30 的运行结果

6. 通过反射调用类中的方法

通过反射调用类中的方法时,需要使用 Method 类完成,具体操作步骤如下。

(1) 通过调用 Class 类的 getMethod() 方法获取一个 Method 类的对象。调用 getMethod() 方法时,需要传入方法名作为参数。

(2) 通过获取的 Method 对象调用 invoke() 方法,执行目标方法。调用 invoke() 方法时,需要传递 Class 对象的实例作为参数。

下面通过一个案例讲解通过反射调用类中的方法。定义 main() 方法,省略 Person 类的定义,具体代码如下所示。

【例 5-31】　通过反射调用类中的方法。

```
1.   public static void main(String args[]){
2.        Class<?>c=null;
3.        try{
4.             c=Class.forName("cn.ahut.cs.mainapp.chapter5.Person");
5.        }catch(ClassNotFoundException e){
6.             e.printStackTrace();
7.        }
8.        try{
9.             Method met=c.getMethod("sayHello");
10.            met.invoke(c.newInstance());
11.       }catch(Exception e){
12.            e.printStackTrace();
13.       }
14.   }
```

运行代码，控制台显示的运行结果如图 5.16 所示。

图 5.16　例 5-31 的运行结果

下面提供一个综合示例，利用 Java 反射技术输出字节码文件对应的类结构。该程序功能仿 JDK 提供的 Javap.exe，可通过反射方式输出类的结构（包括构造函数、成员函数、数据成员以及相关的修饰符等），但该程序没有输出类的父类与其所实现的接口，希望感兴趣的读者可以结合之前的知识分析，完善该程序。详细代码如下。

【例 5-32】　利用 Java 反射技术输出字节码文件对应的类结构。

```
1.   import java.lang.reflect.Constructor;
2.   import java.lang.reflect.Field;
3.   import java.lang.reflect.Method;
4.   import java.lang.reflect.Modifier;
5.   import java.util.Scanner;
6.   public class ReflectionTest {
7.       public static void main(String[] args) {
8.           String name;
9.           if(args.length>0)
10.              name=args[0];
11.          else {
12.              Scanner in=new Scanner(System.in);
13.              System.out.println("Enter class name(e.g. java.util.Date): ");
14.              name=in.next();
15.              in.close();
16.          }
17.          try {
18.              Class cl=Class.forName(name);
19.              Class supercl=cl.getSuperclass();
20.              System.out.print("class " +name);
21.              if(supercl!=null && supercl!=Object.class)
22.                  System.out.print(" extends " +supercl.getName());
23.              System.out.print("\n{\n");
24.              printConstructors(cl);
25.              System.out.println();
26.              printMethods(cl);
27.              System.out.println();
28.              printFields(cl);
29.              System.out.println("}");
30.          } catch (ClassNotFoundException e) {
31.              e.printStackTrace();
32.          }
```

```
33.            System.exit(0);
34.        }
35.    public static void printConstructors(Class cl) {
36.        Constructor[] constructors=cl.getDeclaredConstructors();
37.        for(Constructor c : constructors) {
38.            String name=c.getName();
39.            System.out.print("    " +Modifier.toString(c.getModifiers()));
40.            System.out.print(" " +name +"(");
41.            Class[] paramTypes=c.getParameterTypes();
42.            for(int j=0; j<paramTypes.length; j++) {
43.                if(j>0)
44.                    System.out.print(", ");
45.                System.out.print(paramTypes[j].getName());
46.            }
47.            System.out.println(");");
48.        }
49.    }
50.    public static void printMethods(Class cl) {
51.        Method[] methods=cl.getDeclaredMethods();
52.        for(Method m : methods) {
53.            Class retType=m.getReturnType();
54.            String name=m.getName();
55.            System.out.print(" " +Modifier.toString(m.getModifiers()));
56.            System.out.print(" " +retType.getName() +" " +name +"(");
57.            Class[] paramTypes=m.getParameterTypes();
58.            for(int j=0; j<paramTypes.length; j++) {
59.                if(j>0)
60.                    System.out.print(", ");
61.                System.out.print(paramTypes[j].getName());
62.            }
63.            System.out.println(");");
64.        }
65.    }
66.    public static void printFields(Class cl) {
67.        Field[] fields=cl.getDeclaredFields();
68.        for(Field f : fields) {
69.            Class type=f.getType();
70.            String name=f.getName();
71.            System.out.print(" " +Modifier.toString(f.getModifiers()));
72.            System.out.println(" " +type.getName() +" " +name +";");
73.        }
74.    }
75.
76. }
```

在集成开发环境下配置命令行参数（如 java.lang.String，表示分析 String 类结构），运行程序，输出结果如图 5.17 所示。

程序输出结果与 Javap.exe java.lang.String 输出结果基本相同。

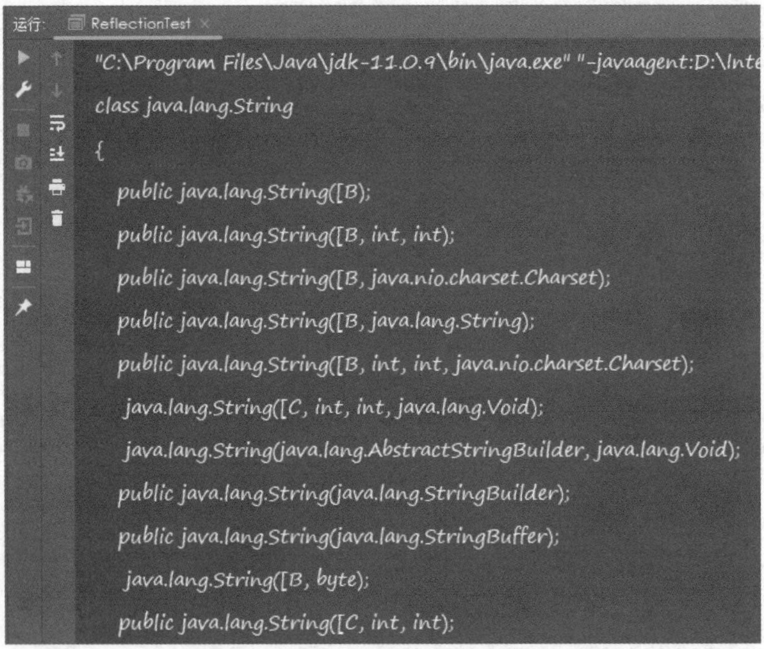

图 5.17　例 5-32 的运行结果

5.11　本章小结

（1）Java 所有的类都直接或间接地继承自 Object，即 Object 类是所有系统类和自定义类的祖先类。在创建自定义类时，即使不写"extends Object"，系统也会自动继承该类。继承是从已有的类派生出一个满足要求的新类，实现了代码的重复利用。Java 只允许单继承，不允许多继承，但允许多层继承。

（2）在创建子类对象时，子类对象首先调用继承父类中的构造方法，如果是无参构造方法，子类中会自动调用，如果是有参构造方法，在子类构造方法中必须显式地使用 super 关键字调用父类中的有参构造方法。

（3）在派生子类时，子类如果有和父类同名的成员变量，那么父类的同名变量就会被隐藏，如果想调用父类中被隐藏的成员变量，使用 super 关键字。子类如果有和父类同名的成员方法，当方法中的形参、返回类型和父类完全一致时，子类就重写了父类中的同名方法，这是实现多态的前提；当子类的方法中的形参和父类不同时，就和父类中的同名方法构成方法重载。

（4）this 代表当前正在创建的类对象，在类的实例方法和构造方法中，可以使用 this 引用当前类对象的内存空间中的成员变量的值，this（[实参列表]）可以在构造方法中调用本类中的其他重载的构造方法。

（5）final 关键字可以修饰类、变量和方法。在使用 final 修饰变量时，变量即变成常量，常量必须被赋值一次，然后就不能修改；在用 final 修饰类时，表示该类不能被继承，即不能派生出子类，是终极类；在用 final 修饰方法时，表示该方法不能被重写。

（6）抽象类和接口是面向对象程序编程思想中的重要特性，是对程序进行更高级别的抽象描述。抽象类不能实例化对象,但是可以定义变量、一般方法、构造方法,抽象方法可以有,也可以没有。抽象方法是只有方法签名,没有方法体的方法。接口是描述客观事物的行为特征的集合,只能包含静态常量和抽象方法,接口不能实例化,但可以声明接口变量,接口必须有实现类才能实现抽象方法,完成方法的功能。

(7) 内部类是实现类的嵌套的机制,内部类可以定义在外部类的内部,也可以定义在外部类中的方法的内部。内部类可以访问外部类中的所有成员,包括私有成员。内部类隐藏在外部类的内部,不能被同一包中的其他类所见。

(8) 异常是指程序在执行期间发生错误,使得程序中断运行的正常流程,如果程序发生异常而没有得到正确的处理,那么程序就会被终止并退出。异常采用 try…catch…finally 结构进行判断和处理,try 是存放可能发生异常的程序代码,catch 是如果 try 块发生异常就跳转到相应的 catch 块去处理异常,finally 是资源回收块,不管异常发不发生,该块都会被执行。

(9) 泛型类就是参数化类型,在定义泛型类时指定类型形参,在使用泛型类时指定类型实参。泛型类提高了程序的安全性,在程序编译时就能发现类型不符合的对象不能存入到泛型类对象中,不用等到程序运行时才发现传入的类型不对。泛型类主要用于集合、枚举等场合。

(10) Java 的反射机制能动态地获取程序信息,动态调用对象的功能。在程序运行状态中,可以构造任意一个类的对象;在程序运行状态中,可以获取任意一个对象所属的类的结构信息;在程序运行状态中,调用任意一个类的成员变量和方法;在程序运行状态中,获取任意一个对象的属性和方法。

5.12　习题

一、选择题

1. 对于接口和抽象类的区别,下面说法错误的是(　　　)。
   A. 抽象类可以定义方法的实现,即方法体
   B. 抽象类和接口一样,都不能实现实例化
   C. 接口中可以定义变量
   D. 接口只能包含静态常量和抽象方法

2. 下面叙述正确的是(　　　)。
   A. 语法错误也是一种异常,也需要 try 捕获
   B. finally 块如果没有异常不会被执行
   C. catch 块只有一个
   D. 异常是程序运行时发生的错误,必须要处理,否则程序可能会崩溃

3. Java 中,final 不能修饰(　　　)。
   A. 类　　　　　B. 构造方法　　　　　C. 一般方法　　　　　D. 成员变量

二、简答题

1. 什么是继承和多态? 使用抽象类和接口如何实现多态?
2. 匿名类一定是内部类吗? 匿名类有什么特征?

3. 方法的重写和方法的重载有什么不同？

4. this 和 super 分别表示什么特殊的含义？

三、程序设计题

1. 使用抽象类、接口和类描述一个学生管理系统中所使用的类，包括学生类、教师类、课程类、成绩类等，设计这些类并进行抽象，定义更抽象的描述（抽象类或接口），完成这些类、抽象类、接口的设计，实现增、删、改、查功能。

2. 创建一个 Animal 动物类，派生出 Horse、Dog、Cat 类，在 Animal 类中定义 cry()方法，发出叫声，让其子类覆盖重写这些方法，编写一个运行时多态的程序。

3. 修改程序设计题 2，使 Animal 成为一个接口。

4. 利用接口编写计算三角形、梯形面积和周长的程序。

5. 编写一个家电接口和多态应用程序，要求如下：

(1) 创建一个 ElecDevice 接口，它有两个方法 turnOn()和 turnOff()。

(2) 创建一个 AudioDevice 类和一个 Refrigerator 类，这两个类实现了 ElecDevice 接口，AudioDevice 有两个方法 increaseVol()和 decreaseVol()，Refrigerator 类有一个方法 setFreezingLevel()。

(3) 创建 AudioDevice 有两个子类 TV 和 Radio。TV 有两个方法 changeChannel()和 adjustColor()。Radio 有一个方法 ajustWavelenth()。TV 和 Radio 覆盖了父类里的 increaseVol()和 decreaseVol()方法。子类覆盖的方法中首先调用 super 父类的方法，然后再添加自己的语句。

(4) 创建一个 TestElecDevice 类，该类从键盘上接收一个命令行参数，输入 TV 或 Radio 参数。在这个类中创建两个实例变量 ed(ElecDevice 类型)和 ad(AudioDevice 类型)。在 main()方法中为 ed 复制一个 Refrigerator 对象，并调用 ed 的 turnOn()和 turnOff()方法。接下来根据输入的参数给 ad 复制 TV 或 Radio 对象，并调用 increaseVol()和 decreaseVol()方法。

请在每个类的方法里写一个输出语句。

6. 模拟一个网上超市购物车的结算，付款总额为购物车里所有货品的单价乘以数量的总和。但是针对不同会员有不同的折扣策略：高级会员有 10％的折扣；中级会员有 5％的折扣；初级会员没有折扣。要求用策略模式编程实现。

7. 设计一个实体类 Person，使用反射机制给 name 属性和 age 属性赋值。

第 5 章 资源包

第 5 章 习题解答

第6章 常用类、泛型与集合

主要内容：本章将介绍 Java 程序设计中经常使用的字符串类、日期日历类，泛型类、泛型方法、泛型接口的应用场景以及常用的集合框架——线性表、规则集和映射。

教学目标：掌握字符串处理类 String、StringBuffer 及 StringTokenizer 的使用方法，理解 3 种字符串类的区别；掌握 Date 类和 Calendar 类的基本使用方法；掌握泛型类、泛型接口和泛型方法的使用；理解 Java 的集合框架体系；掌握 List、Set、Map 接口的具体实现、内部结构和适用场景等。

6.1 案例：简易字符串编辑器

【例 6-1】 简易字符串编辑器的所有功能如图 6.1 所示，使用本编辑器可以对字符串进行 7 种常规处理，例如字符串比较、字符串搜索、字符串替换等。

6.1.1 案例实现

本案例由 7 个字符串处理方法和一个 main() 方法构成，功能列表循环显示，根据用户输入的操作序号进行相应的字符串处理操作，直到用户选择 0 时退出编辑器。

```
------------------------------------
当前时间: 2015年01月28日 星期三 15:20:50
------------------------------------
请选择所要进行的操作(输入操作序号):
------------------------------------
0.退出
1.字符串比较
2.字符串搜索
3.字符串替换
4.字符串截取
5.字符串反转
6.字符串追加
7.字符串拆分
------------------------------------
```

图 6.1 简易字符串编辑器功能列表

完整程序代码：

```
1.  import java.text.*;
2.  import java.util.*;
3.  public class StringEditor {
4.  public static void main(String[] args) {
5.     boolean flag=true;
6.     Scanner scanner=new Scanner(System.in);
7.     int choice;
8.     while(flag){
9.     ShowDate();
10.    System.out.println("请选择所要进行的操作(输入操作序号): ");
11.    System.out.println("------------------------------");
12.    System.out.println("0.退出");
13.    System.out.println("1.字符串比较");
14.    System.out.println("2.字符串搜索");
15.    System.out.println("3.字符串替换");
16.    System.out.println("4.字符串截取");
```

```
17.    System.out.println("5.字符串反转");
18.    System.out.println("6.字符串追加");
19.    System.out.println("7.字符串拆分");
20.    System.out.println("--------------------------------");
21.    choice=scanner.nextInt();
22.    switch(choice)
23.    {
24.    case 0:
25.    {
26.        flag=false;
27.        break;
28.    }
29.    case 1:
30.    {
31.        String str1,str2;
32.        Scanner scanner1=new Scanner(System.in);
33.        System.out.println("请输入一个字符串: ");
34.        str1=scanner1.nextLine();
35.        System.out.println("请输入与之比较的字符串: ");
36.        str2=scanner1.nextLine();
37.        StringCompare(str1,str2);
38.        break;
39.    }
40.    case 2:
41.    {
42.        String str1,str2;
43.        Scanner scanner1=new Scanner(System.in);
44.        System.out.println("请输入一个字符串: ");
45.        str1=scanner1.nextLine();
46.        System.out.println("请输入想要搜索到的字符串: ");
47.        str2=scanner1.nextLine();
48.        StringSearch(str1,str2);
49.        break;
50.    }
51.    case 3:
52.    {
53.        Scanner scanner1=new Scanner(System.in);
54.        System.out.println("请输入一个欲处理字符串: ");
55.        String str=scanner1.nextLine();
56.        System.out.println("请输入被替换字符串: ");
57.        String oldStr=scanner1.nextLine();
58.        System.out.println("请输入替换字符串: ");
59.        String tempStr=scanner1.nextLine();
60.      StringReplace(str,oldStr,tempStr);
61.        break;
62.    }
63.    case 4:
64.    {
65.        Scanner scanner1=new Scanner(System.in);
66.        System.out.println("请输入一个欲处理字符串: ");
67.        String str=scanner1.nextLine();
68.        System.out.println("请输入截取字符串开始索引(索引值从 0 开始): ");
69.        int begin=scanner1.nextInt();
70.        System.out.println("请输入截取字符串结束索引: ");
```

```
71.          int end=scanner1.nextInt();
72.          StringSub(str,begin,end);
73.          break;
74.      }
75.     case 5:
76.      {
77.          Scanner scanner1=new Scanner(System.in);
78.          System.out.println("请输入一个需反序字符串：");
79.          String str=scanner1.nextLine();
80.          StringReverse(str);
81.          break;
82.      }
83.     case 6:
84.      {
85.          Scanner scanner1=new Scanner(System.in);
86.          System.out.println("请输入原字符串：");
87.          String str=scanner1.nextLine();
88.          System.out.println("请输入想要追加的字符串：");
89.          String tempStr=scanner1.nextLine();
90.          StringAppend(str,tempStr);
91.          break;
92.      }
93.     case 7:
94.      {
95.          Scanner scanner1=new Scanner(System.in);
96.          System.out.println("请输入想要拆分的字符串：");
97.          String str=scanner1.nextLine();
98.          System.out.println("请输入拆分字符串的分隔符号：");
99.          String delim=scanner1.nextLine();
100.         StringSplit(str,delim);
101.         break;
102.     }
103.    default:
104.     {
105.         System.out.println("您没有选择任何操作！");
106.         break;
107.     }
108.  }
109. }
110. }
111. public static void StringCompare(String str1,String str2){
112.    if(str1.equals(str2))
113.        System.out.println("两个字符串相同！");
114.    else
115.        System.out.println("两个字符串不同！");
116. }
117. public static void StringSearch(String str1,String str2){
118.    int length=str1.length();
119.    System.out.println("查找字符串\""+str1+"\"中所有"+str2+"的索引值：");
120.    for(int i=0;i<length;i++){
121.        i=str1.indexOf(str2,i);
122.        if(i<0) return;
123.        System.out.println(str2+":"+i+"\t");
124.    }
```

```
125. }
126. public static void StringReplace(String str,String oldStr,String tempStr)
127. {
128.     String newStr=str.replaceAll(oldStr,tempStr);
129.     System.out.println("替换后的字符串: "+newStr);
130. }
131. public static void StringSub(String str,int begin,int end){
132.     String subStr=str.substring(begin,end);
133.     System.out.println("截取后的字符串: "+subStr);
134. }
135. public static void StringReverse(String str){
136.     StringBuffer buffer=new StringBuffer(str);
137.     StringBuffer resultBuffer=buffer.reverse();
138.     System.out.println(str+"的反序字符串: "+resultBuffer.toString());
139. }
140. public static void StringAppend(String str,String tempStr){
141.     StringBuffer buffer=new StringBuffer(str);
142.     buffer.append(tempStr);
143.     System.out.println("追加后的字符串: "+buffer.toString());
144. }
145. public static void StringSplit(String str,String delim){
146.     StringTokenizer tokenizer=new StringTokenizer(str,delim);
147.     int number=tokenizer.countTokens();
148.     String temp=null;
149.     while(tokenizer.hasMoreTokens())
150.     {
151.         temp=tokenizer.nextToken();
152.         System.out.print(temp+"\t");
153.     }
154. System.out.println("\n\""+str+"\"字符串共有"+number+"个语言符号。");
155.     }
156. public static void ShowDate()
157. {
158.     Date dt=new Date();
159.     DateFormat df=new SimpleDateFormat("yyyy年 MM月 dd日   EEE HH:mm:ss");
160.     String nowTime="";
161.     nowTime=df.format(dt);
162.     System.out.println("\n");
163.     System.out.println("--------------------------------------");
164.     System.out.println("当前时间: "+nowTime);
165.     System.out.println("--------------------------------------");
166.     }
167. }
```

程序中第 1、2 行代码引入了实现简易字符串编辑器所需的 Java 包 java.text.* 和 java.util.*；主类名称为 StringEditor；第 5 行代码定义一个控制循环执行的变量 flag；第 7 行代码定义用于存放操作序号的变量 choice；第 9 行调用了 ShowDate()方法用于显示当前的日期及时间信息；第 10~20 行输出功能列表；第 21 行接收用户输入的操作序号；第 22~108 行根据用户的选择进行相应的字符串处理操作；第 111~155 行为 7 个字符串处理方法的具体实现，分别为字符串比较方法 StringCompare(String str1,String str2)、字符串搜索方法 StringSearch(String str1,String str2)、字符串替换方法 StringReplace(String str,String oldStr,String tempStr)、字符串截取方法 StringSub(String str,int begin,int end)、字符串反序方法

StringReverse(String str)、字符串追加方法 StringAppend(String str,String tempStr)和字符串拆分方法 StringSplit(String str,String delim);第 156～166 行代码定义了显示日期时间方法 ShowDate()。简易字符串编辑器的部分功能如图 6.2 和图 6.3 所示。

```
----------------------------------------
当前时间：2015年01月28日 星期三 15:34:08
----------------------------------------
请选择所要进行的操作(输入操作序号)：
----------------------------------------
0.退出
1.字符串比较
2.字符串搜索
3.字符串替换
4.字符串截取
5.字符串反转
6.字符串追加
7.字符串拆分
----------------------------------------
1
请输入一个字符串：
hello
请输入与之比较的字符串：
holllo
两字符串不同！
```

图 6.2　字符串的比较功能

```
----------------------------------------
当前时间：2015年01月28日 星期三 15:34:22
----------------------------------------
请选择所要进行的操作(输入操作序号)：
----------------------------------------
0.退出
1.字符串比较
2.字符串搜索
3.字符串替换
4.字符串截取
5.字符串反转
6.字符串追加
7.字符串拆分
----------------------------------------
2
请输入一个字符串：
welcome to java!
请输入想要搜索到的字符串：
java
查找字符串"welcome to java!"中所有java的索引值：
java:11
```

图 6.3　字符串的搜索功能

6.1.2　程序解析

本案例中实现的功能有字符串的比较、搜索、替换、截取、反转、追加、拆分 7 项，涉及与本章有关的多个知识点。

- String 类的使用。
- StringBuffer 类的使用。
- StringTokenizer 类的使用。
- String 类、StringBuffer 类和 StringTokenizer 类的区别。
- 日期类的使用。

字符串是连续排列的一个或多个字符，用双引号括起来，是编程中常用的数据类型。Java 中的字符串类型是类类型，Java 的字符串都是类的对象。Java 提供了两个字符串类，一个是在程序运行初始化后不能改变的字符串(常量字符串)类 String，另一个是字符串内容可以动态改变(可变字符串)的类 StringBuffer，即在程序运行中可以修改或删除 StringBuffer 对象中的字符串。这两个类都被封装在 java.lang 包中。

6.2　案例：对一个对象数组进行排序

【例 6-2】　本节提供了一个泛型方法，对一个 Comparable 对象数组进行排序。这些对象是 Comparable 接口的实例，它们使用 compareTo()方法进行比较。为了测试该方法，程序对一个整数数组、一个双精度数字数组、一个字符数组以及一个字符串数组分别进行了排序。

```java
public class GenericSort {
    public static void main(String[] args) {
        Integer[] intArray=new Integer[] {2,8,3,5};
```

```
        Double[] doubleArray=new Double[] {3.4,-1.3,5.67};
        Character[] charArray=new Character[] {'a','A','J','v'};
        String[] stringArray=new String[] {"tom","Jerry","kitty"};
        sort(intArray);
        sort(doubleArray);
        sort(charArray);
        sort(stringArray);

        System.out.print("整型数组对象排序:");
        printList(intArray);
        System.out.print("双精度数组对象排序:");
        printList(doubleArray);
        System.out.print("字符数组对象排序:");
        printList(charArray);
        System.out.print("字符串数组对象排序:");
        printList(stringArray);
    }
    //泛型方法:对一个对象数组进行排序
    public static<T extends Comparable>void sort(T[] list) {
        T currentMin;
        int currentMinIndex;
        //选择法排序
        for(int i=0;i<list.length-1;i++) {
            currentMin=list[i];
            currentMinIndex=i;
            for(int j=i+1;j<list.length;j++) {
                if(currentMin.compareTo(list[j])>0) {
                    currentMin=list[j];
                    currentMinIndex=j;
                }
            }
            if(currentMinIndex!=i) {
                list[currentMinIndex]=list[i];
                list[i]=currentMin;
            }
        }
    }
    public static void printList(Object[] list) {
        for(int i=0;i<list.length;i++)
            System.out.print(list[i]+" ");
        System.out.println();
    }
}
```

程序运行结果如下：

```
整型数组对象排序：2 3 5 8
双精度数组对象排序：-1.3 3 3.4 5.67
字符数组对象排序：A J a v
字符串数组对象排序：Jerry kitty tom
```

6.3　String 类

在 Java 中使用 String 类创建一个字符串对象，String 类包含了许多处理字符串的方法,这些方法可以直接应用于程序的开发中。

6.3.1　创建 String 字符串

String 类是一种特殊的对象类型数据,它既可以采用普通变量的声明方法,也可以采用对象变量的声明方法。String 类的对象一经创建就不能通过字符串方法更改内容,但可以通过使用其他变量重新赋值进行更改。

1. 采用声明普通变量的方法

语法格式:

```
String 对象名=字符串类型数据;
```

例如:

```
String str1="hello";              //在定义的同时赋值
```

当然也可以先定义,后赋值,例如:

```
String str1;                      //定义引用变量 str1,目前并没有创建对象
str1="hello";                     //将 "hello" 对象赋值给 str1
```

2. 采用构造方法创建字符串对象

如表 6.1 所示,String 类提供了多个构造方法,允许多种创建字符串对象的方法。

表 6.1　String 类的构造方法

方法名称及返回值类型	概　　　述
String(String s)	用已存在的字符串创建另一个字符串
String(char[] value)	使用字符数组创建字符串对象
String(char[] value,int offset,int count)	使用字符数组 value 中指定的内容创建字符串对象。其中,value 表示用于创建字符串的字符数组,offset 表示起始下标,count 表示读取的字符串的长度
String(byte[] value)	使用默认字符集解码指定的字节数组 value 创建一个新对象
String(byte[] value,String charset)	使用指定字符集解码指定的字节数组 value 创建一个新对象

例如:

- String s=new String("123");或　String s="123";　String tom=new String(s);
- char a[]={'a','b','c','d'};　String sChar=new String(a);
- char b[]={'c','o','m','p','u','t','e','r'};　String sCom=new String(b,0,3);
- byte bEncoding[]={12,20,68,36};　String sByte=new String(bEncoding);
- byte bEncoding[]={12,20,68,36};　String sByte=new String(bEncoding,"GBK");

注意:用 new 创建字符串对象与直接用字符串字面常量赋值在多数情况下效果是一样的,但在某些情况下会有一些差异。在直接用字符串字面常量赋值时,Java 会先到它的字符串缓冲区里查找有没有这个字符串,如果有则直接返回引用,如果没有就在里面新建这个字符串;而 new 关键字每次被调用都会创建一个对象,无论 Java 字符串缓冲区中有没有同样的字符串。例如:

```
String s1="hello";
String s2=new String("Hello");
String s3="hello";
String s4=new String("Hello");
```

以上 4 条语句执行后,变量 s1 和 s3 指向同一个字符串 hello,而 s2 和 s4 分别创建了一个字符串对象 Hello。

6.3.2　String 类的常用操作及方法

1. 获得字符串长度

方法：int length();

语法：字符串名.length();

功能：返回字符串的长度。

例如,在本章案例简易字符串编辑器中实现字符串搜索功能时,首先要获得被搜索字符串的长度,即使用了第 118 行代码"int length＝str1.length();"该方法返回一个整型值,定义了变量 length 进行接收,以方便后续使用。

2. 字符串比较

在程序中经常需要比较两个字符串的内容。在比较数字时经常用运算符"＝＝"来比较是否相等,但是对于字符串来说,"＝＝"只检查 s1 和 s2 两个字符串对象是否指向同一个对象,不能判断两个字符串所包含的内容是否相同。

在 Java 中有两组方法来完成字符串的比较：一组是 equals(),用于比较两个字符串是否相等,返回值为布尔值;另一组是 compareTo(),用于按字符顺序比较两个字符串,返回值为整数,具体有下面 4 个方法。

1) boolean equals(Object anObject)

功能：将当前字符串与参数指定的对象比较,如果相同,则返回 true,否则返回 false。

2) boolean equalsIgnoreCase(String anotherString)

功能：与 boolean equals(Object anObject)功能相似,忽略大小写。

3) int compareTo(String anotherString)

功能：按字典顺序将当前字符串对象与参数指定的字符串对象进行比较,如果相同,则返回 0;如果大于参数字符串对象,则返回正值;如果小于字符串对象,则返回负值。

4) public int compareToIgnoreCase(String str)

功能：与 int compareTo(String anotherString)功能相似,忽略大小写。

【例 6-3】　字符串比较是否相同。本章案例简易文本编辑器在实现字符串比较是否相同时使用了 boolean equals(Object anObject)方法,具体代码如下：

```
1.  public static void StringCompare(String str1,String str2){
2.      if(str1.equals(str2))
3.          System.out.println("两个字符串相同!");
4.      else
5.          System.out.println("两个字符串不同!");
6.  }
```

在第 2 行代码中将字符串 str1 和 str2 进行比较,根据比较结果输出相同或不同的信息,在这里是严格区分大小写的。

❓**思考**：为简易文本编辑器增加操作 8,实现比较两个字符串大小并输出确切信息的功能,如何实现?

3. 字符串检索

Java 中,在字符串中查找子串的方法共有 4 种。

1) int indexOf(String str)

功能:返回第一次出现的指定子字符串在此字符串中的索引。例如:

```
String s="青春无悔";
int index=s.indexOf("青春");
```

执行后,index 的内容是 0。

2) int indexOf(String str,int startIndex)

功能:从指定的索引处开始,返回第一次出现的指定子字符串在此字符串中的索引。例如:

```
String s="青春无悔无悔青春";
int index=s.indexOf("青春",3);
```

执行后,index 的内容是 6。

【例 6-4】　字符串搜索。本章案例文本编辑器的第 2 项操作搜索字符串功能中使用了该方法,具体实现代码如下:

```
1.   public static void StringSearch(String str1,String str2){
2.       int length=str1.length();
3.       System.out.println("查找字符串\""+str1+"\"中所有"+str2+"的索引值: ");
4.       for(int i=0;i<length;i++){
5.           i=str1.indexOf(str2,i);
6.           if(i<0) return;
7.           System.out.println(str2+":"+i+"\t");
8.       }
9.   }
```

第 4~7 行代码利用 for 循环配合 int indexOf(String str,int startIndex)方法实现在字符串中查找子串的功能。

3) int lastIndexOf(String str)

功能:返回在此字符串中最右边出现的指定子字符串的索引。例如:

```
String s="青春无悔无悔青春";
int index=s.lastindexOf("青春");
```

执行后,index 的内容是 6。

4) int lastIndexOf(String str,int startIndex)

功能:从指定的索引处开始向前搜索,返回在此字符串中最后一次出现的指定子字符串的索引。例如:

```
String s="青春无悔无悔青春青春无悔";
int index=s.lastIndexOf("青春",7);
```

执行后,index 的内容是 6。

说明:indexOf 方法返回一个整数值,指出 String 对象内子字符串的开始位置。如果没有找到子字符串，则返回−1。如果 startindex 是负数，则 startindex 被当作零。如果它比最大的字符位置索引还大，则它被当作最大的可能索引，从左向右执行查找。否则，该方法与 lastIndexOf 相同。

4. 字符串替换

在 Java 中，字符串替换类方法如下所示。其中，最常见的是去除字符串的前导空白和尾部空白，以及替换字符串中的某些部分、将字符串做大小写变换等。

1）String concat(String str)

功能：将指定字符串连接到当前字符串结尾。例如：

s1="abc";
s2="def";
String s3=s1.concat(s2);

执行后，s3 的内容是 abcdef。

2）String replace(char oldChar,char newChar)

功能：用 newchar 字符替换当前字符串中的 oldchar 字符得到新的字符串，既支持字符的替换，也支持字符串的替换。例如：

（1）String sTemp="There is a apple";
　　 String temp;
　　 temp=sTemp.replace('e','A');

执行后，temp 的内容是"Th ArA is a applA"。

（2）String sTemp="There is a apple,and the apple is very nice!";
　　 String temp;
　　 temp=sTemp.replace("apple","banana");

执行后，temp 的内容是"There is a banana,and the banana is very nice!"。

【例 6-5】 字符串替换。本章案例文本编辑器的第 3 项操作字符串替换功能中使用了该方法，完整代码如下：

```
1.   public static void StringReplace(String str,String oldStr,String tempStr){
2.       String newStr=str.replaceAll(oldStr,tempStr);
3.       System.out.println("替换后的字符串："+newStr);
4.   }
```

字符串替换方法执行后的效果如图 6.4 所示。

思考：利用简易字符串编辑器对由汉字组成的字符串进行截取操作，运行结果如何？怎样解决出现的问题？

3）String toLowerCase()

功能：将字符串中的所有字符从大写改为小写。例如：

String s="STUDENT";
String index=s.toLowerCase();

执行后，index 的内容是"student"。

4）String toUpperCase()

功能：将字符串中的所有字符从小写改为大写。例如：

```
----------------------------------------
当前时间: 2015年01月29日 星期四 14:24:16
----------------------------------------
请选择所要进行的操作(输入操作序号):
----------------------------------------
0.退出
1.字符串比较
2.字符串搜索
3.字符串替换
4.字符串截取
5.字符串反转
6.字符串追加
7.字符串拆分
----------------------------------------
3
请输入一个欲处理字符串:
there is a apple,and the apple is very nice!
请输入被替换字符串:
apple
请输入替换字符串:
banana
替换后的字符串: there is a banana,and the banana is very nice!
```

图 6.4　字符串替换功能效果图

```
String s="student";
String index=s.toUpperCase();
```

执行后,index 的内容是"STUDENT"。

5) public String trim()

功能:返回一个前后不含任何空格的调用字符串的副本。例如:

```
String s="    青春无悔    ";
String index=s.trim();
```

执行后,index 的内容是"青春无悔"。

5. 字符串截取

Java 中的字符串截取方法给相关字符串处理编程带来了很大的方便,主要有两种方法。

1) String subString(int beginIndex)

功能:提取从某位置开始的字符串。例如:

```
String s="    青春无悔    ";
String index=s.substring(1);
```

执行后,index 的内容是"春无悔"。

2) String subString(int beginIndex,int endIndex)

功能:提取某个区间内的字符串。例如:

```
String s="青春无悔无悔青春";
String index=s.substring(2,6);
```

执行后,index 的内容是"无悔无悔"。

注意:①字符串与数组一样,也是从 0 号字符开始的;②终止于 endindex 号字符,就是提取到它的前一号,即 endindex－1 号字符。

【例 6-6】　字符串截取,如图 6.5 所示。本章案例文本编辑器的第 4 项操作字符串截取功能中使用了该方法,将看似复杂的工作只用一行代码完成,具体代码如下:

```
1.  public static void StringSub(String str,int begin,int end){
```

```
2.        String subStr=str.substring(begin,end);
3.        System.out.println("截取后的字符串："+subStr);
4.   }
```

```
---------------------------------------
当前时间：2015年01月29日 星期四 14:29:41
---------------------------------------
请选择所要进行的操作(输入操作序号)：
---------------------------------------
0.退出
1.字符串比较
2.字符串搜索
3.字符串替换
4.字符串截取
5.字符串反转
6.字符串追加
7.字符串拆分
---------------------------------------
4
请输入一个欲处理字符串：
Welcome To China!
请输入截取字符串开始索引(索引值从0开始)：
0
请输入截取字符串结束索引：
7
截取后的字符串：Welcome
```

图 6.5　字符串截取功能效果图

以上介绍了 String 类常用的字符串处理方法，除此之外，还有一些其他方法，在这里就不逐一列出了，有需要的读者可以参考 JDK API 帮助文档。

6.4　StringBuffer 类

Java 提供了支持改变的字符串类 StringBuffer，其允许用户创建以各种方式修改的字符串对象。StringBuffer 类与描述字符串常量的 String 类不同，用 StringBuffer 创建的字符串对象可以修改，并且所有的修改都直接发生在包含该字符串的缓冲区上。

6.4.1　创建 StringBuffer 类对象

与 String 字符串的创建不同，StringBuffer 对象的创建语法只有一种，即使用 new 操作符通过构造方法来创建对象。其常用的构造方法主要有以下 3 种。

1. public StringBuffer()

功能：构造一个不带字符的字符串缓冲区，初始容量为 16 个字符。例如：

```
StringBuffer s=new StringBuffer();
```

执行后，构造了一个如图 6.6 所示大小的字符缓冲区。

15	14	13	12	11	10	9	8	7	6	5	4	3	2	1	0

图 6.6　字符缓冲区示意图 1

2. public StringBuffer(int capacity)

功能：构造一个不带字符，具有指定初始容量的字符串缓冲区。例如：

```
StringBuffer s=new StringBuffer(6);
```

执行后,字符缓冲区的情形如图 6.7 所示。

3. public StringBuffer(String str)

功能:构造一个字符串缓冲区,并将其内容初始化为 String 对象 str 指定的字符串内容。该字符串的初始容量为 16 加上字

图 6.7　字符缓冲区示意图 2

符串参数的长度。该构造方法常用于将一个 String 类对象转换为 StringBuffer 类对象。例如:

```
StringBuffer s=new StringBuffer("apple");
```

执行后,字符缓冲区的情形如图 6.8 所示。

图 6.8　字符缓冲区示意图 3

本章案例简易字符串编辑器的字符串反序功能和字符串追加功能的实现过程中都使用了该构造方法进行 StringBuffer 类对象的创建,详见例 6-1 代码的第 135 行和第 140 行。

6.4.2　StringBuffer 类的常用方法

StringBuffer 类的常用方法有许多与 String 类相同,例如 length( )、indexOf( )、subString( )、replace( )及 toString( )等,本节不再重复介绍,重点关注 StringBuffer 类特有的方法。

1. int capacity( )

功能:查看当前 StringBuffer 对象的缓冲区容量。例如:

```
StringBuffer str1=new StringBuffer(100);
int x=str1.capacity();
```

执行后,x 的内容是 100。

2. StringBuffer insert(String str)

功能:在指定位置插入新内容。例如:

```
StringBuffer str1=new StringBuffer("JAVA");
String str2="_learning";
str1.insert(2,str2);
```

执行后,str1 的内容是 JA_learningVA。

3. StringBuffer delete(int start,int end)

功能:删除指定位置上的内容。例如:

```
StringBuffer buffer=new StringBuffer("Hello,world!");
buffer.delete(6,11);
```

执行后,str1 的内容是"Hello,!"。

4. StringBuffer reverse( )

功能:将当前 StringBuffer 对象反序排列。

【例 6-7】　字符串反转。

本章案例简易字符串编辑器的字符串反序操作中使用了该方法,具体实现代码如下:

```
1.  public static void StringReverse(String str)
2.  {
3.      StringBuffer buffer=new StringBuffer(str);
4.      StringBuffer resultBuffer=buffer.reverse();
5.      System.out.println("字符串"+str+"的反序字符串："+resultBuffer
        .toString());
6.  }
```

程序运行结果如图 6.9 所示。用户选择了操作序号 5 后，被要求输入一个想要进行反序的字符串 Happy new year，该字符串被作为方法 StringReverse(String str)的参数传给变量 str；第 2 行代码为 str 创建了一个 StringBuffer 类对象 buffer；第 3 行代码调用 reverse()方法对 buffer 中的字符串 Happy new year 进行反序；第 4 行代码输出结果字符串 raey wen yppaH。

```
------------------------------------------
当前时间：2015年01月30日 星期五 09:19:14
------------------------------------------
请选择所要进行的操作(输入操作序号)：
------------------------------------------
0.退出
1.字符串比相同
2.字符串搜索
3.字符串替换
4.字符串截取
5.字符串反转
6.字符串追加
7.字符串拆分
------------------------------------------
5
请输入一个需反序字符串：
Happy new year
字符串Happy new year的反序字符串：raey wen yppaH
```

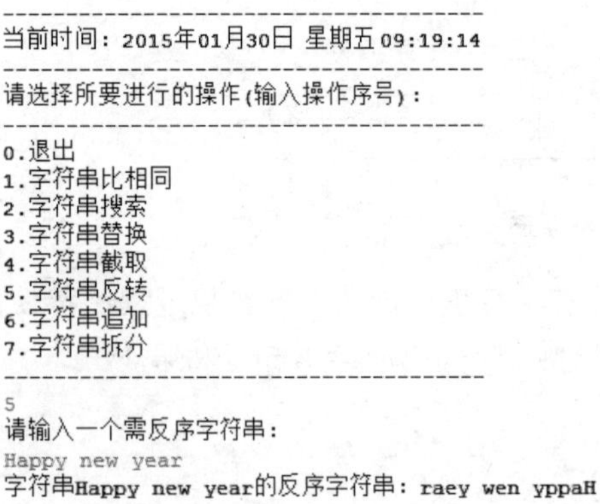

图 6.9　字符串反序效果图

5. StringBuffer append(String str)

功能：给当前 StringBuffer 对象追加一个 str 字符串对象。

【例 6-8】　字符串追加。

本章案例简易字符串编辑器的字符串追加操作中使用了该方法，具体实现代码如下：

```
1.  public static void StringAppend(String str,String tempStr)
2.  {
3.      StringBuffer buffer=new StringBuffer(str);
4.      buffer.append(tempStr);
5.      System.out.println("追加后的字符串："+buffer.toString());
6.  }
```

程序运行结果如图 6.10 所示。用户选择了操作序号 6 后，被要求输入一个被追加的字符串 Welcome to ch 和追加字符串 ina，这两个字符串在进行方法调用后分别赋值给 StringAppend(String str,String tempStr)方法的形参 str 和 tempStr；第 2 行代码为 str 创建了一个 StringBuffer 类对象 buffer；第 3 行代码调用 append(tempStr)方法为 buffer 中的字符串 Welcome to ch 追加字符串值 ina；最后通过第 4 行代码输出结果字符串 Welcome to china。

```
------------------------------------------
当前时间：2015年01月30日 星期五 09:43:28
------------------------------------------
请选择所要进行的操作(输入操作序号)：
------------------------------------------
0.退出
1.字符串比较
2.字符串搜索
3.字符串替换
4.字符串截取
5.字符串反转
6.字符串追加
7.字符串拆分
------------------------------------------
6
请输入原字符串：
Welcome to ch
请输入想要追加的字符串：
ina
追加后的字符串：Welcome to china
```

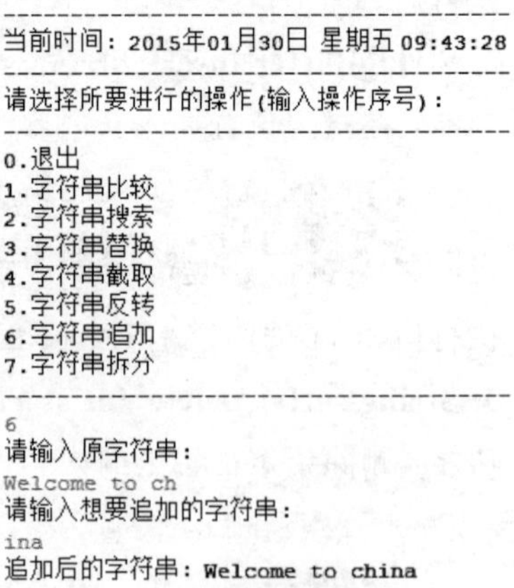

图 6.10　字符串追加效果图

6. String toString()

功能：该方法将创建一个与该对象内容相同的字符串对象。例如：

```
StringBuffer str1=new StringBuffer("JAVA");
str1.toString();
```

执行后，str1 的内容是 JAVA。

6.5　String 类与 StringBuffer 类的比较

1. 字符串串连符

字符串串连符"＋"支持 String 字符串的连接，Java 提供了其他变量或对象到字符串的转换这一特殊支持，因此串连运算符也可以在 String 字符串与其他类型之间进行串连。其优先级、结合性与算术运算符"＋"相同。例如：

```
String s="你好",s1;
s1="abc"+"def";
s1="abc"+s+3;
s1="abc"+3+5;
s1=3+5+"abc";
```

字符串串连实际上是通过 StringBuilder(或 StringBuffer)类及其 append 方法实现的。例如：

```
s1="abc"+s+3;
```

等价于

```
s1=new StringBuffer().append("abc").append(s).append(3).toString();
```

2. String 与 StringBuffer 类的联系与区别

String 类与 StringBuffer 类都是用于处理字符串的类，两者既有共同点，又有区别。下面先从以下方面进行总结，以方便大家理解和正确应用这两个字符串处理类。

* String 类和 StringBuffer 类的字符串内的字符索引都是以 0 开始的。
* 两个类都提供了一些相同的操作，例如 length、charAt、subString、indexOf，且它们在两个类中的用法也相同。
* String 类表示常量字符串，不可以改变；StringBuffer 类表示可变字符串，提供了若干改变字符串的方法。
* String 类覆盖了 Object 类的 equals 方法，用于进行字符串内容的比较，而 StringBuffer 类没有覆盖 equals 方法，因此其只是做基本的引用的比较。
* 两个类都覆盖了 Object 类的 toString 方法，但各自的实现方式不一样，String 类的 toString 方法返回当前 String 实例本身的引用，而 StringBuffer 类的 toString 方法返回一个以当前 StringBuffer 的缓冲区中的所有字符为内容的新的 String 对象的引用。
* String 类对象支持操作符"＋"，而 StringBuffer 对象不支持操作符"＋"，因此 StringBuffer 对象之间不能用"＋"进行连接，StringBuffer 对象与其他数据(除 String 对象)也不能进行"＋"运算。
* String 类中的一些字符串变化操作并不改变对象本身，而是创建一个新的 String 对象，返回值是新对象的引用。StringBuffer 类的一些字符串变化操作会实际地改变对象本身，而返回值是这个对象的引用。

6.6 StringTokenizer 类

【例 6-9】 字符串拆分。

在本章案例简易字符串编辑器的操作 7 中进行了字符串拆分操作，具体功能由自定义的方法 StringSplit(String str,String delim)来实现，完整的程序代码如下：

```
1.    public static void StringSplit(String str,String delim){
2.        StringTokenizer tokenizer=new StringTokenizer(str,delim);
3.        int number=tokenizer.countTokens();
4.        String temp=null;
5.        System.out.println("\n\""+str+"\"字符串共有"+number+"个语言符号: ");
6.        while(tokenizer.hasMoreTokens()){
7.            temp=tokenizer.nextToken();
8.            System.out.print(temp+"\t");
9.        }
10.   }
```

程序运行结果如图 6.11 所示。字符串拆分操作就是对字符串进行分析并将字符串分解成可以独立使用的单词，这些单词称为语言符号。例如字符串"www.baidu.com"，把点号作为该字符串的分隔符，将该字符串拆分为 3 个语言符号。通过程序代码可以看出，在分析一个字符串时使用了 StringTokenizer 类及其方法，该类在 java. util 包中，一个 StringTokenizer 类对象称作一个字符串分析器，一个分析器可以使用其相应的方法实现字符串分析操作，本节将对该类进行详细介绍。

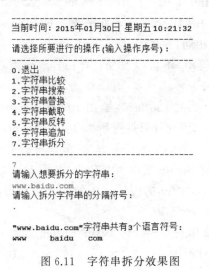

图 6.11 字符串拆分效果图

6.6.1 StringTokenizer 类对象的创建

1. StringTokenizer(String str)

功能：为指定字符串 str 构造一个分析器，使用默认的分隔符集合，即空格符（若干空格符看作一个空格符）、换行符、回车符、Tab 符和换页符。例如：

```
StringTokenizer tokenizer1=new StringTokenizer("we are students");
```

执行后,为字符串"we are students"构造了一个分析器,分隔符为空格。

2. StringTokenizer(String str,String delim)

功能:为指定字符串 str 构造一个分析器,使用指定的分隔符 delim。例如:

```
StringTokenizer tokenizer2=new StringTokenizer("site www.itzcn.com",".");
```

执行后,为字符串"site www.itzcn.com"构造了一个分析器,分隔符为点。

6.6.2　StringTokenizer 类的常用方法

1. int countTokens()

功能:返回字符串中语言符号的个数。例如:

```
StringTokenizer tokenizer2=new StringTokenizer("site www.itzcn.com",".");
int temp=tokenizer1.countTokens();
```

执行后,temp 的值为 3。

　思考:例 6-8 的第 3 行代码执行后 number 的值是多少?

2. boolean hasMoreToken()

功能:判断字符串中是否还有语言符号,若有,则返回 true,否则返回 false。例如:

```
StringTokenizer tokenizer2=new StringTokenizer("www.itzcn.com");
If(tokenizer2. hasMoreToken())
  System.out.println("Yes");
else
  System.out.println("No");
```

执行后,输出提示信息 No。

　思考:例 6-8 中的 while 循环共执行多少次?

3. String nextToken()

功能:逐个获取字符串中的语言符号。例如:

```
StringTokenizer tokenizer2=new StringTokenizer("site www.itzcn.com",".");
String temp;
temp=tokenizer1.nextToken();
```

执行后,变量 temp 中的内容为 site www。如果要获取 tokenizer2 中的所有语言符号,需要一个循环。

　思考:例 6-8 的第 7 行代码每次执行后,temp 中的内容是什么?

6.7　日期类

6.7.1　Date 类

Java 提供了 java.util.Date 类对日期和时间信息进行封装。

1. Date 类对象的创建

1)创建一个当前时间

```
Date d=new Date();
```

默认创建一个代表系统当前日期的 Date 对象。Date 类主要用于获得本地当前时间，其表示时间的默认顺序是星期、月、日、小时、分、秒、年。例如：

```
Date date=new Date();
System.out.println(date);
```

由于 Date 类覆盖了 toString 方法，所以可以直接输出 Date 类型的对象，执行后，输出结果为"Fri Jan 30 11:37:17 CST 2015"。在该格式中，Fri 代表 Friday（周五），Jan 代表 Janurary（一月），30 代表 30 日，CST 代表 China Standard Time（中国标准时间，也就是北京时间（东八区））。

2）创建一个指定时间的 Date 对象

```
Date d1=new Date(2013-1900,5-1,5);
```

执行后，创建了一个代表 2013 年 5 月 5 日的 Date 对象，该带参数的构造方法可以构造指定日期的 Date 类对象，Date 类中年份的参数应该是实际年份减去 1900，实际月份减去 1 以后的值。

2. 日期数据的格式定制

【例 6-10】　在简易字符串编辑器中输出当前日期时间信息，格式为"某年某月某日 星期几 时:分:秒"。

具体实现代码如下：

```
1.   public static void ShowDate(){
2.      Date dt=new Date();
3.      DateFormat df=new SimpleDateFormat("yyyy 年 MM 月 dd 日   EEE HH:mm:ss");
4.      String nowTime="";
5.      nowTime=df.format(dt);
6.      System.out.println("\n");
7.      System.out.println("------------------------------------");
8.      System.out.println("当前时间: "+nowTime);
9.      System.out.println("------------------------------------");
10.  }
```

程序运行结果如图 6.12 所示。

程序解析：本例中希望按照指定格式输出当前日期时间等信息，要实现这一功能主要使用了 Date 和 SimpleDateFormat 两个类。

```
------------------------------------
当前时间: 2015年01月30日 星期五 12:14:31
------------------------------------
```

图 6.12　输出当前日期时间信息

- Date 类在本例中通过第 2 行代码创建一个 Date 类对象 dt，用于获取当前的日期时间信息。
- SimpleDateFormat 类：SimpleDateFormat 是一个以与语言环境有关的方式来格式化和解析日期的具体类。它允许进行格式化（日期-> 文本）、解析（文本-> 日期）和规范化。

1）常用构造方法介绍

（1）SimpleDateFormat()。

功能：用默认的模式和默认语言环境的日期格式符号构造 SimpleDateFormat。例如：

```
Date dt=new Date();
DateFormat df1=new SimpleDateFormat();
```

```
String nowTime="";
nowTime=df1.format(dt);
System.out.println("当前时间: "+nowTime);
```

执行后,输出结果为"当前时间:15-1-30 下午 12:30"。

(2) SimpleDateFormat(String pattern)。

功能:用给定的模式和默认语言环境的日期格式符号构造 SimpleDateFormat。例如:

```
Date dt=new Date();
DateFormat df=new SimpleDateFormat("yyyy 年 MM 月 dd 日  EEE HH:mm:ss");
String nowTime="";
nowTime=df.format(dt);
System.out.println("当前时间: "+nowTime);
```

执行后,输出结果为"当前时间:2015 年 01 月 30 日 星期五 12:30:28"。

2) 日期和时间模式

日期和时间格式由日期和时间模式字符串指定。在日期和时间模式字符串中,未加引号的字母 'A' 到 'Z' 和 'a' 到 'z' 被解释为模式字母,用于表示日期或时间字符串元素。文本可以使用单引号 (') 括起来,以免进行解释。所有其他字符均不解释,只是在格式化时将它们直接输出字符串,或者在解析时与输入字符串进行匹配。常用日期和时间模式字母如表 6.2 所示。

表 6.2 常用日期和时间模式字母

字 母	日期或时间元素	表 示	示 例
y	年	Year	1996;96
M	年中的月份	Month	July;Jul;07
D	年中的天数	Number	189
d	月份中的天数	Number	10
F	月份中的星期	Number	2
E	星期中的天数	Text	Tuesday;Tue
H	一天中的小时数(0~23)	Number	0
h	am/pm 中的小时数(1~12)	Number	12
m	小时中的分钟数	Number	30
s	分钟中的秒数	Number	55
S	毫秒数	Number	978

模式字母通常是重复的,其数量确定其精确度。

(1) Text:对于格式化来说,如果模式字母的数量大于或等于 4,则使用完全形式;否则,在可用的情况下使用短形式或缩写形式。

(2) Number:对于格式化来说,模式字母的数量是最小的数位,如果数位不够,则用 0 填充以达到此数量。

(3) Year:如果格式器的 Calendar 是格里高利历(公历),则应用以下规则。

① 对于格式化来说,如果模式字母的数量为 2,则年份截取为两位数,否则将年份解释

为 number。

② 对于解析来说，如果模式字母的数量大于 2，则年份按字面意义进行解释，而不管数位是多少。因此，使用模式"MM/dd/yyyy"，将"01/11/12"解析为公元 12 年 1 月 11 日。

在解析缩写年份模式（"y"或"yy"）时，SimpleDateFormat 必须相对于某个世纪来解释缩写的年份。这通过将日期调整为 SimpleDateFormat 实例创建之前的 80 年和之后 20 年范围内来完成。例如，在"MM/dd/yy"模式下，如果 SimpleDateFormat 实例是在 1997 年 1 月 1 日创建的，则字符串"01/11/12"将被解释为 2012 年 1 月 11 日，而字符串"05/04/64"将被解释为 1964 年 5 月 4 日。在解析时，只有恰好由两位数字组成的字符串（如 Character.isDigit(char)所定义的）被解析为默认的世纪。其他任何数字字符串将按字面意义进行解释，例如单数字字符串、3 个或更多数字组成的字符串，或者不都是数字的两位数字字符串（例如"—1"）。因此在相同的模式下，"01/02/3"或"01/02/003"解释为公元 3 年 1 月 2 日。同样，"01/02/-3"解析为公元前 4 年 1 月 2 日。否则，应用日历系统特定的形式。对于格式化和解析，如果模式字母的数量为 4 或大于 4，则使用日历特定的 long form，否则使用日历特定的 short or abbreviated form。

（4）Month：如果模式字母的数量为 3 或大于 3，则将月份解释为 text，否则解释为 number。

6.7.2 Calendar 类

Calendar 类在 java.util 包中，根据默认的日历系统来解释 Date 对象。从 JDK1.1 版本开始，在处理日期和时间时，系统推荐使用 Calendar 类进行实现。在设计上，Calendar 类的功能要比 Date 类强大很多，但是在实现方式上要比 Date 类复杂一些，下面介绍 Calendar 类的使用。

1. Calendar 类对象的创建

Calendar 类是一个抽象类，且 Calendar 类的构造方法是 protected 的，因此，不能使用 new 关键字来实例化一个 Calendar 对象，只需要使用 getInstance()方法创建即可。

1）创建一个代表系统当前日期的 Calendar 对象

```
Calendar c=Calendar.getInstance();          //默认是当前日期
```

2）创建一个指定日期的 Calendar 对象

使用 Calendar 类代表特定的时间，需要首先创建一个 Calendar 的对象，然后再设定该对象中的年月日参数来完成。例如，要创建一个代表 2013 年 5 月 5 日的 Calendar 对象，可以使用下面的语句：

```
Calendar c1=Calendar.getInstance();
c1.set(2013,5-1,5);
```

2. Calendar 类对象字段类型

在 Calendar 类中用以下常量表示不同的意义，JDK 内的很多类其实采用的都是这种思想。

- Calendar.YEAR：年份。
- Calendar.MONTH：月份。

- Calendar.DATE：日期。
- Calendar.DAY_OF_MONTH：日期，和上面的字段意义完全相同。
- Calendar.HOUR：12 小时制的小时。
- Calendar.HOUR_OF_DAY：24 小时制的小时。
- Calendar.MINUTE：分钟。
- Calendar.SECOND：秒。
- Calendar.DAY_OF_WEEK：星期几。

【例 6-11】　按照"某年某月某日 星期几 时:分:秒"的格式输出当前日期时间信息。

完整程序代码：

```
1. import java.util.Calendar;
2. public class CalendarDemo {
3.   public static void main(String[] args) {
4.         Calendar c=Calendar.getInstance();
5.         String year=String.valueOf(c.get(Calendar.YEAR));
6.         String month=String.valueOf(c.get(Calendar.MONTH)+1);
7.         String day=String.valueOf(c.get(Calendar.DAY_OF_MONTH));
8.         String week=String.valueOf(c.get(Calendar.DAY_OF_WEEK)-1);
9.         String hour=String.valueOf(c.get(Calendar.HOUR_OF_DAY));
10.        String minute=String.valueOf(c.get(Calendar.MINUTE));
11.        String second=String.valueOf(c.get(Calendar.SECOND));
12.        System.out.println("--------------------------------------");
13.        System.out.println("当前时间："+year+"年"+month+"月 "+day+"日     星
           期"+week+" "+hour+":"+minute+":"+second);
14.        System.out.println("--------------------------------------");
15.    }
16. }
```

程序运行结果如图 6.13 所示。

程序解析：

```
--------------------------------------
当前时间: 2015年1月30日  星期5 13:57:4
--------------------------------------
```

图 6.13　使用 Calendar 类输出
当前日期时间信息

- int get(int filed)方法：返回给定日历字段的
  值，其中参数通常由 Calendar 类中表示日期信息的静态常量值充当，如例 6-10 的
  第 5～11 行代码中分别表示年、月、日、星期、时、分、秒的常量值 Calendar.YEAR、
  Calendar.MONTH、Calendar.DAY_OF_MONTH、Calendar.DAY_OF_WEEK、
  Calendar.HOUR_OF_DAY、Calendar.MINUTE 及 Calendar.SECOND。
- 关于月份：一年中的第一个月是 JANUARY，值为 0，第二个月为 February，值为 1，
  以此类推。
- 关于星期：Calendar.DAY_OF_WEEK 是代表星期几的常量值，需要注意的是，1 代
  表星期日、2 代表星期一、3 代表星期二，以此类推。
- 其他常用方法：Calendar 类除了可以用 int get(int filed)方法获得有关年、月、日等
  时间的信息外，还提供了一些其他方法，如可以调用 set()方法将日历翻到任何一个
  时间，等等，如表 6.3 所示。

表 6.3　Calendar 类常用的方法

方法名称及返回值	概　　述
int getFirstDayOfWeek()	获取一星期的第一天
Date getTime()	返回一个表示此 Calendar 时间值的 Date 对象
long getTimeInMillis()	返回此 Calendar 的时间值，单位为毫秒
void setTime(Date date)	使用给定的 Date 对象设置此 Calendar 时间
void set（int year，int month，int date，int hourOfDay，int minute，int second）	设置日期、时间值

6.8　泛型

泛型是在 JDK 1.5 中推出的，其目的是建立具有类型安全的集合框架。使用泛型的主要优点是能够在编译时而不是在运行时检测出错误。泛型类或方法允许指定可以和这些类或方法一起工作的对象类型。如果试图使用一个不相容的对象，编译器就会检测出错误。

6.8.1　泛型类

泛型类就是有一个或多个类型变量的类。可以使用"class 名称<泛型列表>"声明类，为了和普通的类有所区别，这样声明的类称为泛型类。例如：

```
class People<E>{…}
```

其中，People 是泛型类的名称，<E>表示形式泛型类型（formal generic type），放在类名的后面。泛型类可以有多个参数。在这种情况下，应将所有的参数一起放在尖括号中，并用逗号分开，例如，可以定义 Point 类，有两个参数：

```
class Point<T,U>{…}
```

泛型类型在整个类定义中用于指定方法的返回类型、成员变量和局部变量的类型。可以使用任何一个合理的标识符表示类型变量，如 T、U、S 等。

【例 6-12】　本节使用一个简单的 Pair 类作为例子。

```
1.   class Pair<T>{
2.       private T first;
3.       private T second;
4.       public Pair() {
5.           first=null;
6.           second=null;
7.       }
8.       public Pair(T first,T second) {
9.           this.first=first;
10.          this.second=second;
11.      }
12.      public T getFirst() {
13.          return first;
14.      }
```

```
15.    public T getSecond() {
16.        return second;
17.    }
18.    public void setFirst(T newValue) {
19.        first=newValue;
20.    }
21.    public void setSecond(T newValue) {
22.        second=newValue;
23.    }
24. }
```

6.8.2 使用泛型类声明对象

和普通的类相比,泛型类声明和创建对象时,类名后多了一对"<>",而且要用具体的类型替换"<>"中的类型变量。

例如,使用 String 类型替换类型变量 T,即 Pair<String>,于是,例 6-12 中的代码可以想象成一个普通类,它有两个构造方法,分别是:

```
Pair<String>()
Pair<Striing>(String,String)
```

以及 4 个实例方法,分别是:

```
String getFirst()
String getSecond()
void setFirst(String)
void setSecond(String)
```

此时,使用泛型类创建对象时,可如下表示:

```
Pair<String>pair=new Pair();
```

特别需要注意的是:泛型类型必须是引用类型。不能使用 int、double 或 char 这样的基本类型来替换泛型类型。例如,下面的语句是错误的:

```
Pair<int>pair=new Pair();              //Error
```

为了给 int 值创建一个 Pair 对象,可使用 int 类型的封装类 Integer。如:

```
Pair<Integer>pair=new Pair();
```

基本数据类型的封装类在 4.11.1 节中介绍过。

6.8.3 泛型接口

可以使用"interface 接口名<泛型列表>"声明接口,这样声明的接口称为泛型接口,例如:

```
interface Computer<E>
```

其中,Computer 是泛型接口的名称。泛型类可以使用泛型接口,见例 6-13。

【例 6-13】 泛型接口。

```
1.  interface ObjectInterface<T>{
2.      public void show(T t);
3.  }
```

```
4.    class ObjectClass<T>implements ObjectInterface<T>{
5.        public void show(T t) {
6.            System.out.println(t);
7.        }
8.    }
9.    public class GenerTest {
10.       public static void main(String[] args) {
11.           ObjectClass<String>oc=new ObjectClass();
12.           oc.show("泛型接口测试,结果如下:String");
13.       }
14.   }
```

程序运行结果如下：

```
泛型接口测试,结果如下:String
```

6.8.4　泛型方法

可以定义泛型接口和泛型类，也可以使用泛型类型来定义泛型方法。泛型方法的泛型类型放在修饰符后面，返回类型的前面。

泛型方法可以在普通类中定义，也可以在泛型类中定义。当然，可以为实例方法定义为泛型类型，也可以为静态方法定义泛型类型。

当调用一个泛型方法时，可以把具体类型包围在尖括号中，放在方法名前面，如例 6-14 所示。

【例 6-14】　泛型方法的简单应用。

```
1.    public class GenericMethodTest {
2.        /*声明泛型方法:
3.            泛型类型(这里指的是<E>)放在修饰符(这里指的是 public static)后面,
4.            返回类型(这里指的是 void)的前面
5.        */
6.        public static<T> void print(T[] list) {
7.            for(int i=0;i<list.length;i++)
8.                System.out.print(list[i]+" ");
9.            System.out.println();
10.       }
11.       public static void main(String[] args) {
12.           //测试
13.           Integer[] integer={1,2,3,4,5};
14.           String[] string={"hello","泛型"};
15.           //调用泛型方法:将实际类型放在尖括号内作为方法的前缀
16.           GenericMethodTest.<Integer>print(integer);
17.           GenericMethodTest.<String>print(string);
18.       }
19.   }
```

运行结果如下：

```
1 2 3 4 5
hello 泛型
```

6.8.5　泛型类型的限定

有时,类或方法需要对泛型类型参数加以约束。

使用 extends 可以规定参数类型必须是某种类型的子类型,如:

class Node＜T extends Pair＞{…},受限的泛型类型＜T extends Pair＞将 T 指定为 Pair 的泛型子类型。T 和限定类型可以是类,也可以是接口。

使用 super 表示是某种类的父类,如:

class Competence＜E super Organism＞{…},受限的泛型类型＜E super Organism＞将 E 指定为 Organism 泛型父类型。E 和限定类型可以是类,也可以是接口。

【例 6-15】　euqalArea()方法使用的是受限的泛型类型,用于测试两个形状是否具有相同的面积。

```
1.  public class GenericTypeTest {
2.      //受限的泛型方法:T 的类型可以是 Shape 类或其子类型
3.      public static<T extends Shape> boolean euqalArea(T obj1,T obj2) {
4.          return obj1.getArea()==obj2.getArea();
5.      }
6.      public static void main(String[] args) {
7.          //测试:使用 Shape 的子类对象进行测试
8.          Circle circle=new Circle(3);
9.          Rectangle rectangle=new Rectangle(3,4);
10.         System.out.println("面积一样?"+euqalArea(circle,rectangle));
11.     }
12. }
13. abstract class Shape{
14.     private String color="black";
15.     private boolean filled;
16.     public String getColor() {
17.         return color;
18.     }
19.     public void setColor(String color) {
20.         this.color=color;
21.     }
22.     public boolean isFilled() {
23.         return filled;
24.     }
25.     public void setFilled(boolean filled) {
26.         this.filled=filled;
27.     }
28.     public abstract double getArea();
29.     public abstract double getPerimeter();
30. }
31. class Circle extends Shape{
32.     private double radius;
33.     Circle(){}
34.     public Circle(double radius) {
35.         this.radius=radius;
36.     }
37.     public  double getArea() {
38.         return radius * radius * Math.PI;
```

```
39.        }
40.        public  double getPerimeter() {
41.            return 2 * radius * Math.PI;
42.        }
43.    }
44.  class Rectangle extends Shape{
45.        private double width;
46.        private double height;
47.        Rectangle(){}
48.        public Rectangle(double width, double height) {
49.            this.width=width;
50.            this.height=height;
51.        }
52.        public  double getArea() {
53.            return width * height;
54.        }
55.        public  double getPerimeter() {
56.            return 2 * (width+height);
57.        }
58.    }
```

运行结果如下：

```
面积一样?false
```

6.9 集合框架

在面向对象思想里，数据结构也被认为是一种容器或者容器对象，是一个能存储其他对象的对象，这里的对象常被称为数据或者元素。定义一个数据结构从本质上讲就是定义一个类。数据结构类应该使用数据域存储数据，并提供方法支持查找、插入和删除等操作。因此，创建一个数据结构就是创建这个类的一个实例，然后可以使用这个实例上的方法来操作这个数据结构。

Java 提供了很多能有效组织和操作数据的数据结构，如线性表、向量、栈、队列、优先队列、规则集和映射等，这些数据结构通常称为 Java 集合框架。

在 Java 集合框架中定义的所有接口和类都组织在 java.util 包中。Java 集合框架支持两种类型的容器：一种是为了存储一种类型集合，称为集合（collection）；另一种是为了存储键值对，称为映射（map）。

6.9.1 集合

Collection 接口为线性表、向量、栈、队列、优先队列以及规则集定义了通用的操作，而实现是在具体类中提供的，如图 6-14 所示。

其中，Set 用于存储一组不重复的元素；List 用于存储一个有序元素的集合；Stack 用于存储采用后进先出方式处理的对象；Queue 用于存储采用先进先出方式处理的对象；PriorityQueue 用于存储按照优先级顺序处理的对象。

Collection 接口是处理对象集合的根接口，这个接口有两个基本方法：

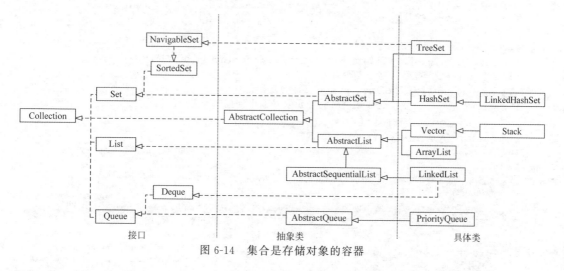

图 6-14 集合是存储对象的容器

```
public interface Collection<E>extends Iterable<E>{
    boolean add(E e);
    Iterator<E>iterator();
    …
}
```

add()方法用于向集合中添加元素。如果添加元素确实改变了集合就返回 true;如果集合没有发生变化就返回 false。

iterator()方法用于返回一个实现了 Iterator 接口的对象。可以使用这个迭代器对象依次访问集合中的元素。

6.9.2 迭代器

迭代器(Iterator)是一种经典的设计模式,用于在不需要暴露数据如何保存在数据结构中这一细节的情况下遍历一个数据结构。每种集合都是可迭代的,可以获得集合的 Iterator 对象来遍历集合中的所有元素。

Collection 接口继承自 Iterable 接口。Iterable 接口中定义了 iterator()方法,该方法返回一个迭代器。Iterator 接口中的 iterator()方法返回一个 Iterator 的实例,它使用 next()方法提供对集合中元素顺序访问,如果迭代器对象还有多个可以访问的元素,这个方法就返回 true。如果到达了集合的末尾,next()方法将抛出一个 NoSuchElementException 异常。因此,需要在调用 next()之前调用 hasNext()方法来检测迭代器中是否还有更多的元素,使用 remove()方法来移除迭代器返回的最后一个元素。

【例 6-16】 使用迭代器遍历线性表中的元素。

```
1.   import java.util.*;
2.   public class IteratorTest {
3.       public static void main(String[] args) {
4.           //使用 ArrayList 创建一个具体的集合对象
5.           Collection<String>collection=new ArrayList<>();
6.           //添加 4 个字符串到线性表中
7.           collection.add("apple");
8.           collection.add("orange");
```

```
9.          collection.add("banana");
10.         collection.add("peach");
11.         //创建一个迭代器
12.         Iterator<String>iterator=collection.iterator();
13.         //判断迭代器中是否有元素
14.         while(iterator.hasNext()) {
15.             //使用迭代器遍历集合元素并输出到控制台上
16.             System.out.print(iterator.next()+" ");
17.         }
18.     }
19. }
```

运行结果如下：

```
apple orange banana peach
```

6.9.3　线性表

List 接口继承自 Collection 接口，定义了一个用于顺序存储元素的接口。可以使用它的两个具体类 ArrayList 或者 LinkedList 来创建一个线性表。

1. 接口中的通用方法

ArrayList 和 LinkedList 实现 List 接口。List 接口继承自 Collection 接口，定义了一个允许重复的有序集合。List 接口增加了面向位置的操作，并且增加了一个能够双向遍历线性表的新线性表迭代器。List 接口引入的方法如表 6.4 所示。

表 6.4　List 接口中的主要方法

方 法 名 称	功　　能
void add(index int, E element)	在指定下标位置增加一个新元素
boolean addAll(int index, Collection<? extends E> c)	在指定下标位置添加集合 c 中的所有元素
E get(int index)	返回该线性表指定下标位置的元素
int indexOf(Object o)	返回第一个匹配元素的下标
int lastIndexOf(Object o)	返回最后一个匹配元素的下标
ListIterator<E> listIterator()	返回该线性表中元素的线性表迭代器
ListIterator<E> listIterator(int startindex)	返回从 startindex 开始的元素的迭代器
List<E> subList(int fromIndex, int toIndex)	返回从 fromIndex 到 toIndex−1 的子线性表
E set(int index, E element)	设置指定下标位置的元素，同时返回原来的元素

其中，listIterator() 或 listIterator(int startindex) 方法都会返回 ListIterator 的一个实例。ListIterator 接口继承了 Iterator 接口，以增加对线性表的双向遍历能力。ListIterator 接口中的方法如表 6.5 所示。

表 6.5　ListIterator 接口可以双向遍历线性表

方　法　名　称	功　　能
void add(E e)	添加一个指定的对象到线性表中
boolean hasPrevious()	当往回遍历时,如果该线性表迭代器还有更多的元素,则返回 true
int nextIndex()	返回下一个元素的下标
E previous()	返回该线性表迭代器的前一个元素
int previousIndex()	返回前一个元素的下标
void set(E e)	使用指定的元素替换 previous()或者 next()方法返回的最后一个元素

其中,add(element)方法用于将指定元素插入线性表中。如果 Iterator 接口中定义的 next()方法返回值非空,则该元素将被插入 next()方法返回的元素之前;如果 previous()方法的返回值非空,则该元素将被插入 previous()方法返回的元素之后。如果线性表中没有元素,这个新元素即成为线性表中唯一的元素。set(element)方法用于将 next()方法或 previous()方法返回的最后一个元素替换为指定元素。

2. ArrayList 类和 LinkedList 类

ArrayList 类和 LinkedList 类是实现 List 接口的两个具体类。ArrayList 将元素存储在数组中,这个数组是动态创建的。如果元素个数超过数组的容量,则创建一个更大的新数组,并将当前数组中的所有元素都复制到新数组中。LinkedList 将元素存储在链表中。ArrayList 适用于经常查询数据、遍历数据的场合,LinkedList 的特点是元素增加或删除的速度快,但查找速度慢。

ArrayList 是 List 接口中的一种可变大小的数组实现,它提供了一些方法用于管理存储线性表的内部数组的大小,如表 6.6 所示。每个 ArrayList 实例都有一个容量,这个容量是指存储线性表中元素的数组的大小。向 ArrayList 中添加元素时,其容量会自动增大,但 ArrayList 不能自动减小。可以使用 trimToSize()方法将数组容量减小到线性表中实际元素的个数。

表 6.6　ArrayList 类中的主要方法

方　法　名　称	功　　能
ArrayList()	使用默认的初始容量创建一个空的数组线性表
ArrayList(Collection<? extends E> c)	从已经存在的集合中创建一个数组线性表
ArrayList(int initialCapacity)	创建一个指定容量为空的数组线性表
void trimToSize()	将该 ArrayList 实例的容量裁剪到该数组线性表的当前元素个数

LinkedList 是 List 接口的链表实现。除了实现 List 接口外,这个类还提供从线性表两端获取、插入和删除元素的方法,如表 6.7 所示。

表 6.7　LinkedList 类中的主要方法

方　法　名　称	功　　能
LinkedList()	创建一个默认的空链表

续表

方 法 名 称	功　能
LinkedList(Collection<? extends E> c)	从已经存在的集合中创建一个链表
void addFirst(E e)	添加元素到该线性表的头部
void addLast(E e)	添加元素到该线性表的尾部
E getFirst()	返回该线性表的第一个元素
E getLast()	返回该线性表的最后一个元素
E removeFirst()	从该线性表中返回并移除第一个元素
E removeLast()	从该线性表中返回并移除最后一个元素

【例 6-17】　本例创建一个用数字填充的数组线性表,并且将新元素插入线性表的指定位置。然后从数组线性表创建一个链表,并且向该链表中插入元素或删除元素,最后分别向前、向后遍历该链表。

```java
1.  import java.util.*;
2.  public class ArrayAndLinkedListTest {
3.      public static void main(String[] args) {
4.          //创建一个空的数组线性表,该线性表中存放 Integer 类型的数据
5.          List<Integer>arrayList=new ArrayList<>();
6.          //向数组线性表中添加输入
7.          arrayList.add(1); //整型数字 1 会自动转换成 Integer 对象
8.          arrayList.add(2);
9.          arrayList.add(3);
10.         arrayList.add(1);
11.         arrayList.add(4);
12.         //在下标为 0 的位置添加元素 10
13.         arrayList.add(0,10);
14.         //在下标为 3 的位置添加元素 40
15.         arrayList.add(3,40);
16.         //遍历 ArrayList 数组线性表
17.         System.out.println("输出 ArrayList 数组:ArrayList 中的元素可以重复");
18.         System.out.println(arrayList);

19.         //使用 ArrayList 数组线性表中的元素创建 LinkedList 链表
20.         LinkedList<Object>linkedList=new LinkedList<Object>(arrayList);
21.         //在下标为 2 的位置添加元素 three
22.         linkedList.add(2,"three");
23.         //移除链表中的最后一个元素
24.         linkedList.removeLast();
25.         //在链表的起始位置添加元素 start
26.         linkedList.addFirst("start");

27.         //使用迭代器向前遍历链表
28.         System.out.println("使用迭代器向前遍历链表");
29.         //创建一个双向迭代器对象
30.         ListIterator<Object>listIterator=linkedList.listIterator();
31.         while(listIterator.hasNext()) {
32.             System.out.print(listIterator.next()+" ");
33.         }
```

```
34.        System.out.println();
35.        //使用迭代器向后遍历链表
36.        System.out.println("使用迭代器向后遍历链表");
37.        //首先需要将迭代器移动到遍历的起始位置
38.        listIterator=linkedList.listIterator(linkedList.size());
39.        while(listIterator.hasPrevious()) {
40.            System.out.print(listIterator.previous()+" ");
41.        }
42.        System.out.println();
43.    }
44. }
```

程序运行结果如下：

```
输出 ArrayList 数组:ArrayList 中的元素可以重复
[10, 1, 2, 40, 3, 1, 4]
使用迭代器向前遍历链表
start 10 1 three 2 40 3 1
使用迭代器向后遍历链表
1 3 40 2 three 1 10 start
7.8.4 HashSet
```

6.9.4 HashSet

规则集(se)是一个用于存储和处理无重复元素的高效数据结构。

Set 接口扩展了 Collection 接口，它没有引入新的方法或常量，只是规定了 Set 的实例不能包含重复的元素。实现 Set 的具体类必须确保不能向这个规则集添加重复的元素。

从图 6.14 所见，AbstractSet 类继承自 AbstractCollection 类并部分实现 Set 接口。AbstractSet 类提供 equals()方法和 hashCode()方法的具体实现。一个规则集的散列码是这个规则集中所有元素散列码的和。

Set 接口的 3 个具体类是 HashSet、LinkedHashSet 和 TreeSet。

HashSet 类是一个实现了 Set 接口的具体类。可以使用它的无参构造方法来创建空的散列集(hash set)，也可以由一个现有的集合创建散列集。

HashSet 类可以用于存储不重复的元素。考虑到效率，添加到散列集中的对象必须以一种正确分布散列码的方式来实现 hashCode()方法。hashCode()方法在 Object 类中定义。如果两个对象相等，那么这两个对象的散列码必须一样。两个不相等的对象可能会有相同的散列码，因此，应该实现 hashcode()方法以避免出现这样的情况。

Set 不存储重复元素。如果两个元素 e1 和 e2 满足 e1.equals(e2)为真，并且 e1.hashCode()==e2.hashCode()，那么对于一个 HashSet 而言，e1 和 e2 是重复的。注意，反过来说，如果两个元素相等，它们的 hashCode 必须相等。因此，当类中的 equals()方法被重写时，需要重写 hashCode()方法。

【例 6-18】 创建一个散列集来存储字符串，并且使用一个 foreach 循环和一个迭代器来遍历这个规则集中的元素。

```
1.  import java.util.*;
2.  public class HashSetTest {
3.      public static void main(String[] args) {
```

```
4.          //创建一个散列集
5.          Set<String>set=new HashSet<>();
6.          //添加元素到散列集中,其中有几个元素是重复的
7.          set.add("apple");
8.          set.add("orange");
9.          set.add("apple");
10.         set.add("banana");
11.         set.add("apple");
12.         set.add("peach");
13.         //输出散列集
14.             System.out.println(set);
15.         //迭代器输出散列集
16.         Iterator iterator=set.iterator();
17.         while(iterator.hasNext()) {
18.             System.out.print(iterator.next()+" ");
19.         }
20.         System.out.println();
21.         //foreach 遍历散列集
22.         for(String s:set) {
23.             System.out.print(s+" ");
24.         }
25.     }
26. }
```

程序运行结果如下：

```
[orange, banana, apple, peach]
orange banana apple peach
orange banana apple peach
```

该程序有多个字符集添加到规则集中,apple 即使被添加多次,也只有一个被存储,因为规则集不允许有重复元素。

如上面输出所示,字符串没有按照它们被插入规则集时的顺序存储。散列集中的元素没有特定的顺序。要强加给它们一个顺序,就需要使用 LinkedHashSet 类,这个类在 6.9.5 节中介绍。

由于规则集是 Collection 的子类,因此,定义在 Collection 中的所有方法都可以用于规则集。例 6-19 给出了一个应用 Collection 接口中方法的例子。

【例 6-19】 HashSet 应用 Collection 接口中的方法。

```
1.  import java.util.*;
2.  public class MethodInCollectionTest {
3.      public static void main(String[] args) {
4.          //创建 Set 集的对象 set
5.          Set<String>set=new HashSet();
6.          //添加元素到 set 中
7.          set.add("apple");
8.          set.add("orange");
9.          set.add("banana");
10.         set.add("peach");
11.         System.out.println(set);
12.         System.out.println("set 集中有"+set.size()+"个元素");
13.         //删除一个元素
```

```
14.            set.remove("banana");
15.            System.out.println(set);
16.            System.out.println("set 集中有"+set.size()+"个元素");
17.            //检测一个元素是否在 set 集中
18.            System.out.println("banana 在 set 集合中吗? "+set.contains("banana"));
19.            //创建 Set2 集的对象 set2,并向 set2 中添加几个元素,其中有部分元素与 set 中的元素重合
20.        Set<String>set2=new HashSet();
21.            set2.add("watermelon");
22.            set2.add("strawberry");
23.            set2.add("orange");
24.            set2.add("peach");
25.            //将 set2 中的元素添加到 set 中
26.            set.addAll(set2);
27.            System.out.println("将 set2 中元素添加到 set 中后,set 中的元素是:"+set);
28.            //从 set 中删除 set2 中的元素
29.            set.removeAll(set2);
30.            System.out.println("从 set 中删除了 set2 中的元素后,set 中的元素是:"+set);
31.            //保留 set 与 set2 中共有的元素。因为此时 set 与 set2 没有公共的元素,所有 set 为空
32.            set.retainAll(set2);
33.            System.out.println("set 与 set2 中共有的元素是:"+set);
34.        }
35. }
```

程序运行结果如下:

```
[orange, banana, apple, peach]
set 集中有 4 个元素
[orange, apple, peach]
set 集中有 3 个元素
banana 在 set 集合中吗? false
将 set2 中元素添加到 set 中后,set 中的元素是: [orange, apple, peach, strawberry,
watermelon]
从 set 中删除了 set2 中的元素后,set 中的元素是: [apple]
set 与 set2 中共有的元素是: []
```

6.9.5　LinkedHashSet

LinkedHashSet 扩展了 HashSet 类,用一个链表实现支持对规则集内的元素排序。HashSet 中的元素是没有顺序的,而 LinkedHashSet 中的元素可以按照它们插入规则集的顺序获取。它的构造方法类似于 HashSet 的构造方法。

例 6-20 给出了一个 LinkedHashSet 的测试程序,该程序只是简单地使用 LinkedHashSet 来替换例 6-17 中的 HashSet。

【例 6-20】　LinkedHashSet 类的示例程序。

```
1.  import java.util.*;
2.  public class LinkedHashSetTest {
3.      public static void main(String[] args) {
4.          //创建一个散列集
5.          Set<String>set=new LinkedHashSet<>();
6.          //添加元素到散列集中,其中有几个元素是重复的
7.          set.add("apple");
8.          set.add("orange");
```

```
9.          set.add("apple");
10.         set.add("banana");
11.         set.add("apple");
12.         set.add("peach");
13.         //输出散列集
14.         System.out.println(set);
15.         //迭代器输出散列集
16.         Iterator iterator=set.iterator();
17.         while(iterator.hasNext()) {
18.             System.out.print(iterator.next()+" ");
19.         }
20.         System.out.println();
21.         //foreach 遍历散列集
22.         for(String s:set) {
23.             System.out.print(s+" ");
24.         }
25.     }
26. }
```

程序运行结果如下：

```
[apple, orange, banana, peach]
apple orange banana peach
apple orange banana peach
```

LinkedHashSet 保持了元素插入时的顺序，要强加一个不同的顺序，例如升序或降序，可以使用 6.9.6 节介绍的 TreeSet 类。

如果不需要维护元素插入时的顺序，则使用 HashSet，它比 LinkEdHashSet 更加高效。

6.9.6　TreeSet

如图 6.4 所示，SortedSet 是 Set 的一个子接口，它可以确保规则集中的元素是有序的。另外，它还提供了 first()和 last()方法以分别返回规则集中的第一个元素和最后一个元素，以及 headSet(toElement)和 tailSet(fromElement)方法分别返回规则集中元素小于 toElement 和大于或等于 fromElement 的那一部分。

NavigableSet 扩展了 SortedSet，并提供导航方法 lower(e)、floor(e)、ceiling(e)和 higher(e)分别返回小于、小于或等于、大于或等于以及大于给定元素的元素。如果没有这样的元素，则返回 null。pollFirst()和 pollLast()方法会分别删除并返回树形集(tree set)中的第一个元素和最后一个元素。

TreeSet 实现了 SortedSet 接口。为了创建 TreeSet 对象，可以使用无参构造方法来创建空的树形集，也可以由一个现有的集合创建树形集。只要对象是可以互相比较的，就可以将它们添加到一个树形集中。树形集中的元素可以使用 Comparable 接口或者 Comparator 接口进行比较。

例 6-21 给出了使用 Comparable 接口对元素进行排序的例子。

【例 6-21】　该程序重写例 6-18，使用 TreeSet 类按照字母顺序来显示这些字符串。

```
1.  import java.util.*;
2.  public class TreeSetTest {
3.      public static void main(String[] args) {
```

```
4.          //创建一个散列集
5.          Set<String>set=new HashSet<>();
6.          //添加元素到散列集中,其中有几个元素是重复的
7.          set.add("apple");
8.          set.add("orange");
9.          set.add("apple");
10.         set.add("banana");
11.         set.add("apple");
12.         set.add("peach");
13.         //使用 HashSet 中的元素构建 TreeSet
14.         TreeSet<String>treeSet=new TreeSet<>(set);
15.         System.out.println("排序后的树形集:"+treeSet);
16.         //调用 SortedSet 接口中的方法
17.             //返回 treeSet 中的第一个元素
18.         System.out.println("first():"+treeSet.first());
19.             //返回 treeSet 中的最后一个元素
20.         System.out.println("last():"+treeSet.last());
21.             //返回 treeSet 中 orange 之前的那些元素
22.         System.out.println("headSet(\"orange\"):"+treeSet.headSet("orange"));
23.             //返回 treeSet 中 orange 之后的那些元素,包括 orange
24.         System.out.println("tailSet(\"orange\"):"+treeSet.tailSet("orange"));
25.         //调用 NavigableSet 接口中的方法
26.             //返回 treeSet 中小于 o 的最大元素
27.         System.out.println("lower(\"o\"):"+treeSet.lower("o"));
28.             //返回 treeSet 中大于 o 的最小元素
29.         System.out.println("higher(\"o\"):"+treeSet.higher("o"));
30.             //返回 treeSet 中小于或等于 o 的最大元素
31.         System.out.println("floor(\"o\"):"+treeSet.floor("o"));
32.             //返回 treeSet 中大于或等于 o 的最小元素
33.         System.out.println("ceiling(\"o\"):"+treeSet.ceiling("o"));
34.             //删除 treeSet 中的第一个元素,并返回被删除的元素
35.         System.out.println("pollFirst():"+treeSet.pollFirst());
36.             //删除 treeSet 中的最后一个元素,并返回被删除的元素
37.         System.out.println("plllLast():"+treeSet.pollLast());
38.         System.out.println("新的树形集:"+treeSet);
39.     }
40. }
```

程序运行结果如下:

```
排序后的树形集: [apple, banana, orange, peach]
first():apple
last():peach
headSet("orange"): [apple, banana]
tailSet("orange"): [orange, peach]
lower("o"):banana
higher("o"):orange
floor("o"):banana
ceiling("o"):orange
pollFirst():apple
plllLast():peach
新的树形集: [banana, orange]
```

该例子创建了一个由字符串填充的散列集,然后创建一个由相同字符串构成的树形集,使

用 Comparable 接口中的 compareTo()方法对树形集中的字符串进行排序。对于 TreeSet 而言，如果其中两个元素 e1 和 e2 满足使用 Comparable 的条件，且 e1.compareTo(e2)为 0，则认为 e1 和 e2 是重复元素。

　　Java 集合框架中的所有具体类都至少有两个构造方法：一个是创建空集合的无参构造方法，另一个是从某个集合来创建实例的构造方法。如果使用无参构造方法创建一个 TreeSet，则会假定元素的类实现了 Comparable 接口，并使用 compareTo()方法来比较规则集中的元素。要使用 Comparator 接口，则必须用构造方法 TreeSet(Comparator comparator)，使用比较器中的 compare()方法来创建一个排好序的规则集。例 6-22 演示了如何使用 Comparator 接口来对树形集中的元素进行排序。

【例 6-22】 演示如何使用 Comparator 接口来对树形集中的元素进行排序。

```java
1.  import java.util.*;
2.  import java.io.*;
3.  public class TreeSetWithComparatorTest {
4.      public static void main(String[] args) {
5.          //使用 Comparator 接口创建树形集
6.          //Shape、Circle、Rectangle 3 个类是在例 6-5 中定义的
7.          Set<Shape> set=new TreeSet<>(new GeometricObjectComparator());
8.          set.add(new Circle(40));
9.          set.add(new Rectangle(4,5));
10.         set.add(new Circle(40));
11.         set.add(new Rectangle(4,1));
12.         System.out.println("根据 Comparator 接口排序的结果:");
13.         for(Shape s:set) {
14.             System.out.println("area="+s.getArea());
15.         }
16.     }
17. }
18. class GeometricObjectComparator implements Comparator<Shape>,Serializable{
19.     //Shape 类参考例 6-5 中的代码
20.     public int compare(Shape s1,Shape s2) {
21.         double area1=s1.getArea();
22.         double area2=s2.getArea();
23.         if(area1<area2)
24.             return -1;
25.         else if(area1==area2)
26.             return 0;
27.         else
28.             return 1;
29.     }
30. }
```

程序运行结果如下：

```
根据 Comparator 接口排序的结果:
area=4.0
area=20.0
area=5026.548245743669
```

　　两个半径相同的圆被添加到树形集中，但是只存储了一个，因为这两个圆是相等的（本例中的比较器决定的），而规则集中不允许有重复的元素。

6.9.7　映射

映射(map)类似于字典,提供了使用键快速查询以获取值。映射是一个存储"键/值对"集合的容器对象。它提供了通过键快速获取、删除和更新键/值对的功能。映射将值和键一起保存。键很像下标。在 List 中,下标是整数,而在 Map 接口中,键可以是任意类型的对象。映射中不能有重复的键,每个键都对应一个值,键和它的对应值构成一个保存在映射中的条目,如图 6.15(a)所示。图 6.15(b)展示了一个映射,其中每个条目由作为键的学号以及作为值的姓名组成。

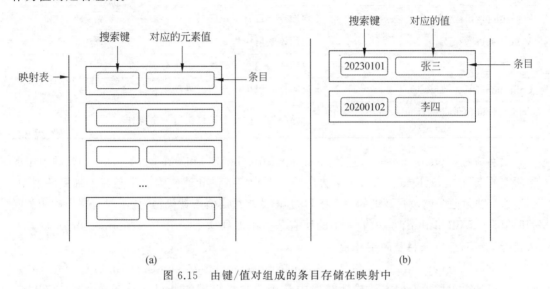

图 6.15　由键/值对组成的条目存储在映射中

有 3 种映射类型:散列映射 HashMap、链式散列映射 LinkedHashMap 和树形映射 TreeMap。这些映射的通用特性都在 Map 接口中定义,它们的关系如图 6.16 所示。

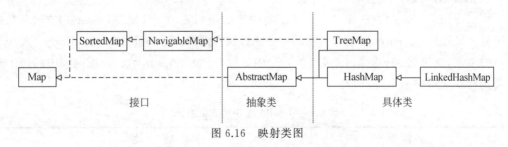

图 6.16　映射类图

Map 接口提供了查询、更新和获取值的集合和键的规则集的方法,如表 6.8 所示。

表 6.8　Map 接口中的主要方法

方 法 名 称	功　　　能
void clear()	从该映射中删除所有条目
V put(K key, V value)	将一个条目放入该映射中
void putAll(Map<? extends K, ? extends V> m)	将 m 中所有条目添加到该映射中

续表

方 法 名 称	功　　能
V remove(Object key)	删除指定键对应的条目
boolean containsKey(Object key)	如果该映射包含了指定键的条目，则返回 true
boolean containsValue(Object value)	如果该映射将一个或者多个键映射到指定值，则返回 true
boolean isEmpty()	如果该映射中没有包含任何条目，则返回 true
int size()	返回该映射中的条目数
Set<Map.Entry<K，V>> entrySet()	返回一个包含了该映射中条目的集合
V get(Object key)	返回该映射中指定键对应的值
Set<K> keySet()	返回一个包含了该映射中所有键的集合
Collection<V> values()	返回该映射中所有值组成的集合
default void forEach(BiConsumer<? super K，? super V> action)	为该映射中的每个条目执行一个操作

　　更新方法（update method）包括 clear()、put()、putAll()和 remove()。clear()从映射中删除所有的条目。put(K key，V value)方法将一个指定的键和值作为一个条目添加到映射中。如果这个映射原来就包含该键的一个条目，则旧值将被新值所替代，并且返回与这个键相关联的旧值。putAll(Map m)方法将 m 中的所有条目添加到这个映射中。remove(Object key)方法将指定键对应的条目从映射中删除。

　　查询方法（query method）包括 containsKey()、containsValue()、isEmpty()和 size()。containsKey(Object key)方法检测映射中是否包含指定键的条目。containsValue(Object value)方法检测映射中是否包含指定值的条目。isEmpty()方法检测映射中是否包含任何条目。size()方法返回映射中的条目数。

　　可以使用 keySet()方法来获得一个映射中键的规则集，并可以使用 values()方法获得一个映射中值的集合。entrySet()方法返回一个条目的规则集。这些条目是 Map.Entry<K,V>接口的实例，这里 Entry 是 Map 接口的一个内部接口，如表 6.9 所示。该规则集中的每个条目都是所在映射中一个键/值对。

表 6.9　Map.Entry 中的主要方法

方 法 名 称	功　　能
K getKey()	返回该条目的键
V getValue()	返回该条目的值
V setValue(V value)	将该条目中的值替换为新值

　　Java 8 在 Map 接口中添加了一个默认的 forEach()方法，来对映射中的每一个条目执行操作。这个方法可以像一个迭代器一样，用于遍历映射中的条目。

　　HashMap、LinkedHashMap 和 TreeMap 类是 Map 接口中的 3 个具体实现。

　　HashMap 类对于定位一个值、插入一个条目以及删除一个条目而言是高效的。

　　LinkedHashMap 类用链表实现扩展 HashMap 类，它支持映射中条目的排序。元素既可以按照它们插入映射的顺序排序（称为插入顺序），也可以按照它们被最后一个访问时的顺序，从最早到最晚（称为访问顺序）排序。无参构造方法以插入顺序来创建 LinkedHashMap。要按访问顺序创建 LinkedHashMap 对象，可以使用构造方法 LinkedHashMap(initialCapacity，loadFactor，true)。

　　TreeMap 类对于遍历排好顺序的键很高效。键可以使用 Comparable 接口或 Comparator 接口来排序。如果使用其无参构造方法创建一个 TreeMap 对象，假定键的类实现了 Comparable 接口，则可以使用 Comparable 接口中的 compareTo()方法来对映射内的键进行比较。要使用比较器，必须使用构造方法 TreeMap(Comparator comparator)来创建一个有序映射，这样，该映射中的条目就能使用比较器中的 compare()方法基于键进行排序。

　　例 6-23 创建了一个散列映射（hash map）、一个链式散列映射（linked hash map）和一个树形映射（tree map），用来建立学生与年龄之间的映射关系。该程序首先创建一个散列映射，以学生名为键，以年龄为值，然后从这个散列映射创建一个树形映射并按键的递增顺序显示这些条目，最后创建一个链式散列映射，向该映射中添加相同的条目，并显示这些条目。

【例 6-23】　映射示例程序。

```java
1.  import java.util.*;
2.  public class MapTest {
3.      public static void main(String[] args) {
4.          //创建 HashMap:使用无参构造方法创建一个空的散列映射
5.          Map<String,Integer>hashMap=new HashMap<>();
6.          hashMap.put("ZhangSan",30);
7.          hashMap.put("LiSi",28);
8.          hashMap.put("WangWu",29);
9.          hashMap.put("XiaoLiu",31);
10.         //显示 haspMap 中的元素:是随机的
11.         System.out.println(hashMap);
12.         //创建 TreeMap:使用散列映射创建树形映射
13.         Map<String,Integer>treeMap=new TreeMap(hashMap);
14.         //显示 treeMap 中的元素:按键升序排列的
15.         System.out.println(treeMap);
16.         //按照访问顺序创建 LinkedHashMap
17.         //容量为 16.负载系数是 0.75,true 表示按照访问顺序排序
18.         Map<String,Integer>linkedHashMap=new LinkedHashMap(16,0.75f,true);
19.         linkedHashMap.put("ZhangSan",30);
20.         linkedHashMap.put("LiSi",28);
21.         linkedHashMap.put("WangWu",29);
22.         linkedHashMap.put("XiaoLiu",31);
23.         //访问键值为"WangWu"的元素
24.         System.out.println("WangWu 的年龄是:"+linkedHashMap.get("WangWu"));
25.         //输出 linkedHashMap 映射时,WangWu 在最后
26.         System.out.println(linkedHashMap);
27.     }
28. }
```

程序运行结果如下：

```
{WangWu=29, ZhangSan=30, XiaoLiu=31, LiSi=28}
{LiSi=28, WangWu=29, XiaoLiu=31, ZhangSan=30}
WangWu 的年龄是:29
{ZhangSan=30, LiSi=28, XiaoLiu=31, WangWu=29}
```

如果更新映射时不需要保持映射中元素的顺序，就使用 HashMap；如果需要保持映射中元素的插入顺序或访问顺序，就使用 LinkedHashMap；如果需要使映射按照键排序，就使用 TreeMap。

6.10　本章小结

1. String 类和 StringBuffer 类

（1）String 类定义字符串常量对象，可以直接定义，也可以用构造方法定义，StringBuffer 类对象必须使用构造方法定义。

（2）String 的内容一旦声明则不可改变，如果要改变，改变的是 String 的引用地址。

（3）用 StringBuffer 创建的字符串对象可以修改，并且所有的修改都直接发生在包含该字符串的缓冲区中。

（4）字符串的创建。

① 创建 String 类型的字符串。

• 由字符串常量直接赋值给字符串变量。

```
String str="hello!";
```

• 由一个字符串来创建另一个字符串。

```
String str1=new String("hai");
String str2=new String(str);
String str3=new String();
```

• 由字符数组来创建字符串。

```
char num[]={'d','s'};
String str=new String(num);
```

• 由字节数组来创建字符串。

```
byte bytes[]={1,2,3};
String str=new String(byte);
```

• 由 StringBuffer 对象来创建 String 类型的字符串。

```
String str=new String(s);
```

• 由 Sting 对象构造 StringBuffer 类型的字符串。

```
StringBuffer(String s);
```

② 创建 StringBuffer 类型的字符串。

构造 StringBuffer 类型的空字符串。

```
StringBuffer();
```

注：具有默认 16 个字符缓冲区的空字符串。

```
StringBuffer(int len);
```

注：具有 len 个字符缓冲区的空字符串。

（5）String 类型字符串的操作。

① 字符串检索。

两个方法：indexOf()方法与 lastIndexOf()方法。

② 字符串的替换。

- 字符的替换。

```
String replace(char oldChar,char newChar)
```

- 字符串的替换。

```
String replace(String oldstring ,String newstring)
```

③ 字符串的长度。

```
public int length();
```

④ 字符串的连接。

- 两个字符串使用＋。
- 使用 contat()方法。

⑤ 字符串的大小写转换。

```
String toLowerCase();
String toUpperCase();
```

⑥ 字符串的子集。

- 获得给定字符串中的一个字符。

```
String CharAt(int index);
```

- 获得给定字符串的子串。

```
String substring(int begin_index);
String substring(int begin_index,int end_index);
```

⑦ 字符串的比较。

equals()和 equalsIgnoreCase()方法

compareTo()和 compareToIgnoreCase()方法

⑧ 字符串的其他操作。

- 字符串前后部分空格的删除。

```
String trim();
```

- 对象的字符串表示。

```
String toString();
```

（6）StringBuffer 类型字符串的操作。

① 字符串的追加。

append()方法

② 字符串的插入。

insert()方法

③ 字符串的删除。

delete(int begin_index,int end_index)方法

④ 求字符串的长度和容量。

• 字符串的长度。

length()方法

• 字符串的容量。

capacity()方法

⑤ 字符串的替换。

replace(int begin_index,int end_index,String s)

⑥ 字符串的反转。

StringBuffer reverse()

注意：String 中对字符串的操作不是对原字符串本身进行的，而是对新生成的一个原字符串对象的副本进行的，其操作的结果不影响原字符串。相反，StringBuffer 中对字符串的操作是对原字符串本身进行的，可以对字符串进行修改而不产生副本。

2. StringTokenizer 类

（1）StringTokenizer 类的定义。

在 Java 的 java.util 包中用 StringTokenizer 类可以把字符串分解成可以独立使用的单词。

（2）StringTokenizer 类的常用方法。

public String nextToken()
public String nextToken(String delim)
public int countTokens()
public boolean hasMoreTokens()

3. 日期类

（1）Date 类可以得到一个完整的日期，但是日期格式不符合大家平常看到的格式，时间也不能精确到毫秒，要想按照用户自己的格式显示时间，可以使用 Calender 类完成操作。

（2）Calender 可以将取得的时间精确到毫秒，但是此类是抽象类，要想使用抽象类，必须依靠对象的多态性，通过子类进行父类的实例化操作，其子类是 GregorianCalender，在 Calender 中提供了部分常量，分别表示日期的各个数字(见 API 文档)。

（3）Date 类取得的时间的显示格式不一定符合习惯，可以利用 DateFormat 类进行格式化。Calender 是一个抽象类，无法直接实例化，但是此类提供了一个静态方法可获得本类的实例。

（4）如果想得到用户自己需要的日期显示格式，可以通过 SimpleDatefFormat 完成。

4. 泛型与集合

（1）泛型能让我们对类型参数化。可以定义适用泛型类型的类或方法，编译器会用具体类型来替换泛型类型。

（2）泛型的主要优势是能够在编译时而不是运行时检测错误。

（3）泛型类或方法允许指定这个类或方法可以具有的对象类型。如果试图使用具有不兼容对象的类或方法，编译器会检测出错误。

（4）定义在类、接口或者静态方法中的泛型称为形式泛型类型，之后可以用一个实际和具体类型来替换它。替换泛型类型的过程称为泛型实例化。

（5）线性表中可以存放重复的元素，规则集中存储的是无重复的元素，映射中存储的是键/值对。

（6）Java 集合框架支持两种类型的线性表：ArrayList 适用于经常查询数据、遍历数据的场合，LinkedList 的特点是元素增加或删除的速度快，但查找速度慢。

（7）Java 集合框架支持 3 种类型的规则集：散列集 HashSet、链式散列集 LinkedHashSet 和树形集 TreeSet。HashSet 以一个不可预知的顺序存储元素；LinkedHashSet 以元素被插入的顺序存储元素；TreeSet 存储已排好序的元素。

（8）Java 集合框架支持 3 种类型的映射：散列映射 HashMap、链式散列映射 LinkedHashMap 和树形映射 TreeMap。对于定位一个值、插入一个条目和删除一个条目而言，HashMap 是高效的。LinkedHashMap 支持映射中的条目排序。HashMap 类中的条目是没有顺序的，但 LinkedHashMap 中的条目可以按照某种顺序来获取，该顺序既可以按照它们插入映射的顺序排序（称为插入顺序），也可以根据最后一个访问时的时间从最早到最晚（称为访问顺序）排序。对于遍历排好序的键，TreeMap 是高效的。键可以使用 Comparable 接口来排序，也可以使用 Comparator 接口来排序。

6.11　习题

一、选择题

1. Java 语句"String str="123456789";str=str.subString(1,3);"执行后，str 中的值为（　　）。

    A. "23"　　　　　B. "123"　　　　　C. "12"　　　　　D. "234"

2. Java 语句"String str="123456789";System.out.println(str.indexOf("5"));"执行后的输出结果为（　　）。

    A. 6　　　　　B. 5　　　　　C. 4　　　　　D. −1

3. 给定如下 Java 代码，编译运行时，以下（　　）语句的值是 true。

```
String s="hello";
String t="hello";
String e=new String("hello");
char c[]={,,h□,e□,□l□,□l□,o□};
```

    A. s.equals(t)　　　B. t.equals(c)　　　C. t==e　　　D. t==c;

4. 关于 String 和 StringBuffer，下面说法正确的是（　　）。

    A. String 操作字符串不改变原有字符串的内容

    B. StringBuffer 连接字符串的速度没有 String 快

    C. String 可以使用 append()方法连接字符串

    D. StringBuffer 在 java.util 包中

5. 关于以下程序段，说法正确的是（　　）。

```
1. String s1="abc"+"def";
2. String s2=new String(s1);
3. if(s1==s2)
```

```
4. System.out.println("==succeeded");
5. if(s1.equals(s2))
6. System.out.println(".equals()succeeded");
```

      A. 行 4 与行 6 都将执行　　　　　　　　B. 行 4 执行，行 6 不执行

      C. 行 6 执行，行 4 不执行　　　　　　　　D. 行 4 与行 6 都不执行

6. 有语句"String s＝"hello world";"，以下操作（　　　）是不合法的。

      A. int i＝s.length()；　　　　　　　　　B. s＞＞＞＝3；

      C. String ts＝s.trim()；　　　　　　　　D. String t＝s＋"!"；

7. 关于下面的程序段，论断正确的是（　　　）。

```
String a="java";
String b="java";
String x="ja";
String y="va";
String c=x+y;
```

      A. a 和 b 指向同一个实例对象，a 和 c 指向同一个实例对象

      B. a 和 b 指向同一个实例对象，a 和 c 不指向同一个实例对象

      C. a 和 b 不指向同一个实例对象，a 和 c 指向同一个实例对象

      D. a 和 b 不指向同一个实例对象，a 和 c 不指向同一个实例对象

8. 以下这段代码在堆中总共会创建（　　　）对象。

```
String str1=new String("abc");
String str2=new String("abc");
String str3=new String("abc");
```

      A. 1 个　　　　　　B. 2 个　　　　　　C. 3 个　　　　　　D. 4 个

9. 在 Java 中，下面关于 String 类和 StringBuffer 类的描述正确的是（　　　）。

      A. StringBuffer 类的对象调用 tostring()方法将转换为 String 类型

      B. 两个类都有 append()方法

      C. 可以直接将字符串"test"复制给声明的 Stirng 类和 StringBuffer 类的变量

      D. 两个类的实例的值都能够被改变

二、填空题

1. Java 语言中提供了两种类型的字符串类来处理字符串，分别是 _____ 类和 _____ 类。

2. _____ 类是不可变类，对象所包含的字符串内容永远不会被改变。

3. _____ 类是可变类，对象所包含的字符串内容可以被添加或修改。

4. StringBuffer 类调用方法 _____ 返回缓冲区内的字符串。

5. _____ 类以毫秒数来表示特定的日期。

6. java.text.DateFormat 抽象类用于定制日期的格式，它有一个具体子类为 _____ 。

7. Java 提供了 3 个日期类，即 Date、_____ 和 DateFormat。

8. 编写一个程序 StringTest 源文件，里面开发了 StringTest 类，归于 com.gjun 包中。main 函数中的核心代码如下：

```
public static void main(String[] args) {
```

```
String str="abcdefghaijklmna";

System.out.println("a 出现的首位置:   "+_____ );

System.out.println("a 出现的最后位置:  "+_____ );

System.out.println("忽略第一个 a 出现的位置,下一次 a 出现的位置: "+_____ );

System.out.println("索引为 10 的字符为:   "+_____ );

System.out.println("是否包含 z:   "+_____ );

System.out.println("str 字符串总长度:  "+_____ );

System.out.println("str 是否以 abc 作为开始字符串:   "+_____ );

System.out.println("获取从第一个 a 到第一个 n 之间(包含 n)的字符序列:"+_____ );

System.out.println("把 str 变化大写:  "+_____ );

str=_____ ;
System.out.println("已经实现把所有小写 a 替换为 A:  "+str);
}
```

注:"_____"为需要填写的代码段落。

三、程序设计题

1. 接收用户输入的两个字符串,比较它们的大小,并输出比较结果(区分大、小及相等)。

2. 接收用户输入的若干字符串,并按字典次序排列输出这些字符串。

3. 字符串解析,现有一字符串"卡巴斯基♯杀毒软件♯免费版♯俄罗斯♯",解析出每个元素。

4. 有一个数组,将数组中的数据逆序存储。

5. 已知字符串: "this is a test of java"。

按要求执行以下操作:

(1) 统计该字符串中字母 s 出现的次数。

(2) 取出子字符串"test"。

(3) 用多种方式将本字符串复制到一个字符数组 Char[] str 中。

(4) 将字符串中每个单词的第一个字母转换成大写,输出到控制台。

(5) 用两种方式实现该字符串的逆序输出(用 StringBuffer 和 for 循环方式分别实现)。

(6) 将本字符串转换成一个字符串数组,要求每个数组元素都是一个有意义的英文单词,并输出到控制台。

6. 编写以下方法,返回一个新的 ArrayList。该新列表中包含来自原列表中的不重复元素。

```
public static<E>ArrayList<E>removeDuplicates(ArrayList<E>list)
```

7. 为线性搜索实现以下泛型方法。

```
public static<E extends Comparable<E>>int linearSearch(E[] list, E key)
```

8. 实现下面的方法，返回数组中的最大元素。

```
public static<E extends Comparable<E>>E max(E[] list)
```

编写一个测试程序，提示用户输入 10 个整数，调用该方法找到最大数，并显示。

9. 实现下面的方法，返回二维数组中的最大元素。

```
public static<E extends Comparable<E>>E max(E[] [] list)
```

10. 使用二分查找法实现下面的方法。

```
public static<E extends Comparable<E>>int binarySearch(E[] list, E key)
```

11. 假设 list1 是一个包含字符串 red、yellow、green 的线性表，list2 是一个包含字符串 red、yellow、blue 的线性表，回答下面的问题。

（1）执行完 list1.addAll(list2)方法之后，线性表 list1 和 list2 分别是什么？

（2）执行完 list1.add(list2)方法之后，线性表 list1 和 list2 分别是什么？

（3）执行完 list1.removeAll(list2)方法之后，线性表 list1 和 list2 分别是什么？

（4）执行完 list1.remove(list2)方法之后，线性表 list1 和 list2 分别是什么？

（5）执行完 list1.retainAll(list2)方法之后，线性表 list1 和 list2 分别是什么？

（6）执行完 list1.clear()方法之后，线性表 list1 是什么？

12. 在链表上使用迭代器：编写一个测试程序，在一个链表上存储 500 万个整数，测试分别使用 iterator()和 get(index)方法的遍历时间。

13. 在散列集上进行进行规则集操作：创建两个链接散列规则集（LinkedHashSet）{"George"，"Jim"，"John"，"Blank"，"Kevin"，"Michael"}和｛"George"，"Katie"，"Kevin"，"Michelle"，"Ryan"｝，然后求它们的并集、差集和交集（可以先备份这些规则集，以保护初始规则集不被这些方法改变）。

14. 编写一个程序，从文本文件中读取单词，并按字母的升序显示所有的单词（可以重复）。单词必须以字母开头。文本文件作为命令行参数传递。

15. 编写一个程序，统计 Java 源文件中关键字出现的次数。

16. 编写一个程序，统计语句"Good morning, Hava a good class. Hava a good visit, Hava fun!"中单词出现的次数，然后按照字母顺序显示这些单词以及它们出现次数（假设单词不区分大小写）。

第 6 章 资源包

第 6 章 习题解答

第二篇

图形界面设计与I/O处理

图形用户界面是程序与用户交互的窗口。每个图形界面下的Java程序都必须设计和建立自己的图形用户界面并利用它接收用户的输入,向用户输出程序运行的结果。用户界面功能是否完善、使用是否方便,将直接影响到用户对应用软件的使用。因此,构造和设计图形用户界面是软件开发的一项重要工作。

I/O(Input/Output)是计算机输入或输出的接口。I/O又称为输入/输出系统。I/O流是程序设计语言中最基础的部分,在程序设计中需要实现不同类型的输入/输出功能。Java的核心库java.io提供了全面的I/O接口,包括文件读/写、标准设备输出等。在Java中I/O是以流为基础进行输入/输出的,所以数据被串行化写入输出流,或者从输入流读入。

本篇介绍Java图形界面设计与I/O处理的有关内容。

第7章　图形界面设计

　　主要内容：本章将介绍 GUI 的基础知识，重点讲述如何使用 Swing 程序包开发 GUI 程序。

　　教学目标：掌握容器组件的布局样式、常用可视组件的用法及事件驱动机制，能运用布局管理器及各种可视组件设计应用程序图形界面。

7.1　案例：简易文本编辑器的制作

　　【例 7-1】　简易文本编辑器的主要功能如图 7.1 所示，利用简易文本编辑器可以进行文本的输入、复制、剪切、粘贴及选择操作，还可以根据需要设置文字的大小及字形。

图 7.1　简易文本编辑器界面

7.1.1　案例实现

　　在实现本案例时，首先要构建如图 7.1 所示的图形界面，在构建图形界面时，需要用到各种 Java 控件和 Java 的布局方式，然后结合 Java 的事件处理机制进行简易文本编辑器功能的实现。

　　完整程序代码：

```
1.    import java.awt.*;
2.    import java.awt.event.*;
3.    import javax.swing.*;
4.    import java.io.*;
5.    import javax.swing.filechooser.*;
6.    import java.awt.datatransfer.*;
7.    public class TxtEditor extends JFrame
8.    {
```

```
9.      JFrame frmAbout;
10.     TextArea taArea;
11.     String name=null;
12.     String board=null;
13.     private Clipboard cb;
14.     JPanel PanelNorth,PanelSouth,PanelWest,PanelEast,PanelCenter,
15.     PanelLeftFontSize,PanelLeftFontType;
16.     JButton btnCopy,btnPaste,btnCut,btnDelete,btnSelectAll,btnHelp;
17.     JRadioButton jrbFontSize10,jrbFontSize20,jrbFontSize30;
18.     JCheckBox jcbBold,jcbItalic;
19.     ButtonGroup jbgFontSize;
20.     JLabel lblTitle;
21.     public TxtEditor() throws Exception{
22.         super("简易文本编辑器");Toolkit kit=Toolkit.getDefaultToolkit();
23.         PanelNorth=new JPanel();PanelSouth=new JPanel();
24.         PanelWest=new JPanel();PanelEast=new JPanel();
25.         PanelCenter=new JPanel();
26.         PanelLeftFontSize=new JPanel();PanelLeftFontType=new JPanel();
27.         btnCopy=new JButton("复制");btnPaste=new JButton("粘贴");
28.         btnCut=new JButton("剪切");
29.         btnDelete=new JButton("删除");btnSelectAll=new JButton("全选");
30.         btnHelp=new JButton("帮助");
31.         jrbFontSize10=new JRadioButton("10",true);
32.         jrbFontSize20=new JRadioButton("20");
33.         jrbFontSize30=new JRadioButton("30");
34.         jcbBold=new JCheckBox("粗体",false);
35.         jcbItalic=new JCheckBox("斜体",false);
36.         taArea=new TextArea();
37.         jbgFontSize=new ButtonGroup();lblTitle=new JLabel("简易文本编辑器");
38.         jbgFontSize.add(jrbFontSize10);jbgFontSize.add(jrbFontSize20);
39.         jbgFontSize.add(jrbFontSize30);
40.         PanelNorth.add(lblTitle);
41.         PanelSouth.add(btnCopy);PanelSouth.add(btnPaste);
42.         PanelSouth.add(btnCut);PanelSouth.add(btnDelete);
43.         PanelSouth.add(btnSelectAll);
44.         PanelSouth.add(btnHelp);
45.         PanelWest.setLayout(new GridLayout(6,1));
46.         PanelLeftFontSize.add(jrbFontSize10);
47.         PanelLeftFontSize.add(jrbFontSize20);
48.         PanelLeftFontSize.add(jrbFontSize30);
49.         PanelLeftFontType.add(jcbBold);PanelLeftFontType.add(jcbItalic);
50.         PanelWest.add(PanelLeftFontSize);PanelWest.add(PanelLeftFontType);
51.         PanelCenter.add(taArea);
52.         this.add(PanelNorth,BorderLayout.NORTH);
53.         this.add(PanelSouth,BorderLayout.SOUTH);
54.         this.add(PanelWest,BorderLayout.WEST);
55.         this.add(PanelEast,BorderLayout.EAST);
56.         this.add(PanelCenter,BorderLayout.CENTER);
57.         this.setSize(800,300);
58.         this.setLocation(300,200);
59.         this.setVisible(true);
60.         this.setDefaultCloseOperation(JFrame.EXIT_ON_CLOSE);
61.         cb=Toolkit.getDefaultToolkit().getSystemClipboard();
62.         btnCut.addActionListener(new ActionListener()          //剪切
```

```
63.              {
64.                  public void actionPerformed(ActionEvent e)
65.                  {
66.                      board=taArea.getSelectedText();
67.                      cb.setContents(new StringSelection(board),null);
68.                      taArea.replaceRange("",taArea.getSelectionStart(),
69.                      taArea.getSelectionEnd());
70.                  }
71.          });
72.      btnDelete.addActionListener(new ActionListener()      //删除
73.          {
74.                  public void actionPerformed(ActionEvent e)
75.                  {
76.                      int result=JOptionPane.showConfirmDialog(null,"您确定要删除选
                         定    文本?","确认对话框",JOptionPane.YES_NO_OPTION);
77.                      if(result==JOptionPane.OK_OPTION)
78.                      {
79.                      taArea.replaceRange("",taArea.getSelectionStart(),
80.                      taArea.getSelectionEnd());
81.                      }
82.                  }
83.          });
84.      btnCopy.addActionListener(new ActionListener()       //复制
85.          {
86.                  public void actionPerformed(ActionEvent e)
87.                  {
88.                      board=taArea.getSelectedText();
89.                      cb.setContents(new StringSelection(board),null);
90.                  }
91.          });
92.      btnPaste.addActionListener(new ActionListener()      //粘贴
93.          {
94.                  public void actionPerformed(ActionEvent e)
95.                  {
96.                      try{
97.                      taArea.setForeground(Color.BLACK);
98.                      Transferable content=cb.getContents(null);
99.                      String st = ( String ) content. getTransferData ( DataFlavor.
                         stringFlavor);
100.                     taArea.replaceRange(st,taArea.getSelectionStart(),
101.                     taArea.getSelectionEnd());
102.                     }catch(Exception ex)
103.                     {}
104.                 }
105.         });
106.     btnSelectAll.addActionListener(new ActionListener()    //全选
107.         {
108.                 public void actionPerformed(ActionEvent e)
109.                 {
110.                     taArea.setSelectionStart(0);
111.                     taArea.setSelectionEnd(taArea.getText().length());
112.                     taArea.setForeground(Color.BLUE);
113.                 }
114.         });
```

```
115.        jrbFontSize10.addActionListener(new ActionListener()   //10 号字体
116.        {
117.            public void actionPerformed(ActionEvent e)
118.            {
119.                Font oldFont=taArea.getFont();
120.                Font newFont= new Font(oldFont.getFontName(),oldFont.getStyle(),
                    10);
121.                taArea.setFont(newFont);
122.            }
123.        });
124.        jrbFontSize20.addActionListener(new ActionListener()   //20 号字体
125.        {
126.            public void actionPerformed(ActionEvent e)
127.            {
128.                Font oldFont=taArea.getFont();
129.                Font newFont= new Font(oldFont.getFontName(),oldFont.getStyle(),
                    20);
130.                taArea.setFont(newFont);
131.            }
132.        });
133.        jrbFontSize30.addActionListener(new ActionListener()   //30 号字体
134.        {
135.            public void actionPerformed(ActionEvent e)
136.            {
137.                Font oldFont=taArea.getFont();
138.                Font newFont=new Font(oldFont.getFontName(),oldFont.getStyle(),
                    30);
139.                taArea.setFont(newFont);
140.            }
141.        });
142.        jcbBold.addActionListener(new ActionListener()           //粗体
143.        {
144.            public void actionPerformed(ActionEvent e)
145.            {
146.                Font oldFont=taArea.getFont();
147.                Font newFont=new Font(oldFont.getFontName(),
148.                oldFont.getStyle()+Font.BOLD,oldFont.getSize());
149.                taArea.setFont(newFont);
150.            }
151.        });
152.        jcbItalic.addActionListener(new ActionListener()          //斜体
153.        {
154.            public void actionPerformed(ActionEvent e)
155.            {
156.                Font oldFont=taArea.getFont();
157.                Font newFont=new Font(oldFont.getFontName(),
158.                oldFont.getStyle()+Font.ITALIC,oldFont.getSize());
159.                taArea.setFont(newFont);
160.            }
161.        });
162.        btnHelp.addActionListener(new ActionListener()
163.        {
164.            public void actionPerformed(ActionEvent e)
165.            {
```

```
166.              frmAbout=new JFrame("关于");
167.              frmAbout.setSize(200,100);
168.              frmAbout.setLocation(400,300);
169.              JTextArea area1=new JTextArea("制作人：邹洪侠\n制作时间：2014.
                  5.24");
170.              frmAbout.add(area1);
171.              frmAbout.setVisible(true);
172.          }
173.      });
174.
175.   }
176.   public static void main(String[] args)throws Exception
177.   {
178.      new TxtEditor();
179.      }
180.   }
```

　　程序中,第 1～6 行代码引入了实现文本编辑器所需的 Java 包;主类名称为 TxtEditor;第 9～20 行代码定义使用的各种组件,其中包括了窗口(JFrame)、面板(JPanel)、文本域(TextArea)、命令按钮(JButton)、单选按钮(JRadioButton)、复选框(JCheckBox)、按钮组组件(ButtonGroup)、标签(JLabel)、对话框等;第 22～37 行代码构建了具体的组件;第 38～60 行代码对各种组件进行布局;第 62～175 行代码为相应组件添加事件监听器;第 176～179 行代码为主方法,使程序得以执行。

　　程序部分功能的运行结果如图 7.2 和图 7.3 所示。

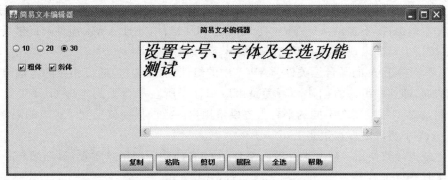

图 7.2　简易文本编辑器功能测试图示 1

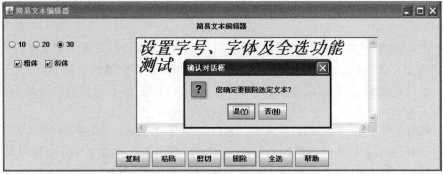

图 7.3　简易文本编辑器功能测试图示 2

7.1.2　程序解析

本案例中实现的功能有文本的字号及字体设置，文本的选定、复制、剪切、粘贴及删除功能涉及与本章有关的多个知识点。

- Swing 常用组件的定义和构造。
- 布局管理器：本例中主要使用了边界布局 BorderLayout、流布局 FlowLayout 及网格布局 GridLayout。
- Java 事件：事件处理机制、组件的常用事件、事件处理机制的实际应用。

7.2　Swing 基础

用户倾向于使用可以由鼠标方便操作的图形用户界面（Graphical User Interface，GUI）程序。本章的内容就是介绍如何使用 JFC（Java Foundation Class）中的 Swing 组件来构建GUI 应用程序。

7.2.1　Swing 概述

谈到 Swing，人们习惯于从 AWT（Abstract Window Toolkit）说起。AWT 是 Java 早期进行图形用户界面设计时使用的用于 GUI 编程的类库，称为抽象窗口工具箱。遗憾的是，AWT 存在以下几个缺点。

（1）可供使用的组件有限，不能满足用户日益现代化的要求。AWT 只提供按钮、滚动条等最基本的组件，不提供 TreeView 等现代化 GUI 组件，并且 AWT 组件只提供最基本的功能，如按钮上只能出现文字而不能出现图形。

（2）不支持 Java 的平台无关性。AWT 中的组件（例如按钮）通过相应的本地组件与操作系统沟通，即这些组件的创建和行为是由应用程序所在平台上的本地 GUI 工具来处理的。因此，AWT 组件要在不同的平台上提供给用户一致的界面就受到了很大的限制。

（3）AWT 组件中存在很多 bug。

以上缺点导致使用 AWT 来开发跨平台的 GUI 应用程序困难重重，逐渐被新一代的图形界面工具 Swing 代替。

Swing 从 Java 1.2 版开始提供，Swing 组件解决了 Java GUI 不能跨平台的问题，同时提供了更多新的组件，可以组合出复杂的图形用户界面。但 Swing 不能完全取代 AWT 组件，原因如下。

（1）在 GUI 编程中，使用什么样的 GUI 组件固然很重要，但是采用什么事件处理模型同样也很重要。在 Java 1.0 中，AWT 的事件处理模型是很不完善的。在 Java 1.1 中使用新的 AWT 事件处理模型，在此之后未作升级。在编写本书时，编者使用的仍然是 Java 1.1 的事件处理模型。

（2）Swing 并不是完全取代了 AWT，Swing 组件在 javax.swing 包中，AWT 组件在java.awt 包中，Swing 只是使用更好的 GUI 组件（如 JButton）代替 AWT 中相应的 GUI 组件（如 Button），并且增加了一些 AWT 中原来没有的 GUI 组件。并且，Swing 只能使用AWT 1.1 的事件处理模型。

但需说明,虽然现在 AWT 组件仍得到支持,建议在应用程序中尽量使用 Swing 组件和 Java 1.1 的事件模型。

7.2.2　Swing 容器与组件

在学习 GUI 编程时,读者必须很好地理解两个概念,即组件类(Component)和容器类 (Container)。

Swing 图形界面的 3 个层次如下。

- 顶级容器: 框架 JFrame,对话框 JDialog。
- 中间级容器:面板 JPanel。
- 原子组件: 按钮和标签等。

1. 框架(JFrame)

【例 7-2】　在屏幕上显示一个框架组件。

完整程序代码:

```
1.  import javax.swing.*;
2.  import java.awt.*;
3.  public class TxtEditor
4.  {
5.    public static void main(String args[])
6.    {
7.      JFrame f=new JFrame("简易文本编辑器");        //JFrame 在 javax.swing 包中
8.      f.setSize(220,140);
9.      f.setLocation(500,400);
10.     f.setBackground(Color.green);                 //Color 在 java.awt 包中
11.     f.setVisible(true);
12.     f.setDefaultCloseOperation(JFrame.EXIT_ON_CLOSE);
                                                      //单击"关闭"按钮退出程序
13.   }}
```

程序的运行结果如图 7.4 所示。

框架是一个图形界面程序的主窗口,设计类似于 Windows 中窗口形式的界面,属于顶级容器,是一种不能被其他容器放置于内部的容器。

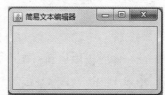

图 7.4　显示框架图示

- 在 Java 中,每个具有图形界面的程序至少要有一个框架。
- 框架是由边框,标题栏,最大化、最小化、还原、移动、关闭按钮,系统菜单,以及内容窗格组成的。
- 内容窗格是框架的核心区域,主要的图形界面组件、菜单栏、工具栏都在内容窗格中。

本例涉及以下知识点。

(1) public void add(Component comp):在框架中添加组件 comp。

(2) public void setLayout(LayoutManager mgr):设置布局方式。

(3) public void setTitle(String title):设置框架的标题。

(4) public String getTitle(String title):获取框架的标题。

(5) public void setBounds(int a,int b,int width,int height)：设置出现在屏幕上时的初始位置为(a,b)，即距屏幕左面 a 个像素、距屏幕上方 b 个像素，窗口的宽是 width，高是 height。

(6) public void setResizable(boolean b)：设置窗口是否可调整大小，默认窗口是可以调整大小的。

(7) public void setDefaultCloseOperation(int operation)：该方法用来设置单击窗体右上角的关闭按钮后程序会做怎样的处理。其中，operation 的取值及实现的功能如下。

- JFrame.DO_NOTHING_ON_CLOSE：什么也不做。
- JFrame.HIDE_ON_CLOSE：隐藏当前窗口。
- JFrame.DISPOSE_ON_CLOSE：隐藏当前窗口，并释放窗体占用的其他资源。
- JFrame.EXIT_ON_CLOSE：结束窗体所在的应用程序。

2. 面板（JPanel）

JPanel 是常用的 Swing 组件之一。JPanel 本身也是一个容器，可以向其中添加其他 GUI 组件（如按钮 JButton）；但是 JPanel 不是顶层容器，因此，要在屏幕上显示 JPanel，必须将它添加到一个顶层容器（如 JFrame）中。JPanel 还具备在自身表面绘制图形的功能，可以通过定制的方式在面板表面绘制各种图形。

在 Swing 中允许组件嵌套添加。例如，可以将一个 JButton 添加到一个 JPanel 中，再将 JPanel 添加到 JFrame 中。在构建复杂的用户界面时，常常需要使用这种嵌套添加的方式。

在 Swing 中还允许将一个组件添加到同类型的组件中。例如，可以将一个 JPanel 添加到另一个 JPanel 中。

【例 7-3】 面板作为容器使用。

面板作为容纳其他 Swing 组件的容器是 JPanel 最常使用的功能之一。本案例分为下面两个步骤。

(1) 将一个标签添加到面板中。

(2) 将面板添加到框架中，然后显示框架。

步骤 1：将一个标签添加到面板中。

```
JLabel labOne=new JLabel("这是标签");
JPanel p=new JPanel();                          //生成面板对象
//将标签添加到面板容器中
p.add(labOne);
```

步骤 2：将面板添加到框架中，然后显示框架。

在框架中加入组件有下面两种方法。

(1) 在框架中用 add()方法加入各种组件。

(2) 用 getContentPane()方法获得内容窗格，在内容窗格中用 add()方法加入各种组件。

例如：

```
JFrame f=new JFrame();                          //创建一个框架对象 f
f.add(p);                                       //将面板添加到框架中
```

或者

```
JFrame f=new JFrame();                                  //创建一个框架对象 f
Container contentPane=f. getContentPane();              //取得框架的内容窗格
contentPane.add(p);                                     //将面板添加到框架的内容窗格中
```

完整程序代码：

```
1.   import javax.swing.*;
2.   import java.awt.*;
3.   public class FirstPanel{
4.   public static void main(String []args){
5.       JLabel labOne=new JLabel("这是标签");
6.       JTextField txtOne=new JTextField("这是文本框");
7.       JPanel p=new JPanel();                          //生成面板对象
8.       p.add(labOne);                                  //将标签添加到面板容器中
9.       p.add(txtOne);                                  //将文本框添加到面板容器中
10.      JFrame f=new JFrame();                          //创建一个框架对象 f
11.      f.setSize(300,300);                             //设定框架的大小
12.      Container contentPane=f.getContentPane();       //取得框架的内容窗格
13.      contentPane.add(p);                             //将面板添加到框架的内容窗格中
14.      f.setDefaultCloseOperation(JFrame.EXIT_ON_CLOSE);
15.      f.setVisible(true);                             //显示框架
16.   }
17. }
```

程序的运行结果如图 7.5 所示。

7.2.3　Java 事件处理

用 Swing 创建图形界面的步骤如下。

步骤 1：建立用户界面。

(1) 导入 Swing 包。

(2) 选择界面风格。

(3) 设置顶层容器对象，例如 JFrame。

(4) 确定布局，增加组件。

(5) 改变组件的颜色、字体。

步骤 2：增加事件处理。

(1) 编写事件监听器类。

(2) 在事件源上注册事件监听器对象。

步骤 3：显示用户界面。

图 7.5　JPanel 作为容器示例

其中，事件处理是实现程序功能的关键环节，是用户与程序进行交互的"纽带"。当用户在 Swing 界面上进行一些操作时，例如移动鼠标、选择菜单项等，将会引发相关事件（event）的发生。在 Java 语言中，事件是以具体的对象来表示的，用户的相关操作会由 JVM 建立相对应的事件，以用来描述事件来源、发生了什么事以及相关的消息，通过捕捉对应的操作来完成应用程序的功能。这就是 Java 的事件处理机制。

首先学习 Java 的事件处理机制中涉及的几个基本概念。

1. 基本概念

1) 事件

(1) 事件是用户在界面上的一个操作（通常使用各种输入设备，例如鼠标、键盘等来完成）。

（2）当一个事件发生时，该事件用一个事件对象来表示。事件对象有对应的事件类。不同的事件类描述不同类型的用户动作。例如，MouseEvent 事件类描述与鼠标有关的动作，KeyEvent 事件类描述与键盘有关的动作，等等。

（3）事件类包含在 java.awt.event 和 javax.swing.event 包中。

2）事件源

产生事件的组件称为事件源。在一个按钮上单击时，该按钮就是事件源，会产生一个 ActionEvent 类型的事件。

3）事件监听器接口

（1）定义了处理各种事件的 Java 方法，但没有具体实现。

（2）包含在 java.awt.event 和 javax.swing.event 包中。

4）事件监听器类

负责检查事件是否发生，若发生就激活事件处理器进行处理的类称为事件监听器类。其实例就是事件监听器对象。事件监听器类必须实现事件监听器接口或继承事件监听器适配器类。

5）注册事件监听器

为了能够让事件监听器检查某个组件（事件源）是否发生了某些事件，并且在发生时激活事件处理器进行相应的处理，必须在事件源上注册事件监听器。这是通过使用事件源组件的以下方法来完成的：

```
addXXXListener(事件监听器对象)
```

其中，XXX 对应相应的事件类。例如 addMouseListener、addKeyListener 等。

在明白上述概念之后，可以将授权模型事件运行的流程用图 7.6 表示。当通过鼠标或者键盘触发了事件，例如单击一个按钮，此时按钮会将事件信息发送给按钮注册的所有监听器，这里按钮可以注册多个监听器，监听器对象使用事件对象中的信息来确定它们对事件的响应，即是否属于自己要监听的事件，如果是则进行处理。

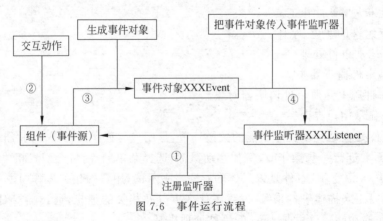

图 7.6　事件运行流程

2. 事件处理实例

那么，在整个事件处理过程中，用户需要做什么呢？用户只要编写代码，定义每个事件发生时应做出何种响应。这些代码会在它们对应的事件发生时由系统自动调用，这就是 GUI 程序中事件和事件响应的基本原理。具体步骤如下。

（1）编写事件监听器类，在类的声明中指定要实现的监听器接口名。例如：

```
public class MyListener implements XXXListener {
    ...
}
```

（2）实现监听器接口中的事件处理方法。例如：

```
public void 事件处理方法名(XXXEvent e) {
    ...                                              //处理某个事件的代码
}
```

（3）在一个或多个组件上进行监听器类的实例的注册。例如：

```
组件对象.addXXXListener(MyListener 对象);
```

【**例 7-4**】 当用户单击按钮时，标签里的文字由"这是标签"变成"天天好心情！"。
程序的运行结果如图 7.7 所示。

图 7.7 例 7-4 的运行结果

完整程序代码：

```
1.    import javax.swing.*;
2.    import java.awt.*;
3.    import java.awt.event.ActionEvent;
4.    import java.awt.event.ActionListener;
5.    public class TxtEditor
6.    {
7.        JLabel labOne;
8.        JPanel p;
9.        JButton button;
10.       public TxtEditor(){
11.           labOne=new JLabel("这是标签");
12.           labOne.setSize(260,90);
13.           p=new JPanel();
14.           p.add(labOne);
15.           JFrame f=new JFrame("事件处理实例");
16.           button=new JButton("确定");
17.//在按钮组件上进行监听器类的实例的注册
18.           button.addActionListener(new MyListener());
19.           f.setSize(260,150);
20.           Container contentPane=f.getContentPane();
21.           contentPane.setLayout(new FlowLayout());
22.           contentPane.add(p);
23.           contentPane.add(button);
24.           f.setDefaultCloseOperation(JFrame.EXIT_ON_CLOSE);
25.           f.setVisible(true);
26.       }

27.    public class MyListener implements ActionListener{//编写事件监听器类
```

```
28.        MyListener,在类的声明中指定要实现的监听器接口名 ActionListener
29.        public void actionPerformed(ActionEvent e){//实现监听器接口中的事件处理方法
30.            labOne.setText("天天好心情!");        //具体处理代码
31.        }
32.    }
33.    public static void main(String args[ ])
34.    {
35.        new TxtEditor();
36.    }
37. }
```

例 7-4 的事件处理过程如下。

(1) 利用 addActionListener()方法为 JButton 按钮添加一个监听器。

(2) 当事件源 button 发生动作事件时，即用户单击按钮，按钮会自动调用监听器对象中的 actionPerformed(ActionEvent arg0)方法，并且所发生的动作事件以一个 ActionEvent 类型的对象传递进来。

3. 多事件源的事件处理

【例 7-5】 实现本章开头案例"简易文本编辑器"中的文本复制和粘贴功能。

例 7-5 实现的最终结果如图 7.8 所示，通过单击"复制"和"粘贴"按钮分别实现对文本域内的文本的复制和粘贴操作。与前面讲述的内容不同，在此有两个事件源，分别是"复制"按钮和"粘贴"按钮，响应的是相同的事件(鼠标单击事件)，这就是多事件源问题，那么这样的效果如何实现呢？

图 7.8　例 7-5 最终实现的结果

解决方案一：多事件源多个监听器。

完整程序代码：

```
1.  import java.awt.*;
2.  import java.awt.event.*;
3.  import javax.swing.*;
4.  import java.awt.datatransfer.*;
5.  public class TxtEditor1 extends JFrame
6.  {
7.     TextArea taArea;
8.     String board=null;
9.     private Clipboard cb;
10.   JPanel PanelNorth,PanelSouth,PanelCenter;
11.    JButton btnCopy,btnPaste;
12.    JLabel lblTitle;
13.    public TxtEditor1() {
14.        super("简易文本编辑器");
15.        PanelNorth=new JPanel();PanelSouth=new JPanel();
```

```
16.          PanelCenter=new JPanel();
17.          btnCopy=new JButton("复制");btnPaste=new JButton("粘贴");
18.          taArea=new TextArea();lblTitle=new JLabel("简易文本编辑器");
19.          btnCopy.addActionListener(new MyListener1());
20.          btnPaste.addActionListener(new MyListener2());
21.          PanelNorth.add(lblTitle);
22.          PanelSouth.add(btnCopy);PanelSouth.add(btnPaste);
23.          PanelCenter.add(taArea);
24.          this.add(PanelNorth,BorderLayout.NORTH);
25.          this.add(PanelSouth,BorderLayout.SOUTH);
26.          this.add(PanelCenter,BorderLayout.CENTER);
27.          this.setSize(300,300);
28.          this.setLocation(300,200);
29.          this.setVisible(true);
30.          this.setDefaultCloseOperation(JFrame.EXIT_ON_CLOSE);
31.          cb=Toolkit.getDefaultToolkit().getSystemClipboard();
32.      }
33.      public class MyListener1 implements ActionListener{
34.          public void actionPerformed(ActionEvent e)
35.          {
36.              board=taArea.getSelectedText();
37.              cb.setContents(new StringSelection(board),null);
38.          }
39.      }
40.      public class MyListener2 implements ActionListener{
41.          public void actionPerformed(ActionEvent e)
42.          {
43.              try{
44.                  taArea.setForeground(Color.BLACK);
45.                  Transferable content=cb.getContents(null);
46.                  String st=(String)content.getTransferData(DataFlavor.
47.      stringFlavor);
48.          taArea.replaceRange(st,taArea.getSelectionStart(),taArea.
49.      getSelectionEnd());
50.              }catch(Exception ex)
51.              {}
52.          }
53.      }
54.      public static void main(String[] args)throws Exception
55.      {
56.          new TxtEditor1();
57.      }
58. }
```

　　分析：在方案一中，分别针对"复制"按钮和"粘贴"按钮编写了两个不同的事件监听器
类 MyListener1 和 MyListener2，并分别为两个按钮注册两个事件监听器。这样，当单击某
个按钮时就会响应相应的事件并调用相应的事件处理程序，实现案例要求实现的效果。

　　解决方案二：多事件源一个监听器，使用 getSource()方法。

　　完整程序代码：

```
1.  import java.awt.*;
2.  import java.awt.event.*;
3.  import javax.swing.*;
```

```
4.    import java.awt.datatransfer.*;
5.    public class TxtEditor2 extends JFrame
6.    {
7.       TextArea taArea;
8.       String board=null;
9.       private Clipboard cb;
10.      JPanel PanelNorth,PanelSouth,PanelCenter;
11.      JButton btnCopy,btnPaste;
12.      JLabel lblTitle;
13.      public TxtEditor2() {
14.          super("简易文本编辑器");
15.          PanelNorth=new JPanel(); PanelSouth = new JPanel(); PanelCenter = new
             JPanel();
16.          btnCopy=new JButton("复制");btnPaste=new JButton("粘贴");
17.          taArea=new TextArea();lblTitle=new JLabel("简易文本编辑器");
18.          btnCopy.addActionListener(new MyListener());
19.          btnPaste.addActionListener(new MyListener());
20.          PanelNorth.add(lblTitle);
21.          PanelSouth.add(btnCopy);PanelSouth.add(btnPaste);
22.          PanelCenter.add(taArea);
23.          this.add(PanelNorth,BorderLayout.NORTH);
24.          this.add(PanelSouth,BorderLayout.SOUTH);
25.          this.add(PanelCenter,BorderLayout.CENTER);
26.          this.setSize(300,300);
27.          this.setLocation(300,200);
28.          this.setVisible(true);
29.          this.setDefaultCloseOperation(JFrame.EXIT_ON_CLOSE);
30.          cb=Toolkit.getDefaultToolkit().getSystemClipboard();
31.      }
32.      public class MyListener implements ActionListener{
33.          public void actionPerformed(ActionEvent e)
34.          {
35.              if(e.getSource()==btnCopy){
36.                  board=taArea.getSelectedText();
37.                  cb.setContents(new StringSelection(board),null);
38.              }
39.              if(e.getSource()==btnPaste){
40.                  try{
41.                      taArea.setForeground(Color.BLACK);
42.                      Transferable content=cb.getContents(null);
43.          String st=(String)content.getTransferData(DataFlavor.stringFlavor);
44.                      taArea.replaceRange(st,taArea.getSelectionStart(),
45.                      taArea.getSelectionEnd());
46.                  }catch(Exception ex)
47.                  {}
48.              }
49.          }
50.      }
51.      public static void main(String[] args)throws Exception
52.      {
53.          new TxtEditor2();
54.      }
55. }
```

这里引入了一个方法 public Object getSource( )，该方法是 ActionEvent 继承自

EventObject 的方法,用于判断最初发生 Event 的对象是谁。

　　在方案二中只编写了一个事件监听器类 MyListener,并为两个按钮注册相同的事件监听器,然后通过 getSource()方法判断哪个事件源被触发了单击事件,并根据判断结果执行相应的事件处理程序。

　　通过以上的讲解,大家可以思考案例"简易文本编辑器"中剪切、删除、全选按钮功能的实现方法。

4. 事件适配器

【例 7-6】 实现当鼠标指针进入窗体时文本框变成黄色。

　　按照图形用户界面程序的设计步骤,可以编写以下程序实现本案例所要求的效果。本程序中需要编写继承鼠标监听器接口 MouseListener 的监听器类并实现该接口中的所有方法。

　　完整程序代码:

```
1.  import javax.swing.*;
2.  import java.awt.*;
3.  import java.awt.event.*;
4.  public class MouseAd extends JFrame {
5.  Container content;
6.  JTextField jtf;
7.  public MouseAd(){
8.     content=getContentPane();
9.     jtf=new JTextField("这是一个文本区域",15);
10.    content.setLayout(new FlowLayout());
11.    content.addMouseListener(new Mo());
12.    content.add(jtf);
13.    setTitle("鼠标适配器测试");
14.    setSize(200,200);
15.    setVisible(true);
16. }
17. public class Mo implements MouseListener{
18.    public void mouseEntered(MouseEvent e){
19.        jtf.setBackground(Color.YELLOW);
20.    }
21.    public void mouseClicked(MouseEvent e){}
22.    public void mouseReleased(MouseEvent e){}
23.    public void mouseExited(MouseEvent e){}
24.    public void mousePressed(MouseEvent e){}
25. }
26. public static void main(String args[]){
27.    new MouseAd();
28.    }
29. }
```

　　程序运行结果如图 7.9 所示。

　　观察程序完整代码,会发现按照效果要求能够得到实际应用的只有鼠标进入某区域的方法 mouseEntered(MouseEvent e),但我们必须实现所有的方法,这显然增加了不必要的程序编写量。针对这种现象,在 Java 中提供了适配器代替监听器

图 7.9　例 7-6 的运行结果

接口来实现事件处理功能。

  Java 语言为一些 Listener 接口提供了适配器（Adapter）类。在 Java 中提供了大部分监听器接口的适配器类，其目的是简化事件监听器类的编写，监听器适配器类是对事件监听器接口的简单实现（方法体为空），这样用户就可以把自己的监听器类声明为适配器类的子类，从而可以不管其他方法，只需重写需要的方法。但由于 Java 的单一继承机制，当需要多种监听器或者此类有父类时，就无法采用适配器了。适配器是一个 Java 类，使用适配器可以简化事件处理的代码。一般情况下，如果监听器接口存在两个或者两个以上的方法，就会有相应的适配器类，对应于监听器接口 XXXListener 的适配器接口的类名为 XXXAdapter。

实现方法：

```
public class MouseClickHandler extends MouseAdapter{
    public void mouseClicked(MouseEvent e){
        //事件处理代码
        ...
    }
}
```

综上所述，可以将例 7-6 的程序代码改写为利用适配器实现的形式，完整代码如下：

```
1.  import javax.swing.*;
2.  import java.awt.*;
3.  import java.awt.event.*;
4.  public class TxtEditor extends JFrame
5.  {
6.     Container content;
7.     JTextField jtf;
8.     public TxtEditor(){
9.         content=getContentPane();
10.        jtf=new JTextField("这是一个文本区域",15);
11.        content.setLayout(new FlowLayout());
12.        content.addMouseListener(new Mo());
13.        content.add(jtf);
14.        setTitle("鼠标适配器测试");
15.        setSize(200,200);
16.        setVisible(true);
17.    }
18.    class Mo extends MouseAdapter{                      //继承适配器 MouseAdapter
19.        public void mouseEntered(MouseEvent e){         //重写 mouseEntered 方法
20.            jtf.setBackground(Color.red);
21.        }
22.    }
23.    public static void main(String args[])
24.    {
25.    new TxtEditor();
26.    }
27. }
```

7.3　Swing 常用组件

  根据前面学习的内容可知，组件分为容器组件和非容器组件，非容器组件中的常用组件有按钮、标签、单选按钮、复选框、文本框、文本域、树、计时器以及对话框等,接下来逐一介绍这些常用组件的使用。

7.3.1　按钮和标签

1. 按钮

对于按钮(JButton)在前面已经使用过,它的常用构造方法如表 7.1 所示,常用的实例方法如表 7.2 所示。

表 7.1　**JButton** 的构造方法

构 造 方 法	概　　述
JButton()	创建不带设置文本或图标的按钮
JButton(Icon icon)	创建一个带图标的按钮
JButton(String text)	创建一个带文本的按钮
JButton(String text,Icon icon)	创建一个带初始文本和图标的按钮

表 7.2　**JButton** 的常用实例方法

实 例 方 法	概　　述
public void setText(String text)	重置当前按钮的名字
public String getText()	获取当前按钮上的名字
public void setIcon(Icon icon)	重新设置当前按钮上的图标

图标是固定大小的图像,通常很小,用于点缀组件。图标可以通过 ImageIcon 类从图像文件中获得。下面的代码段为从文件 temp.gif 中加载图标来创建一个 JButton 按钮。

```
ImageIcon icon=new ImageIcon("temp.gif");
JButton button=new JButton("Icon",icon);
```

2. 标签

标签(JLabel)通常用于标识另外一个组件的含义。一般在标签上显示文字、图像或文字和图像的组合。标签是不可交互的,不能响应任何输入事件,因此,标签不能获取键盘的焦点。JLabel 的常用构造方法如表 7.3 所示,常用的实例方法如表 7.4 所示。

表 7.3　**JLabel** 的构造方法

构 造 方 法	概　　述
JLabel()	创建不带设置文本或图标的标签
JLabel(Icon icon)	创建一个带图标的标签
JLabel(String text)	创建一个带文本的标签
JLabel(String text,Icon icon,int horizontalAlignment)	创建一个带初始文本和图标的标签

表 7.4　JLabel 的常用实例方法

实 例 方 法	概　　　述
public void setText(String text)	重置当前标签上显示的文本
public String getText()	获取当前标签上显示的文本
public void setIcon(Icon icon)	重新设置当前标签上的图标

对于按钮和标签的使用在例 7-4 和例 7-5 中已经详细讲解，这里不再赘述。

7.3.2　单选按钮和复选框

1. 单选按钮

单选按钮（JRadioButton）通常成组（ButtonGroup）使用，即若干单选按钮构成一组，并且每次只能有一个按钮被选中，适用于从多个备选选项中选择一项的场合（如图 7.10 所示）。从完成的功能来看，其类似于不可编辑的组合框。

当备选选项内容较少时，既可以使用单选按钮，也可以使用组合框。但是当备选选项内容较多时，使用单选按钮就不合适了，因为要占据太多的画面显示空间。

在实际使用时，首先生成一组单选按钮，例如：

```
JRadioButton radMSSQL=new JRadioButton("MS SQL Server");
JRadioButton radOracle=new JRadioButton("ORACLE Server");
JRadioButton radMySQL=new JRadioButton("MySQL Server");
```

然后生成一个按钮组（ButtonGroup）对象，并将这些单选按钮添加到其中：

```
ButtonGroup group=new ButtonGroup();
group.add(radMSSQL);
group.add(radOracle);
group.add(radMySQL);
```

当对一组单选按钮进行布局时，是对该组中的每个按钮进行布局，而不是对按钮组对象布局。按钮组对象只是用来控制这一组按钮的行为，即每次仅有一个按钮能被选中。

和其他类型的按钮一样，单击一个单选按钮时，同样会生成动作事件（ActionEvent）。在例 7-7 中使用了 3 个单选按钮构成一个按钮组，这 3 个单选按钮分别指示不同的文字大小。当用户单击单选按钮时，会将文本框中的文字设置成相应大小。

下面介绍两个重要的方法。

（1）setSelected(boolean b)：设置按钮的状态，当 b＝true 时，设置按钮为被选中状态；当 b＝false 时，设置按钮未被选中。

（2）isSelected()：获得按钮的状态，若当前按钮被选中，则返回 true，否则返回 false。

【例 7-7】　为"简易文本编辑器"添加设置文字大小的功能，分别设置字号为 10、20、30。

例 7-7 要实现分别设置 10 号、20 号、30 号大小文字的功能，备选项只有 3 项，在同一时刻某段文字只能设置一种字号大小，适合用单选按钮实现。

完整程序代码：

```
1.  import java.awt.*;
2.  import java.awt.event.*;
3.  import javax.swing.*;
```

```
4.   import java.awt.datatransfer.*;
5.   public class TxtEditor2 extends JFrame
6.   {
7.      TextArea taArea;
8.      String name=null;
9.      String board=null;
10.     private Clipboard cb;
11.     JPanel PanelNorth,PanelCenter,PanelSouth;
12.     JRadioButton jrbFontSize10,jrbFontSize20,jrbFontSize30;
13.     ButtonGroup jbgFontSize;
14.     JLabel lblTitle;
15.     public TxtEditor2() throws Exception{
16.        super("简易文本编辑器");
17.        Toolkit kit=Toolkit.getDefaultToolkit();
18.        PanelNorth=new JPanel();PanelCenter=new JPanel();
19.        PanelSouth=new JPanel();
20.        jrbFontSize10=new JRadioButton("10",true);
21.        jrbFontSize20=new JRadioButton("20");
22.       jrbFontSize30=new JRadioButton("30");
23.        taArea=new TextArea();          jbgFontSize=new ButtonGroup();
24.        lblTitle=new JLabel("简易文本编辑器");
25.         jbgFontSize.add(jrbFontSize10);jbgFontSize.add(jrbFontSize20);
26.        jbgFontSize.add(jrbFontSize30);
27.        PanelNorth.add(lblTitle);PanelCenter.add(taArea);
28.        PanelSouth.add(jrbFontSize10);PanelSouth.add(jrbFontSize20);
29.        PanelSouth.add(jrbFontSize30);
30.        this.add(PanelNorth,BorderLayout.NORTH);
31.        this.add(PanelCenter,BorderLayout.CENTER);
32.        this.add(PanelSouth,BorderLayout.SOUTH);
33.        this.setSize(800,300);
34.        this.setLocation(300,200);
35.        this.setVisible(true);
36.        this.setDefaultCloseOperation(JFrame.EXIT_ON_CLOSE);
37.        jrbFontSize10.addActionListener(new ActionListener()     //10 号字体
38.        {
39.           public void actionPerformed(ActionEvent e)
40.           {
41.              Font oldFont=taArea.getFont();
42.           Font newFont=new Font(oldFont.getFontName(),oldFont.getStyle(),
              10);
43.              taArea.setFont(newFont);
44.           }
45.        });
46.        jrbFontSize20.addActionListener(new ActionListener()     //20 号字体
47.        {
48.           public void actionPerformed(ActionEvent e)
49.           {
50.              Font oldFont=taArea.getFont();
51.           Font newFont=new Font(oldFont.getFontName(),oldFont.getStyle(),
              20);
52.              taArea.setFont(newFont);
53.           }
54.        });
55.        jrbFontSize30.addActionListener(new ActionListener()     //30 号字体
```

```
56.          {
57.              public void actionPerformed(ActionEvent e)
58.              {
59.                  Font oldFont=taArea.getFont();
60.              Font newFont=new Font(oldFont.getFontName(),oldFont.getStyle(),
                    30);
61.                  taArea.setFont(newFont);
62.              }
63.          });
64.      }
65.      public static void main(String[] args)throws Exception
66.      {
67.          new TxtEditor2();
68.      }
69. }
```

例 7-7 程序的运行结果如图 7.10 所示。

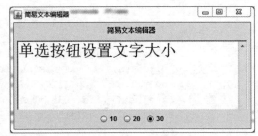

图 7.10　通过单选按钮设置文字大小

2. 复选框

前面所讲的单选按钮均只能从备选选项中选择一项，即各个选项之间是互斥的。当需要从备选选项中选择不止一项时，可以使用复选框（JCheckBox）。复选框是一种二状态的GUI 组件：重复单击同一个复选框，会在选中和未选中这两种状态之间进行切换。在一组复选框中可以同时有多个复选框被选中。

下面这条语句生成一个复选框对象，其中的字符串参数用于表示该复选框的含义：

```
JCheckBox chkOperation=new JCheckBox("清空操作记录");
```

【例 7-8】　为"简易文本编辑器"添加设置文字字型的功能，分别设置为粗体和斜体。
完整程序代码：

```
1.  import java.awt.*;
2.  import java.awt.event.*;
3.  import javax.swing.*;
4.  import java.awt.datatransfer.*;
5.  public class TxtEditor3 extends JFrame
6.  {
7.      TextArea taArea;
8.      String name=null;
9.      String board=null;
10.     private Clipboard cb;
11.     JPanel PanelNorth,PanelCenter,PanelSouth;
12.     JCheckBox jcbBold,jcbItalic;
13.     JLabel lblTitle;
```

```
14.     public TxtEditor3() throws Exception{
15.        super("简易文本编辑器");Toolkit kit=Toolkit.getDefaultToolkit();
16.        PanelNorth=new JPanel();PanelCenter=new JPanel();
17.        PanelSouth=new JPanel();jcbBold=new JCheckBox("粗体",false);
18.        jcbItalic=new JCheckBox("斜体",false);
19.        taArea=new TextArea();lblTitle=new JLabel("简易文本编辑器");
20.        PanelNorth.add(lblTitle);PanelCenter.add(taArea);
21.        PanelSouth.add(jcbBold);PanelSouth.add(jcbItalic);
22.        this.add(PanelNorth,BorderLayout.NORTH);
23.        this.add(PanelCenter,BorderLayout.CENTER);
24.        this.add(PanelSouth,BorderLayout.SOUTH);
25.       jcbBold.addItemListener(new MyListenerjcbBold());
26.        jcbItalic.addItemListener(new MyListenerjcbItalic());
27.        this.setSize(800,300);
28.        this.setLocation(300,200);
29.        this.setVisible(true);
30.        this.setDefaultCloseOperation(JFrame.EXIT_ON_CLOSE);
31.     }
32.     public class MyListenerjcbBold implements ItemListener{
33.        public void itemStateChanged(ItemEvent e)
34.        {
35.            Font oldFont=taArea.getFont();
36.            int style=oldFont.getStyle();
37.            if(jcbBold.isSelected()){
38.                style+=Font.BOLD;
39.                }
40.            else
41.                {
42.                style-=Font.BOLD;
43.                }
44.            Font newFont=new Font(oldFont.getFontName(),style,oldFont.getSize());
45.            taArea.setFont(newFont);
46.        }
47.     }
48.     public class MyListenerjcbItalic implements ItemListener{
49.        public void itemStateChanged(ItemEvent e){
50.            Font oldFont=taArea.getFont();
51.            int style=oldFont.getStyle();
52.            if(jcbItalic.isSelected()){
53.                style+=Font.ITALIC;
54.                }
55.            else
56.                {
57.                style-=Font.ITALIC;
58.                }
59.            Font newFont=new Font(oldFont.getFontName(),style,oldFont.getSize());
60.            taArea.setFont(newFont);
61.        }
62.     }
63.     public static void main(String[] args)throws Exception
64.     {
65.        new TxtEditor3();
66.     }
67. }
```

程序的执行结果如图 7.11 所示。

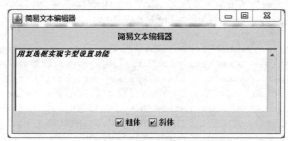

图 7.11　通过复选框设置文字字型

要判断一个复选框是否被选中,使用方法 isSelected()。如果返回值是 true,表示选中;若返回值为 false,表示未选中。用户还可以使用 setSelected(boolean aValue)方法设定复选框是否被选中,当参数 aValue 为 true(false)时设定为选中(未选中)。

同样,单击一个复选框会生成一个动作事件。

单击复选框也会生成一个 ItemEvent 事件,任何实现了 ItemListener 接口的类所生成的对象均可以作为 ItemEvent 事件的监听器,ItemListener 接口中唯一的方法是 public void itemStateChanged(ItemEvent e)。

ItemListener 与 ActionListener 的区别如下。

ActionListener 是所有监听器的父类,其他监听器可以监听的事件都可以被它捕获。

ItemListener 用于捕获带有 item 的组件产生的事件,例如 ComboBox、CheckBox、RadioButton、ToggleButton,接口中定义的 itemStateChanged(ItemEvent e)将执行需要在已选定(或已取消选定)项时发生的操作。

所以,在本案例中也可以使用 ActionListener 接口,但更精确的是使用 ItemListener 接口。

现在,大家可以尝试将例 7-8 改为使用 ActionListener 接口实现。

7.3.3　文本框和文本区

1. 文本框

用文本框(JTextField)创建的一个对象就是一个文本框,用户可以在文本框输入单行的文本。文本框的主要构造方法如下。

(1) public JTextField(int x):如果使用这个构造方法创建文本框对象,文本框的可见字符个数由参数 x 指定。

(2) public JTextField(String s):如果使用这个构造方法创建文本框对象,则文本框的初始字符串为 s。

文本框常用的实例方法如下。

(1) public void setText(String s):文本框对象调用该方法可以设置文本框中的文本为参数 s 指定的文本。

(2) public String getText():文本框对象调用该方法可以获取文本框中的文本。

(3) public void setEditable(boolean b):文本框对象调用该方法可以指定文本框的可编辑性。

下面通过一个实例来了解文本框的基本应用。

【例 7-9】 求任意两个数的和。

完整程序代码：

```
1.   import javax.swing.*;
2.   import java.awt.*;
3.   import java.awt.event.*;
4.   public  class AddDemo
5.   {
6.    JFrame frame;
7.    JLabel b1,b2;
8.    JTextField t1,t2,t3;
9.    JButton bt;
10.   public AddDemo()
11.    {
12.      frame=new JFrame("加法计算器");
13.      b1=new JLabel("加数 1: ",JLabel.CENTER);
14.      b2=new JLabel("加数 2: ",JLabel.CENTER);
15.      b1.setBorder(BorderFactory.createEtchedBorder());    //设定标签带边框
16.      b2.setBorder(BorderFactory.createEtchedBorder());
17.      t1=new JTextField(6);
18.      t2=new JTextField(6);
19.      t3=new JTextField(6);
20.      t3.setEditable(false);                  //设置记录和的文本框不可编辑
21.      bt=new JButton("求和");
22.      frame.setLayout(new GridLayout(3,2));
23.      frame.add(b1);
24.      frame.add(t1);
25.      frame.add(b2);
26.      frame.add(t2);
27.      frame.add(bt);
28.      frame.add(t3);
29.      bt.addActionListener(new MyListener());           //为 bt 注册事件监听器
30.      frame.setSize(200,160);
31.      frame.setVisible(true);
32.      frame.setDefaultCloseOperation(JFrame.EXIT_ON_CLOSE);
33.    }
34.    public static void main(String arg[])
35.    {
36.       new AddDemo();
37.    }
38.    public class MyListener implements ActionListener{
39.     public void actionPerformed(ActionEvent e)         //实现接口中的抽象方法
40.     {
41.      t3.setText(""+(Integer.parseInt(t1.getText())+Integer.parseInt(t2
     .getText()))));
42.     }
43.    }
44. }
```

程序的执行结果如图 7.12 所示。

b1.setBorder(BorderFactory.createEtchedBorder())设定
标签的边框样式。类 BorderFactory 在 javax.swing 包中,提供

图 7.12 文本框使用示例

标准 Border 对象的工厂类。在任何可能的地方，此工厂类都将提供对已共享 Border 实例的引用。此工厂类可提供 9 类 23 种边框样式。

使用文本框对象的 getText()方法可以取得文本框中的文本内容，返回值为字符串类型。本例中使用该方法获取两个文本框中的文本。

Integer.parseInt(t1.getText())用于将字符串类型数据转换为整型数据，以便求和。

setEditable(boolean aValue)方法设置文本框是否可编辑。由于最终求得的和是不能够被随意编辑的，所以设置显示结果的文本框不可编辑。

2. 文本域

JTextField 只能输入一行文本，如果想让用户输入多行文本，可以使用文本域（JTextArea），它允许用户输入多行文本。文本域常用的构造方法如下。

（1）public JTextArea()：创建一个空的文本域。

例如：JTextArea txtArea=new JTextArea();

（2）JTextArea(int rows,int columns)：创建一个指定行数和列数的文本域。

例如：JTextArea txtArea=new JTextArea(10,30);

需要注意的是，和文本框一样，不能依赖行列这两个参数来设定文本域的大小。

（3）JTextArea(String s,int rows,int columns)：创建一个指定文本、行数和列数的文本域。

【例 7-10】 "简易文本编辑器"全选功能的实现。

完整程序代码：

```
1.  import java.awt.*;
2.  import java.awt.event.*;
3.  import javax.swing.*;
4.  public class TxtEditor4 extends JFrame
5.  {
6.      JTextArea taArea;
7.      JScrollPane scroll;
8.      JPanel PanelNorth,PanelSouth,PanelCenter;
9.      JButton btnSelectAll;
10.     JLabel lblTitle;
11.     public TxtEditor4() {
12.         super("简易文本编辑器");
13.         PanelNorth=new JPanel();PanelSouth = new JPanel();PanelCenter = new
            JPanel();
14.         btnSelectAll=new JButton("全选");
15.         taArea=new JTextArea(5,20);taArea.setFont(new Font("黑体",Font.BOLD,
            15));
16.         scroll=new JScrollPane(taArea);
17.         scroll. setHorizontalScrollBarPolicy (JScrollPane. HORIZONTAL _ SCROLLBAR _
            ALWAYS);
18.         scroll.setVerticalScrollBarPolicy(JScrollPane.VERTICAL_SCROLLBAR_ALWAYS);
19.         lblTitle=new JLabel("简易文本编辑器");
20.         btnSelectAll.addActionListener(new MyListener());
21.         PanelNorth.add(lblTitle);
22.         PanelSouth.add(btnSelectAll);
23.         PanelCenter.add(scroll);
24.         this.add(PanelNorth,BorderLayout.NORTH);
```

```
25.         this.add(PanelSouth,BorderLayout.SOUTH);
26.         this.add(PanelCenter,BorderLayout.CENTER);
27.         this.setSize(350,230);
28.         this.setLocation(300,200);
29.         this.setVisible(true);
30.         this.setDefaultCloseOperation(JFrame.EXIT_ON_CLOSE);
31.     }
32.     public class MyListener implements ActionListener{
33.         public void actionPerformed(ActionEvent e)
34.         {
35.             taArea.setSelectionStart(0);
36.             taArea.setSelectionEnd(taArea.getText().length());
37.             taArea.setForeground(Color.BLUE);
38.         }
39.     }
40.     public static void main(String[] args)throws Exception
41.     {
42.         new TxtEditor4();
43.     }
44. }
```

程序的运行结果如图 7.13 所示。

图 7.13 "简易文本编辑器"的文本全选效果

本例实现了"简易文本编辑器"的文本全选效果,主要使用了 JTextArea 以下实例方法。

(1) public void setSelectionStart(int position):设置要选中文本的起始位置。

(2) public void setSelectionEnd(int position):设置要选中文本的终止位置。

(3) public String getText():获取文本域的内容。

(4) public void setForeground(Color color):设置文本域的前景色。

在本例中,文本域设置了垂直和水平滚动条,给文本域加上滚动条非常简单,只需要将文本域作为参数创建一个滚动窗格(JScrollPane)即可(不仅仅是文本域,很多其他组件需要增加滚动条时,也是将组件添加到滚动窗格中):

```
JFrame f=new JFrame();
JTextArea t=new JTextArea();
JScrollPane scroll=new JScrollPane(t);
f.getContentPane().add(scroll);
```

其中,滚动窗格提供了以下方法用于设定水平或垂直滚动条的显示策略:

```
setHorizontalScrollBarPolicy(int policy)
setVerticalScrollBarPolicy(int policy)
```

参数 policy 可以取以下值（3 种策略）：

```
JScrollPane.VERTICAL_SCROLLBAR_AS_NEEDED          //根据需要显示
JScrollPane.VERTICAL_SCROLLBAR_NEVER              //从不显示
JScrollPane.VERTICAL_SCROLLBAR_ALWAYS             //一直显示
```

文本域的其他常用实例方法如下。

（1）public void append(String s)：在文本域尾部追加文本内容 s。

（2）public void insert(String s,int position)：在文本域位置的 position 处插入文本 s。

（3）public void setText(String s)：设置文本域中的内容为文本 s。

（4）public String getSelectedText()：获取文本域中选中的内容。

（5）public void replaceRange(String s,int start,int end)：把文本域中从 start 位置开始到 end 位置的文本用 s 替换。

（6）setLineWrap(boolean)：设定文本域是否自动换行。

（7）public int getCaretPosition()：获得文本域中光标的位置。

（8）public int getSelectionStart()：获取选中文本的起始位置。

（9）public int getSelectionEnd()：获取选中文本的终止位置。

（10）public void selectAll()：选中文本区的全部文本。

7.4　本章小结

（1）JFrame：指主窗口，它和 JDialog 的地位并列。但是一个 JFrame 可以添加 JDialog 到它的内容面板，反过来不行。

（2）JPanel：指一个面板，一般用作控制组件的布局。

（3）JButton：按钮组件，即单击产生事件的组件，一般是用户用于单击产生一个任务或者操作的。

（4）JLabel：是一个标签，在它的文本里嵌入 html 标签可以简单地实现一个超链接组件。

（5）JRadioButton：单选按钮，单选按钮要用到 ButtonGroup。添加到同一个 ButtonGroup 的单选按钮表示在它们之间只可以选其一，不同 ButtonGroup 里的单选按钮相互之间的选择不受影响。

（6）JCheckBox：复选框，JCheckBox 其实就是一个选择框，可以选中或者取消选中，然后确定其对应的操作，类似多选题的选项，一组 JCheckBox 对象是可以选中多个的。

（7）JTextField：一个文本框，JTextField 是一个轻量级组件，它允许用户编辑单行文本。

（8）JTextArea：是一个显示纯文本的多行区域，轻量级组件，与文本框不同的是它是多行的。

7.5　习题

1. 对例 7-4 进行改进，当用户单击"确定"按钮时，标签里的文字由"这是标签"变成"天天好心情!";单击"取消"按钮时,标签里的文字变回"这是标签",最终效果如图 7.14 所示。

 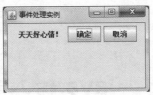 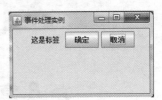

图 7.14　最终效果

2. 实现"简易文本编辑器"中剪切、删除、全选按钮的功能。

第 7 章 资源包

第 7 章 习题解答

第8章 Java 输入和输出

主要内容：本章将详细介绍 I/O 流的有关概念和基本操作，重点讲述如何根据数据的类型选择相应的输入/输出流进行数据的读/写操作，以及如何通过 File 类对文件进行操作。

教学目标：了解流的概念、输入/输出流和文件的基本知识，掌握常用的字节流和字符流及其方法，掌握 File 类的使用。

8.1 案例：完善文本编辑器

【例 8-1】 完善文本编辑器。

在第 7 章中实现了一个简易的文本编辑器，其中包括对文字的简单操作。在这里将继续对其进行完善，增加文件的新建、打开、保存、另存为和退出功能，这些功能的实现用到的实际上就是输入/输出流的相关知识。首先来看完善后的简易文本编辑器的完整程序代码及界面效果（如图 8.1 所示）。

完整程序代码：

```
1.    import java.awt.*;
2.    import java.awt.event.*;
3.    import javax.swing.*;
4.    import java.io.*;
5.    import javax.swing.filechooser.*;
6.    import java.awt.datatransfer.*;
7.    public class TextEditor extends JFrame
8.    {
9.       JFrame frmAbout;
10.      TextArea taArea;
11.      String name=null;
12.      String board=null;
13.      private Clipboard cb;
14.    JPanel PanelNorth,PanelSouth,PanelWest,PanelEast,PanelCenter,
15.    PanelLeftFontSize,PanelLeftFontType;
16.    JButton btnCopy,btnPaste,btnCut,btnDelete,btnSelectAll,btnHelp;
17.    JRadioButton jrbFontSize10,jrbFontSize20,jrbFontSize30;
18.    JCheckBox jcbBold,jcbItalic;
19.    ButtonGroup jbgFontSize;
20.    JLabel lblTitle;
21.    JMenuBar menubar;
22.    JMenu menu;
23.    JMenuItem  itemNewFile,itemOpen,itemSave,itemSaveAnother,itemExit;
```

```
24.    public TextEditor() throws Exception{
25.        super("简易文本编辑器");
26.        Toolkit kit=Toolkit.getDefaultToolkit();
27.        PanelNorth=new JPanel();
28.        PanelSouth=new JPanel();
29.        PanelWest=new JPanel();
30.        PanelEast=new JPanel();
31.        PanelCenter=new JPanel();
32.        PanelLeftFontSize=new JPanel();
33.        PanelLeftFontType=new JPanel();
34.        btnCopy=new JButton("复制");
35.        btnPaste=new JButton("粘贴");
36.        btnCut=new JButton("剪切");
37.        btnDelete=new JButton("删除");
38.        btnSelectAll=new JButton("全选");
39.        btnHelp=new JButton("帮助");
40.        jrbFontSize10=new JRadioButton("10",true);
41.        jrbFontSize20=new JRadioButton("20");
42.        jrbFontSize30=new JRadioButton("30");
43.        jcbBold=new JCheckBox("粗体",false);
44.        jcbItalic=new JCheckBox("斜体",false);
45.        taArea=new TextArea();
46.        jbgFontSize=new ButtonGroup();
47.        lblTitle=new JLabel("简易文本编辑器");
48.        jbgFontSize.add(jrbFontSize10);
49.        jbgFontSize.add(jrbFontSize20);
50.        jbgFontSize.add(jrbFontSize30);
51.        PanelNorth.add(lblTitle);
52.        menubar=new JMenuBar();
53.        menu=new JMenu("文件");
54.        this.setJMenuBar(menubar);
55.        menubar.add(menu);
56.        itemNewFile=new JMenuItem("新建");
57.        itemOpen=new JMenuItem("打开");
58.        itemSave=new JMenuItem("保存");
59.        itemSaveAnother=new JMenuItem("另存为");
60.        itemExit=new JMenuItem("退出");
61.        menu.add(itemNewFile);
62.        menu.addSeparator();
63.        menu.add(itemOpen);
64.        menu.addSeparator();
65.        menu.add(itemSave);
66.        menu.addSeparator();
67.        menu.add(itemSaveAnother);
68.        menu.addSeparator();
69.        menu.add(itemExit);
70.        PanelSouth.add(btnCopy);
71.        PanelSouth.add(btnPaste);
72.        PanelSouth.add(btnCut);
73.        PanelSouth.add(btnDelete);
74.        PanelSouth.add(btnSelectAll);
75.        PanelSouth.add(btnHelp);
76.        PanelWest.setLayout(new GridLayout(6,1));
77.        PanelLeftFontSize.add(jrbFontSize10);
```

```
78.        PanelLeftFontSize.add(jrbFontSize20);
79.        PanelLeftFontSize.add(jrbFontSize30);
80.        PanelLeftFontType.add(jcbBold);
81.        PanelLeftFontType.add(jcbItalic);
82.        PanelWest.add(PanelLeftFontSize);
83.        PanelWest.add(PanelLeftFontType);
84.        PanelCenter.add(taArea);
85.        this.add(PanelNorth,BorderLayout.NORTH);
86.        this.add(PanelSouth,BorderLayout.SOUTH);
87.        this.add(PanelWest,BorderLayout.WEST);
88.        this.add(PanelEast,BorderLayout.EAST);
89.        this.add(PanelCenter,BorderLayout.CENTER);
90.        this.setSize(800,310);
91.        this.setLocation(300,200);
92.        this.setVisible(true);
93.        this.setDefaultCloseOperation(JFrame.EXIT_ON_CLOSE);
94.        itemSave.addActionListener(new ActionListener()
95.            {
96.                public void actionPerformed(ActionEvent e)
97.                {
98.                    try{
99.                        saveText();
100.                   }catch(Exception ex)
101.                   {
102.                   }
103.               }
104.           });
105.       itemOpen.addActionListener(new ActionListener()
106.           {
107.               public void actionPerformed(ActionEvent e)
108.               {
109.                   try{
110.                       openText();
111.                   }catch(Exception ex)
112.                   {
113.                    }
114.               }
115.           });
116.       itemNewFile.addActionListener(new ActionListener()
117.           {
118.               public void actionPerformed(ActionEvent e)
119.               {
120.                   try{
121.                       taArea.setText("");
122.                       name=null;
123.                   }catch(Exception ex)
124.                   {}
125.               }
126.           });
127.       itemSaveAnother.addActionListener(new ActionListener()
128.           {
129.               public void actionPerformed(ActionEvent e)
130.               {
131.                   anotherSaveText();
```

```
132.              }
133.          });
134.      itemExit.addActionListener(new ActionListener()
135.      {
136.          public void actionPerformed(ActionEvent e)
137.          {
138.              System.exit(0);
139.          }
140.      });
141.      cb=Toolkit.getDefaultToolkit().getSystemClipboard();
142.      btnCut.addActionListener(new ActionListener()          //剪切
143.      {
144.          public void actionPerformed(ActionEvent e)
145.          {
146.              board=taArea.getSelectedText();
147.              cb.setContents(new StringSelection(board),null);
148.              taArea.replaceRange("",taArea.getSelectionStart(),
                    taArea.getSelectionEnd());
149.          }
150.      });
151.      btnDelete.addActionListener(new ActionListener()          //删除
152.      {
153.          public void actionPerformed(ActionEvent e)
154.          {
155.              int result=JOptionPane.showConfirmDialog(null,
156.          "您确定要删除选定文本?","确认对话框",JOptionPane.YES_NO_OPTION);
157.              if(result==JOptionPane.OK_OPTION)
158.              {
159.              taArea.replaceRange("",taArea.getSelectionStart(),
160.                              taArea.getSelectionEnd());
161.              }
162.          }
163.      });
164.      btnCopy.addActionListener(new ActionListener()          //复制
165.      {
166.          public void actionPerformed(ActionEvent e)
167.          {
168.              board=taArea.getSelectedText();
169.              cb.setContents(new StringSelection(board),null);
170.          }
171.      });
172.      btnPaste.addActionListener(new ActionListener()          //粘贴
173.      {
174.          public void actionPerformed(ActionEvent e)
175.          {
176.              try{
177.              taArea.setForeground(Color.BLACK);
178.              Transferable content=cb.getContents(null);
179.              String st=(String)content.getTransferData(DataFlavor
                    .stringFlavor);
180.              taArea.replaceRange(st,taArea.getSelectionStart(),
181.                              taArea.getSelectionEnd());
182.              }catch(Exception ex)
183.              {}
```

```
184.                 }
185.           });
186.        btnSelectAll.addActionListener(new ActionListener()    //全选
187.        {
188.            public void actionPerformed(ActionEvent e)
189.            {
190.                taArea.setSelectionStart(0);
191.                taArea.setSelectionEnd(taArea.getText().length());
192.                taArea.setForeground(Color.BLUE);
193.            }
194.        });
195.        jrbFontSize10.addActionListener(new ActionListener()   //10号字体
196.        {
197.            public void actionPerformed(ActionEvent e)
198.            {
199.                Font oldFont=taArea.getFont();
200.                Font newFont=new Font(oldFont.getFontName(),oldFont.getStyle(),10);
201.                taArea.setFont(newFont);
202.            }
203.        });
204.        jrbFontSize20.addActionListener(new ActionListener()   //20号字体
205.        {
206.            public void actionPerformed(ActionEvent e)
207.            {
208.                Font oldFont=taArea.getFont();
209.                Font newFont=new Font(oldFont.getFontName(),oldFont.getStyle(),
                    20);
210.                taArea.setFont(newFont);
211.            }
212.        });
213.        jrbFontSize30.addActionListener(new ActionListener()   //30号字体
214.        {
215.            public void actionPerformed(ActionEvent e)
216.            {
217.                Font oldFont=taArea.getFont();
218.                 Font newFont=new Font(oldFont.getFontName(),oldFont.getStyle(),
                    30);
219.                taArea.setFont(newFont);
220.            }
221.        });
222.        jcbBold.addActionListener(new ActionListener()          //粗体
223.        {
224.            public void actionPerformed(ActionEvent e)
225.            {
226.                Font oldFont=taArea.getFont();
227.                Font newFont=new Font(oldFont.getFontName(),
228.                oldFont.getStyle()+Font.BOLD,oldFont.getSize());
229.                taArea.setFont(newFont);
230.            }
231.        });
232.        jcbItalic.addActionListener(new ActionListener()        //斜体
233.        {
234.            public void actionPerformed(ActionEvent e)
235.            {
```

```
236.                 Font oldFont=taArea.getFont();
237.                 Font newFont=new Font(oldFont.getFontName(),
238.                 oldFont.getStyle()+Font.ITALIC,oldFont.getSize());
239.                 taArea.setFont(newFont);
240.             }
241.         });
242.     btnHelp.addActionListener(new ActionListener()
243.     {
244.         public void actionPerformed(ActionEvent e)
245.         {
246.             frmAbout=new JFrame("关于");
247.             frmAbout.setSize(200,100);
248.             frmAbout.setLocation(400,300);
249.             JTextArea area1=new JTextArea("制作人：邹洪侠\n制作时间：2014.5.24");
250.             frmAbout.add(area1);
251.             frmAbout.setVisible(true);
252.         }
253.     });
254. }
255. public void openText()                                    //打开
256. {
257.     taArea.setText("");
258.     JFileChooser chooser=new JFileChooser();
259.     FileNameExtensionFilter filter=
260.         new FileNameExtensionFilter("Files","txt","java","doc");
261.     chooser.setFileFilter(filter);
262.     chooser.setCurrentDirectory(new File("."));
263.     int result=chooser.showOpenDialog(TextEditor.this);
264.     if(result==JFileChooser.APPROVE_OPTION)
265.     {
266.         name=chooser.getSelectedFile().getPath();
267.         setTitle(name);
268.         try{
269.         BufferedReader  in=new BufferedReader(new FileReader(name));
270.         String line=null;
271.         String datas="";
272.         while((line=in.readLine())!=null)
273.         {
274.             if(datas=="")
275.             {
276.                 datas=datas+line;
277.             }
278.             else
279.             {
280.                 datas=datas+"\n"+line;
281.             }
282.         }
283.         taArea.setText(datas);
284.         in.close();
285.         }catch(Exception ex)
286.         {
287.         }
```

```
288.          }
289.      }
290.    public void saveText()                                    //保存
291.    {
292.        if(name==null)
293.        {
294.            JFileChooser chooser=new JFileChooser();
295.            FileNameExtensionFilter filter=
296.            new FileNameExtensionFilter("Files","txt","java","doc");
297.            chooser.setFileFilter(filter);
298.            chooser.setCurrentDirectory(new File("."));
299.            int result=chooser.showSaveDialog(TextEditor.this);
300.            if(result==JFileChooser.APPROVE_OPTION)
301.            {
302.                name=chooser.getSelectedFile().getPath();
303.                try{
304.                OutputStream  out=new FileOutputStream(name);
305.                String datas=taArea.getText();
306.                out.write(datas.getBytes());
307.                out.close();
308.                }catch(Exception ex)
309.                {
310.                }
311.            }
312.        }
313.        else
314.        {
315.            try{
316.            OutputStream  out=new FileOutputStream(name);
317.            String datas=taArea.getText();
318.            out.write(datas.getBytes());
319.            out.close();
320.            }catch(Exception ex)
321.            {
322.            }
323.        }
324.    }
325.    public void anotherSaveText()                              //另存为
326.    {
327.        JFileChooser chooser=new JFileChooser();
328.        FileNameExtensionFilter filter=
329.        new FileNameExtensionFilter("Files","txt","java","doc");
330.        chooser.setFileFilter(filter);
331.        chooser.setCurrentDirectory(new File("."));
332.        int result=chooser.showSaveDialog(TextEditor.this);
333.        if(result==JFileChooser.APPROVE_OPTION)
334.        {
335.            name=chooser.getSelectedFile().getPath();
336.            try{
337.            OutputStream  out=new FileOutputStream(name);
338.            String datas=taArea.getText();
339.            out.write(datas.getBytes());
340.            out.close();
341.            }catch(Exception ex)
```

```
342.               {
343.               }
344.         }
345.   }
346.   public static void main(String[] args) throws Exception
347.   {
348.       new TextEditor();
349.   }
350. }
```

图 8.1　完善后的简易文本编辑器界面

8.2　文件操作

文件(File)类是文件和目录路径名的抽象表示。File 类主要用于获取文件本身的一些信息,例如文件所在的目录、文件长度、文件读/写权限等,不涉及对文件的读/写操作。在本节对 File 类进行介绍,为学习输入/输出流知识做铺垫。

8.2.1　File 类

在输入/输出操作中,最常见的操作是对文件的操作。java.io 包中提供了部分支持文件处理的类,包括 File、FileDescriptor、FileInputStream、FileOutputStream、RandomAccessFile 及接口 FilenameFilter。其中,最常用到的就是 File 类。

File 是"文件"的意思,但是,在大家熟悉了 File 类的应用之后会发现,更多的时候 File 是用于表示文件路径的,它提供了很多方法,可以对文件的属性进行操作,包括文件名、绝对路径、文件长度、是否可读/写等。

File 类是用于描述文件自身信息的,所以 File 提供了一些系统文件信息。静态变量 pathSeparator 和 pathSeparatorChar 都是用于描述与系统环境变量有关的分隔符(例如,在 Windows 系统中是分号";"),所不同的是,前者是一个字符串,后者是一个字符。静态变量 separator 和 separatorChar 都是用于描述与系统路径有关的分隔符(例如,在 Windows 系统中是反斜线"\")。

虽然在一定程度上可以把 File 类对象等同于一个文件,但是通过 File 类提供的方法,我们只能对文件本身的一些属性进行操作,至于与文件内容有关的操作,例如打开/关闭文件、读出/写入信息等,在 File 类中是没有定义的,这些操作只能通过后续章节中介绍的输入/输出流来完成。

8.2.2 File 类的方法

1. 文件的生成

File 类中提供了 3 种构造方法用来生成一个文件或目录。

（1）public File(String path)：path 可包含路径及文件名。

（2）public File(String path,String name)：path 代表路径,name 代表文件名。

（3）public File(File dir,String name)：dir 代表 File 类型的路径,name 代表文件名。

2. 创建文件

使用 File 对象的 createNewFile()方法可以创建文件名已经确定的文件,并且这种创建方法

比较方便,所以在实际应用中经常使用该方法创建文件。例 8-2 为使用 File 对象的 createNewFile()方法创建文件的示例程序,如果文件系统中不存在这样的文件,那么程序运行结果如图 8.2 所示。

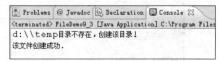

图 8.2　例 8-2 程序的运行结果

【例 8-2】　创建文件。

完整程序代码：

```
1.   import java.io.*;
2.   public class FileDemo9_3 {
3.   public static void main(String args[]){
4.      String filePath="d:\\\\temp\\evan.txt";
5.      File file=new File("d:\\\\temp");
6.      if(!file.exists()){
7.         System.out.println("d:\\\\temp 目录不存在,创建该目录!");
8.         file.mkdir();
9.      }
10.     file=new File(filePath);
11.     if(!file.exists()){
12.        try{
13.           if(file.createNewFile())
14.              System.out.println("该文件创建成功.");
15.        }catch(IOException e){      }
16.     }
17. }
18. }
```

3. 文件处理

（1）String getName()：得到一个文件的名称(不包括路径)。

（2）String getPath()：得到一个文件的路径名。

（3）String getAbsolutePath()：得到一个文件的绝对路径名。

（4）String getParent()：得到一个文件的上一级目录名。

（5）String renameTo(File newName)：重新命名当前文件。

（6）long lastModified()：得到文件最后一次被修改的时间的 long 型值,用与时间点"1970 年 1 月 1 日,00:00:00 GMT"之间的毫秒数表示;如果该文件不存在,或者发生了 I/O 错误,则返回 0L。

(7) long length()：得到文件的长度，以字节为单位。

(8) Boolean delete()：删除当前文件。

通过 File 类提供的方法可以很方便地对文件进行操作，这里以文件的重命名和删除为例。使用 renameTo(File dest)方法重命名文件，使用 delete()方法删除已经存在的文件。如果操作成功，则返回 true，如果操作失败，则返回 false。下面通过实例演示一个重命名以及删除重命名文件的过程，源代码如例 8-3 所示。

【例 8-3】 文件重命名及删除。

完整程序代码：

```
1.  i mport java.io.*;
2.  public class FileDemo9_4 {
3.  public static void main(String args[]){
4.    File file=new File("D:\\\\evan.txt");
5.    try{if(!file.exists())
6.        if(!file.createNewFile())
7.            return;}catch(IOException e){}
8.    System.out.println(file.getName());
9.    if(file.renameTo(new File("D:\\\\temp.txt")))
10.       System.out.println(file.getName()+" exists? "+file.exists());
11.   if(file.delete())
12.       System.out.println("删除成功");
13. }
14. }
```

在该实例中，首先判断文件是否存在，如果不存在，则创建新文件 evan.txt；文件创建成功后，将该文件重命名为 temp.txt；最后删除该文件。在首次运行该实例前，确保 D 盘下不存在 temp.txt 文件。连续运行两次实例程序，运行结果如图 8.3 所示。

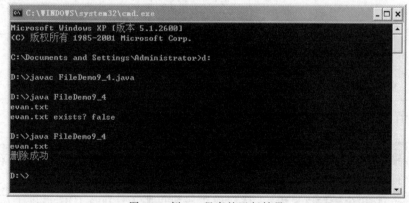

图 8.3 例 8-3 程序的运行结果

4. 文件属性测试

(1) boolean exists()：测试当前 File 对象所指示的文件是否存在。

(2) boolean canWrite()：测试当前文件是否可写。

(3) boolean canRead()：测试当前文件是否可读。

(4) boolean isFile()：测试当前文件是否为标准文件。

(5) boolean isDirectory()：测试当前文件是否为目录。

【例 8-4】 文件基本操作。

完整程序代码：

```
1.   import java.io.File;
2.   class TestFileMethods{
3.       public static void main(String args[]){
4.           File f=new File("test1.txt");                //创建文件对象
5.           System.out.println("exist?   "+f.exists());
6.           System.out.println("name: "+f.getName());
7.           System.out.println("path: "+f.getPath());
8.           System.out.println("absolutepath: "+f.getAbsolutePath());
9.           System.out.println("parent"+f.getParent());
10.          System.out.println("is a file?   "+f.isFile());
11.          System.out.println("is a directory?   "+f.isDirectory());
12.          System.out.println("length: "+f.length());
13.          System.out.println("can read? "+f.canRead());
14.          System.out.println("can write? "+f.canWrite());
15.          System.out.println("last modified: "+f.lastModified());
16.      }
17.  }
```

例 8-4 程序的运行结果如图 8.4 所示。

```
exist?  false
name: test1.txt
path: test1.txt
absolutepath: C:\Documents and Settings\Administrator\Workspaces\MyEclipse 9\IODemo\test1.txt
parentnull
is a file?  false
is a directory?  false
length: 0
can read? false
can write? false
last modified: 0
```

图 8.4　例 8-4 程序的运行结果

5. 目录操作

（1）boolean mkdir()：根据当前对象生成一个由该对象指定的路径。

（2）String list()：列出当前目录下的文件。

8.3　字节流

输入和输出处理是程序设计中非常重要的一部分，例如从键盘读取数据、从文件读取数据或者向文件写入数据、输出到标准输出设备等。Java 把这些不同类型的输入、输出源抽象为流（stream），用统一接口来表示，从而使程序简单明了。Java JDK 提供了用于处理流的专用包 java.io（包括一系列的类）来实现输入或输出处理。

那么，什么是流？

8.3.1　流概述

流是一个抽象的概念，是连续的单向数据流的一种抽象。I/O 流有数据源和数据接收者，流示意图如图 8.5 所示。

I/O 流提供一个通道程序，可以使用这个通道程序把数据源中的数据序列送到目的地，

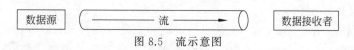

图 8.5　流示意图

即数据接收者。其中,向流中提供数据的对象是数据源,例如文件、内存、外围设备或网络设备等;从流中获得数据的一方称为数据接收者。

通过对底层原始流进行封装形成了 Java 中的字节流、字符流、对象流和其他流,在 Java 中,这些流都被当作对象来处理,流对象具有读/写数据或者其他功能。

本节介绍的字节流是 Java 流的一种,字节流以字节为单位进行数据处理,主要用来处理字节、整数和其他简单数据类型,采用 ASCII 编码方式。下面逐一介绍字节流的常用输入和输出类。

8.3.2　InputStream 和 OutputStream

在 Java 中,字节流由两个类层次结构定义。顶层是两个抽象类 InputStream 和 OutputStream,分别代表输入流和输出流。InputStream 包括了字节输入流通用方法,而 OutputStream 包括了字节输出流通用方法。每个抽象类都有多个具体的子类,这些子类用来处理不同的外部设备,例如磁盘、网络连接,甚至是内存缓冲区。

1. InputStream 类

程序可以从中连续读取字节的对象称为字节输入流。在 Java 中,用抽象类 java.io. InputStream 来描述所有字节输入流的抽象概念,它是所有字节输入流类型的父类,在该类中定义了以字节为单位读取数据的基本方法。

InputStream 类的方法如下。

(1) int read():从输入流中读取 1 字节的内容,并且把这个内容以整数的形式返回。如果碰到流的结束处,那么返回的值就是“-1”;如果流没有结束,但临时没有数据可读,那么 read()方法将阻塞运行程序的执行过程,直到流中有新的数据可读(流可以看作一个通道)。read()方法将读取的每个字节复制到 int 类型(int 类型占用 4 字节)中的最低字节,其他高字节的部分全部设置为零。

(2) int read(byte[] b):用于从输入流读取若干字节的内容到字节数组 b 中,最多读取的字节个数就是这个字节数组的长度。

(3) int read(byte[] b,int off,int len):每次读取 len 个字节长度,并放入到字节数组 b 中,并且是以角标为 off 的位置依次放入。实际上,读取的个数以返回值为准。

(4) long skip(long n):跳过输入流中的 n 字节,并返回实际跳过的字节数。这个方法主要用于包装流中,包装类中的流可以跳跃,一般的低层流不能跳跃。

(5) int available():返回当前输入流中可读的字节数,在使用时可以先用 available()方法判断流中是否有可读数据,再用 read()方法进行读取,这样可以防止程序发生阻塞(一般使用 read()方法直接读取)。

(6) void mark(int readlimit):在输入流中建立一个标记,readlimit 表示从建立标记的地方开始,最多还能读取多少字节的内容(用于包装类的方法)。

(7) void reset():与 mark()方法配合使用,用 mark()方法在 a 处做标记后再读取 b 字节长度并调用 reset()方法,当下次再读时就从 a 的地方开始读取(reset()方法是让指针回到以前做的标记处）。

（8）boolean markSupported（）：返回当前流对象是否支持 mark 和 reset 操作。

（9）void close（）：用于完成一个流的所有操作以后关闭这个流，释放与这个流相关的所有资源。

InputStream 是抽象类，在程序中实际使用的是 InputStream 的各种子类对象，不是所有的子类都会支持 InputStream 中定义的某些方法。例如，skip、mark、reset 在节点流中不适用，它们用于包装输入流。

2. OutputStream 类

程序可以向其中连续写入字节的对象称为输出流，与 java.io.InputStream 对应，java.io.OutputStream 是所有字节输出流类型的抽象父类。在该类中定义了以字节为单位写入数据的基本方法。

OutputStream 类的方法如下。

（1）void write（int b）：将一个整数中的最低一个字节中的内容写到输出流中，高字节部分被丢弃。

（2）void write（byte[] b）：将字节数组中的所有内容写入到输出流对象中。

（3）void write（byte[] b，int off，int len）：将字节数组 *b* 中从 off 位置开始的 len 字节写入到输出流对象中。

（4）void flush（）：将内存缓冲区中的内容完全清空，新内容输出到 I/O 设备中。

（5）void close（）：关闭输出流对象。

8.3.3 FileInputStream 和 FileOutputStream

FileInputStream 和 FileOutputStream 是基于文件处理的输入/输出字节流类，这两个类专门用于进行文件的输入/输出处理，是 InputStream 和 OutputStream 的子类。在这两个类中分别提供了方法对本地主机上已经打开的文件进行顺序读、写操作。

1. FileInputStream 类

FileInputStream 类用于读取本地文件中的字节数据，从超类 InputStream 中继承了 read（）、close（）等方法对文件进行操作。

1）常用构造方法

• FileInputStream（String filepath）：filepath 表示文件的全称路径。

• FileInputStream（File fileObj）：fileObj 表示描述该文件的 File 对象。

用户可以使用这样的方法构造文件输入流，例如：

```
FileInputStream f1=new FileInputStream("test.txt");
```

或者

```
FileInputStream f2=new FileInputStream(new File("test.txt"));
```

2）常用方法

FileInputStream 重写了抽象类 InputStream 的方法。

• int available（）：返回从输入流中可以读取的字节数。

• void close（）：关闭此文件输入流，释放与此流有关的所有系统资源。

- protected void finalize()：确保不再引用文件输入流时调用 close()方法。
- int read()：从该输入流中读取一个数据字节。
- int read(byte[] b)：从该输入流中将最多 b.length 字节的数据读入数组 *b* 中。
- int read(byte[] b,int off,int len)：从该输入流中将最多 len 字节的数据读入数组 *b* 中。
- long skip(long n)：从输入流中跳过并丢弃 *n* 字节数据。

2. FileOutputStream 类

FileOutputStream 类用于写入诸如图像数据之类的原始字节流。

1）常用构造方法

- FileOutputStream(String filepath)：filepath 表示文件的全称路径。
- FileOutputStream(File fileObj)：fileObj 表示描述该文件的 File 对象。
- FileOutputStream(String filepath,boolean append)：filepath 表示文件的全称路径，如果 append 值为真，文件以追加方式打开，不覆盖已有文件的内容；如果为假，则覆盖原文件的内容。
- FileOutputStream(File fileObj,boolean append)：fileObj 表示描述该文件的 File 对象，如果 append 值为真，文件以追加方式打开，不覆盖已有文件的内容；如果为假，则覆盖原文件的内容。

注意：FileOutputStream 的创建不依赖文件是否存在。如果 filepath 表示的文件不存在，FileOutputStream 在打开前就创建它。如果文件存在，则打开它，准备写入内容。如果打开一个只读文件，将会引发 IOException 异常。

2）常用方法

FileOutputStream 重写了抽象类 OutputStream 的方法。

- void close()：关闭此文件输出流，释放与此流有关的所有系统资源。
- protected void finalize()：清理到文件的连接，并确保不再引用文件输出流时调用 close()方法。
- FileChannel getChannel()：返回与此文件输出流有关的唯一 FileChannel 对象。
- FileDescriptor getFD()：返回与此流有关的文件描述符。
- void write(byte[] b)：将 b.length 字节从指定数组 *b* 写入此文件输出流中。
- void write (byte[] b,int off,int len)：将指定数组 *b* 中从偏移量 off 开始的 len 字节的数据写入此文件输出流中。
- void write(int b)：将指定参数 b 的低字节写入此文件输出流中。

【例 8-5】 使用 FileInputStream 和 FileOutputStream 实现简易记事本的打开和保存操作。

完整程序代码：

```
1.  import java.awt.*;
2.  import java.awt.event.*;
3.  import javax.swing.*;
4.  import java.io.*;
5.  import javax.swing.filechooser.*;
6.  import java.awt.datatransfer.*;
```

```
7.  public class FileInputOutputStreamDemo extends JFrame
8.  {
9.    TextArea taArea;
10.    String name=null;
11.    String board=null;
12.    JPanel PanelNorth,PanelSouth,PanelWest,PanelEast,PanelCenter;
13.    JMenuBar menubar;
14.    JMenu menu;
15.    JMenuItem  itemOpen,itemSave,itemExit;
16.    public FileInputOutputStreamDemo() throws Exception{
17.        super("简易文本编辑器");
18.        Toolkit kit=Toolkit.getDefaultToolkit();
19.        PanelNorth=new JPanel();
20.        PanelSouth=new JPanel();
21.        PanelWest=new JPanel();
22.        PanelEast=new JPanel();
23.        PanelCenter=new JPanel();
24.        taArea=new TextArea();
25.        menubar=new JMenuBar();
26.        menu=new JMenu("文件");
27.        this.setJMenuBar(menubar);
28.        menubar.add(menu);
29.        itemOpen=new JMenuItem("打开");
30.        itemSave=new JMenuItem("保存");
31.        itemExit=new JMenuItem("退出");
32.        menu.addSeparator();
33.        menu.add(itemOpen);
34.        menu.addSeparator();
35.        menu.add(itemSave);
36.        menu.addSeparator();
37.        menu.addSeparator();
38.        menu.add(itemExit);
39.        PanelWest.setLayout(new GridLayout(6,1));
40.        PanelCenter.add(taArea);
41.        this.add(PanelNorth,BorderLayout.NORTH);
42.        this.add(PanelSouth,BorderLayout.SOUTH);
43.        this.add(PanelWest,BorderLayout.WEST);
44.        this.add(PanelEast,BorderLayout.EAST);
45.        this.add(PanelCenter,BorderLayout.CENTER);
46.        this.setSize(800,310);
47.        this.setLocation(300,200);
48.        this.setVisible(true);
49.        this.setDefaultCloseOperation(JFrame.EXIT_ON_CLOSE);
50.        itemSave.addActionListener(new ActionListener()
51.        {
52.            public void actionPerformed(ActionEvent e)
53.            {
54.                try{
55.                saveText();
56.                }catch(Exception ex)
57.                {
```

```
58.                    }
59.                }
60.            });
61.        itemOpen.addActionListener(new ActionListener()
62.            {
63.                public void actionPerformed(ActionEvent e)
64.                {
65.                    try{
66.                    openText();
67.                    }catch(Exception ex)
68.                    {}
69.                }
70.            });
71.        itemExit.addActionListener(new ActionListener()
72.            {
73.                public void actionPerformed(ActionEvent e)
74.                {
75.                    System.exit(0);
76.                }
77.            });
78.    }
79.    public void openText()                              //打开
80.    {
81.        taArea.setText("");
82.        JFileChooser chooser=new JFileChooser();
83.        FileNameExtensionFilter filter=
84.        new FileNameExtensionFilter("Files","txt","java","doc");
85.        chooser.setFileFilter(filter);
86.        chooser.setCurrentDirectory(new File("."));
87.        int result=chooser.showOpenDialog(FileInputOutputStreamDemo.this);
88.        if(result==JFileChooser.APPROVE_OPTION)
89.        {
90.            name=chooser.getSelectedFile().getPath();
91.            setTitle(name);
92.            try{
93.            FileInputStream   in=new FileInputStream(name);
94.            byte[] b=new byte[in.available()];
95.            String line=null;
96.            String datas="";
97.            while(in.read(b)!=-1)
98.            {
99.                line=new String(b);
100.                if(datas=="")
101.                {
102.                    datas=datas+line;
103.                }
104.                else
105.                {
106.                    datas=datas+"\n"+line;
107.                }
108.            }
```

```
109.            taArea.setText(datas);
110.            in.close();
111.            }catch(Exception ex)
112.            {}
113.        }
114.    }
115.    public void saveText()                         //保存
116.    {
117.        if(name==null)
118.        {
119.            JFileChooser chooser=new JFileChooser();
120.            FileNameExtensionFilter filter=
121.            new FileNameExtensionFilter("Files","txt","java","doc");
122.            chooser.setFileFilter(filter);
123.            chooser.setCurrentDirectory(new File("."));
124.            int result=chooser.showSaveDialog(FileInputOutputStreamDemo.this);
125.            if(result==JFileChooser.APPROVE_OPTION)
126.            {
127.                name=chooser.getSelectedFile().getPath();
128.                File file=new File(name);
129.                try{
130.                FileOutputStream out=new FileOutputStream(file,false);
131.                String datas=taArea.getText();
132.                out.write(datas.getBytes());
133.                out.close();
134.                }catch(Exception ex)
135.                {}
136.            }
137.        }
138.        else
139.        {
140.            try{
141.            OutputStream  out=new FileOutputStream(name);
142.            String datas=taArea.getText();
143.            out.write(datas.getBytes());
144.            out.close();
145.            }catch(Exception ex)
146.            {}
147.        }
148.    }
149.    public static void main(String[] args)throws Exception
150.    {
151.        new FileInputOutputStreamDemo();
152.    }
153. }
```

例 8-5 使用 FileInputStream 和 FileOutputStream 类实现了简易文本编辑器中文件的打开和保存操作。在本例中，openText()和 saveText()方法是实现打开文件和保存文件功能的主要部分。打开文件效果如图 8.6 所示，保存文件效果如图 8.7 所示。

图 8.6 打开文件效果

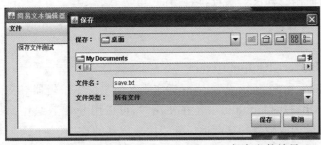

图 8.7 保存文件效果

8.3.4 BufferedInputStream 和 BufferedOutputStream

在本章前面的例子中各种输入流都是针对文件进行的,实际上,如果想在程序中完成对数据的输入/输出操作,通常会用到过滤器流。

1. 过滤器流

过滤器流分为过滤器输入流和过滤器输出流。过滤器流的主要作用是压缩、缓冲、翻译和加密等,不同的过滤器流可以连接到同一个底层的流上。我们经常把一个滤水器安在水管和水龙头之间滤掉杂质。在程序中,我们把流过滤器放在数据源和最终目的地之间对数据执行某种算法,如图 8.8 所示为增加了输入流过滤器的流示意图,增加输出流过滤器的流与此相反。流过滤器不仅可以去掉程序员不想要的数据,还可以增加数据或其他注解,甚至可以提供一个与初始流完全不同的流。

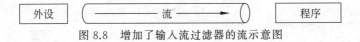

图 8.8 增加了输入流过滤器的流示意图

1) 过滤器输入流

过滤器输入流一般与某个已经存在的输入流联系,过滤器输入流从该输入流读取数据,并且在数据传送之前转换或操作数据。常用的过滤器输入流有 FilterInputStream,它的构造方法为 FilterInputStream(InputStream),用于在指定的输入流之上创建一个输入流过滤器。在程序中一般使用 FilterInputStream 的子类创建的对象作为具体的过滤器,其常用子类如下:

- BufferedInputStream:使用缓冲区对数据进行访问,以提高效率。

- DataInputStream：从输入流中读取数据，可根据类型读取，例如 int、float、double 或者一行文本。
- LineNumberInputStream：该流包含一个计数器，该计数器指向正在读取的行。
- PushbackInputStream：允许把数据字节向后推到流的首部。

2）过滤器输出流

过滤器输出流可以将数据写入一个已经存在的输出流中。常用的过滤器输出流有 FilterOutputStream，它的构造方法为 FilterOutputStream（OutputStream），用于在指定的输出流之上创建一个输出流过滤器。在程序中一般使用 FilterOutputStream 的子类创建的对象作为具体的过滤器，其常用子类如下。

- BufferedOutputStream：使用缓冲区对数据进行访问，以提高效率。
- DataOutputStream：可按照数据类型写入输出流中，例如 int、float、double 或者一行文本。

2. BufferedInputStream 和 BufferedOutputStream

在例 8-5 中使用 FileInputStream 和 FileOutputStream 类实现了简易文本编辑器对文件的打开和保存操作。FileInputStream 和 FileOutputStream 在使用时，可以用 byte 数组作为数据读入的缓冲区。这里以读文件为例，读取硬盘的速度远远低于读取内存的数据，为了减少对硬盘的读取，通常从文件中一次读取一定长度的数据，把数据存入缓存中，在写入的时候也是一次写入一定长度的数据，这样可以增加文件的读取效率。在使用 FileInputStream 的时候用 byte 数组做缓存，而 BufferedInputStream 和 BufferedOutputStream 已经为用户增加了这个缓存功能。下面就来看一下如何使用 BufferedInputStream 和 BufferedOutputStream 内部缓存功能实现文件的打开和保存操作。

【例 8-6】 简易记事本的打开和保存操作的修改。

完整程序代码：

```
1.   import java.awt.*;
2.   import java.awt.event.*;
3.   import javax.swing.*;
4.   import java.io.*;
5.   import javax.swing.filechooser.*;
6.   import java.awt.datatransfer.*;
7.   public class BufferedInputOutputStreamDemo extends JFrame
8.   {
9.     TextArea taArea;
10.    String name=null;
11.    String board=null;
12.    JPanel PanelNorth,PanelSouth,PanelWest,PanelEast,PanelCenter;
13.    JMenuBar menubar;
14.    JMenu menu;
15.    JMenuItem  itemOpen,itemSave,itemExit;
16.    public BufferedInputOutputStreamDemo() throws Exception{
17.        super("简易文本编辑器");
18.        Toolkit kit=Toolkit.getDefaultToolkit();
19.        PanelNorth=new JPanel();
20.        PanelSouth=new JPanel();
21.        PanelWest=new JPanel();
22.        PanelEast=new JPanel();
```

```
23.        PanelCenter=new JPanel();
24.        taArea=new TextArea();
25.        menubar=new JMenuBar();
26.        menu=new JMenu("文件");
27.        this.setJMenuBar(menubar);
28.        menubar.add(menu);
29.        itemOpen=new JMenuItem("打开");
30.        itemSave=new JMenuItem("保存");
31.        itemExit=new JMenuItem("退出");
32.        menu.addSeparator();
33.        menu.add(itemOpen);
34.        menu.addSeparator();
35.        menu.add(itemSave);
36.        menu.addSeparator();
37.        menu.addSeparator();
38.        menu.add(itemExit);
39.        PanelWest.setLayout(new GridLayout(6,1));
40.        PanelCenter.add(taArea);
41.        this.add(PanelNorth,BorderLayout.NORTH);
42.        this.add(PanelSouth,BorderLayout.SOUTH);
43.        this.add(PanelWest,BorderLayout.WEST);
44.        this.add(PanelEast,BorderLayout.EAST);
45.        this.add(PanelCenter,BorderLayout.CENTER);
46.        this.setSize(500,260);
47.        this.setLocation(300,200);
48.        this.setVisible(true);
49.        this.setDefaultCloseOperation(JFrame.EXIT_ON_CLOSE);
50.        itemSave.addActionListener(new ActionListener()
51.            {
52.                public void actionPerformed(ActionEvent e)
53.                {
54.                    try{
55.                    saveText();
56.                    }catch(Exception ex)
57.                    {
58.                    }
59.                }
60.            });
61.        itemOpen.addActionListener(new ActionListener()
62.            {
63.                public void actionPerformed(ActionEvent e)
64.                {
65.                    try{
66.                    openText();
67.                    }catch(Exception ex)
68.                    {
69.                    }
70.                }
71.            });
72.        itemExit.addActionListener(new ActionListener()
73.        {
74.            public void actionPerformed(ActionEvent e)
75.            {
76.                System.exit(0);
```

```
77.              }
78.          });
79.      }
80.      public void openText()                                    //打开
81.      {
82.          taArea.setText("");
83.          JFileChooser chooser=new JFileChooser();
84.          FileNameExtensionFilter filter=
85.          new FileNameExtensionFilter("Files","txt","java","doc");
86.          chooser.setFileFilter(filter);
87.          chooser.setCurrentDirectory(new File("."));
88.          int result=chooser.showOpenDialog(BufferedInputOutputStreamDemo.this);
89.          if(result==JFileChooser.APPROVE_OPTION)
90.          {
91.              name=chooser.getSelectedFile().getPath();
92.              setTitle(name);
93.              try{
94.              byte[] b=new byte[1024];
95.              int bytesRead=0;
96.              FileInputStream   in=new FileInputStream(name);
97.              BufferedInputStream bis=new BufferedInputStream(in);
98.              String line=null;
99.              String datas="";
100.              while ((bytesRead=bis.read(b)) !=-1)
101.              {
102.                  line=new String(b,0,bytesRead);
103.                  if(datas=="")
104.                  {
105.                      datas=datas+line;
106.                  }
107.                  else
108.                  {
109.                      datas=datas+"\n"+line;
110.                  }
111.              }
112.              taArea.setText(datas);
113.              in.close();
114.              }catch(Exception ex)
115.              {}
116.          }
117.      }
118.      public void saveText()                                    //保存
119.      {
120.          if(name==null)
121.          {
122.              JFileChooser chooser=new JFileChooser();
123.              FileNameExtensionFilter filter=
124.              new FileNameExtensionFilter("Files","txt","java","doc");
125.              chooser.setFileFilter(filter);
126.              chooser.setCurrentDirectory(new File("."));
127.              int result = chooser. showSaveDialog (BufferedInputOutputStreamDemo.
                  this);
128.              if(result==JFileChooser.APPROVE_OPTION)
129.              {
```

```
130.                    name=chooser.getSelectedFile().getPath();
131.                    File file=new File(name);
132.                    try{
133.                    FileOutputStream out=new FileOutputStream(file,false);
134.                    BufferedOutputStream bos=new BufferedOutputStream(out);
135.                    String datas=taArea.getText();
136.                    bos.write(datas.getBytes());
137.                    bos.close();
138.                    out.close();
139.                    }catch(Exception ex)
140.                    {}
141.                }
142.        }
143.        else
144.        {
145.            try{
146.            OutputStream  out=new FileOutputStream(name);
147.            String datas=taArea.getText();
148.            out.write(datas.getBytes());
149.            out.close();
150.            }catch(Exception ex)
151.            {}
152.        }
153.    }
154.    public static void main(String[] args)throws Exception
155.    {
156.        new BufferedInputOutputStreamDemo();
157.    }
158.}
```

例 8-6 的程序代码中,在创建 BufferedInputStream/BufferedOutputStream 实例时先给定了一个 InputStream/OutputStream 类型的实例 FileInputStream/FileOutputStream。在这里 BufferedInputStream 和 BufferedOutputStream 实际上是充当了过滤器的角色, BufferedInputStream 是一个过滤器输入流,BufferedOutputStream 是一个过滤器输出流,以达到提高效率的目的。

BufferedInputStream 的实现流程:其实质上是实现了一个缓存装置,在读取源数据的时候其实还是用 InputStream 来实现的,只是在读取之前给它们加了一个缓存区而已。这个缓存区默认是数组,大小为 2048 字节,当读文件的时候,BufferedInputStream 会首先填满缓存区,然后在使用 InputStream 的 read()方法的时候把缓存数组中的数据读到目的地。

对于 BufferedOutputStream,有一个默认 512 字节的缓存数组,当使用 write()方法写数据时,实质上是先将数据写至缓存中,当缓存满时,再用 write()方法把数据写入。

8.3.5 DataInputStream 和 DataOutputStream

通过上节介绍,DataInputStream 和 DataOutputStream 分别是过滤器输入流 FilterInputStream 和过滤器输出流 FilterOutputStream 的子类。其作用是在基本的输入/输出流上做一些功能的增强,允许应用程序以与机器无关的方式从底层输入流中读取基本 Java 数据类型,可以方便地将一些基本的 Java 类型进行流的输入/输出,这样就不需要自己再去将数据转换成这些类型,因为普通的输入/输出流操作的一般是 int 或 byte 数组类型。

例如：

- 写入一个 long，用 DataOutputStream 的 writeLong 方法。
- 写入一个 UTF-8 编码的 String，用 DataOutputStream 的 writeUTF 方法。
- 将流中的数据读取为 UTF-8 编码的 String，用 DataInputStream 的 readUTF 方法。

【例 8-7】 DataInputStream 和 DataOutputStream 使用举例。

完整程序代码：

```
1.  import java.io.*;
2.  public class TestDataStream {
3.  public static void main(String args[]) throws Exception{
4.     FileOutputStream fos=new FileOutputStream("d:\\\\data.txt");
5.     BufferedOutputStream bos=new BufferedOutputStream(fos);
6.     DataOutputStream dos=new DataOutputStream(bos);
7.
8.     FileInputStream fis=new FileInputStream("d:\\\\data.txt");
9.     BufferedInputStream bis=new BufferedInputStream(fis);
10.    DataInputStream dis=new DataInputStream(bis);
11.    String str="你好 hi";
12.
13.    //按 UTF-8 格式写入
14.    dos.writeUTF(str);
15.
16.    //按字符写入
17.    dos.writeChars(str);
18.
19.    //方法 1：将整个字符串按字节写入
20.    dos.writeBytes(str);
21.
22.    //方法 2：将字符串转换为字节数组后再逐一写入
23.    byte[] b=str.getBytes();
24.    dos.write(b);
25.    dos.close();
26.
27.    //按 UTF-8 格式读取
28.    System.out.println(dis.readUTF());
29.
30.    //字符的读取
31.    char[] c=new char[4];
32.    for(int i=0;i<4;i++){
33.        c[i]=dis.readChar();                        //读取 4 个字符
34.    }
35.    System.out.println(new String(c,0,4));
36.    System.out.println();
37.
38.    //字节的读取
39.    byte[] b1=new byte[4];
40.    dis.read(b1);                                   //读取 4 字节
41.    System.out.println(new String(b1,0,4));         //输出时会出现乱码
42.    System.out.println();
43.
44.    byte[] b2=new byte[1024];
45.    int len=dis.read(b2);                           //按字节读取剩余内容
```

```
46.    System.out.println(new String(b2,0,len));
47. }
48. }
```

包装类 DataOutputStream、DataInputStream 为用户提供了多种对文件写入和读取的方法,例如 writeBoolean()、writeUTF()、writeChar、writeByte()、writeDouble()等和对应的 read()方法,这些方法极大地方便了写入和读取操作。例 8-7 演示了这些方法的使用,程序运行结果如图 8.9 所示。

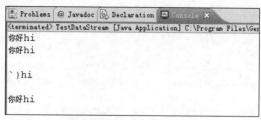

图 8.9　例 8-7 的运行结果

说明:

(1) 按字节写入有两种方法,第一种方法只适用于无汉字的情况,因为方法 1 在写入时会把所有的字符都按 1 字节长度写入,而汉字的表示需要 2 字节,这就造成了数据的丢失,读入时就会出现乱码。第二种方法在将字符串转换为字节数组时把汉字字符变为 2 字节长度,写入文件的时候也会按 2 字节长度的文字写入,这样读取时就不会出现汉字乱码的问题。所以,对于出现汉字字符的情况不能用 writeBytes(),否则会在写入文件时丢弃汉字字符的第 1 字节,从而在读取时出现错误。

(2) 一般情况下,在读入时应尽量按照写入时的格式进行读取,否则有可能出现乱码或程序抛出异常。如首先写入文件用的是 writeUTF(),在读取的时候如果不是用 readUTF() 就会出现乱码,如果 readUTF()读取的内容不是 UTF-8 格式的,程序就会抛出异常。

(3) 所有的读取方法都是共享一个位置指示器的,即在前面的 read()方法执行后,后面再执行其他 read()方法都是从上一个 read()方法读取到的位置开始向后读取的。如开始执行了一次 readByte(),后面的 readChar 是从第 2 字节开始读的。

8.3.6　ObjectInputStream 和 ObjectOutputStream

ObjectInputStream 和 ObjectOutputStream 两个过滤器类用于从底层输入流中读取对象类型的数据和将对象类型的数据写入到底层输出流。将对象中所有成员变量的取值保存起来就等于保存了对象,将对象中所有成员变量的取值还原就等于读取了对象。

【例 8-8】 ObjectInputStream 和 ObjectOutputStream 编程举例。

完整程序代码:

```
1.  import java.io.*;
2.  class Student implements Serializable    //必须实现 Serializable 接口才能序列化
3.  {
4.    int age;
5.    String name;
6.    Student(int age,String name){
7.    this.age=age;
```

```
8.    this.name=name;
9.    }
10. }
11. public class ObjectStreamTest {
12.    public static void main(String[] args) {
13.        Student stu1=new Student(20,"zhangsan");
14.        Student stu2=new Student(22,"lisi");
15.        try {
16.            FileOutputStream fos=new FileOutputStream("a.txt");
17.            ObjectOutputStream oos=new ObjectOutputStream(fos);
18.            oos.writeObject(stu1);
19.            oos.writeObject(stu2);
20.            oos.close();
21.            FileInputStream fis=new FileInputStream("a.txt");
22.            ObjectInputStream ois=new ObjectInputStream(fis);
23.            Student stu3=(Student) ois.readObject();
24.            System.out.println("age: "+stu3.age);
25.            System.out.println("name: "+stu3.name);
26.        } catch (FileNotFoundException e) {
27.            e.printStackTrace();
28.        } catch (IOException e) {
29.            e.printStackTrace();
30.        } catch (ClassNotFoundException e) {
31.            e.printStackTrace();
32.        }
33.    }
34. }
```

例 8-8 创建了一个可序列化的学生对象，并用 ObjectOutputStream 类把它存储到一个
文件（mytext.txt）中，然后用 ObjectInputStream 类把存储的数据读取到一个学生对象中，
即恢复保存的学生对象，程序运行结果如图 8.10 所示。

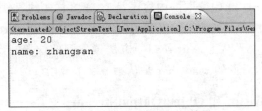

图 8.10　例 8-8 程序的运行结果

ObjectInputStream 和 ObjectOutputStream 类所读/写的对象必须实现了 Serializable 接口。
对象中的 transient（一种标记，表示变量是临时的）和 static 类型的成员变量不会被读取和写
入。这两个类可以用于在网络流中传送对象。

Java 的 serialization 提供了一种持久化对象实例的机制。当持久化对象时，可能有一
个特殊的对象数据成员，我们不想用 serialization 机制来保存它。为了在一个特定对象的
某个域上关闭 serialization，可以在这个域前加上关键字 transient。当一个对象被串行化的
时候，transient 型变量的值不包括在串行化的表示中，然而非 transient 型的变量是被包括
进去的。

8.4 字符流

在 JDK1.1 版本之前,java.io 包中的流只有普通的字节流,这种流以字节为基本的处理单位,但是对于以 16 位的 Unicode 码表示的字符处理就很不方便了,在处理字符时需要用 getBytes() 转换成字节,这就需要编写字节、字符之间的转换代码。从 JDK1.1 开始,java.io 包中加入了专门基于字符流处理的类,使 Java 语言对字符流的处理更加方便、有效。

8.4.1 Reader 和 Writer

Java 语言中关于字符流处理的类都是基于 Reader 和 Writer 的类,这两个类也都是抽象类,用于简化对字符串的输入/输出编程。简单地说,就是对流数据以一个字符(两个字节)的长度为单位来处理(0~65 535、0x0000~0xffff),并进行适当的字符编码转换处理,即 Reader、Writer 及其子类可以用于进行所谓的纯文本文件的字符读/写。

Reader 和 Writer 类本身不能生成实例,只是提供了用于字符流处理的接口,在进行文本文件的字符读/写时真正会使用其子类,子类通常会重新定义相关的方法。Reader 是所有字符输入流的父类,Writer 是所有字符输出流的父类。字符流的类名都有特点,一般输入流类都以"Reader"结尾,输出流类都以"Writer"结尾。

1. Reader 类

抽象类 java.io.Reader 是所有字符输入流的父类,该类定义了以字符为单位读取数据的基本方法,并在其子类进行了实现。如果输入流的当前位置没有数据,则返回-1,若出现错误,则抛出 IOException 异常。Reader 类的层次结构如图 8.11 所示。

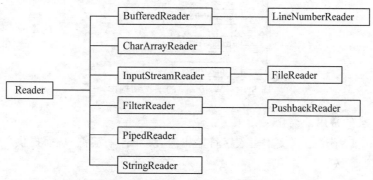

图 8.11　Reader 类的层次结构图

1) Reader 类的常用子类介绍

(1) CharArrayReader:从字符数组中读取数据。

(2) FileReader(InputStreamReader 的子类):从本地文件系统中读取字符序列。

(3) StringReader:从字符串中读取字符序列。

(4) PipedReader:从线程中读取字符序列。

2) Reader 类的主要方法

(1) 读取字符。

• public int read() throws IOException:读取一个字符。

- public int read(char cbuf[]) throws IOException：读取一系列字符到数组 cbuf[]中。
- public abstract int read(char cbuf[],int off,int len) throws IOException：读取 len 个字符到数组 cbuf[]的索引 off 处,该类必须被子类实现。

（2）标记流。

- pulbic boolean markSupported()：判断当前流是否支持做标记。
- public void mark(int readAheadLimit) throws IOException：给当前流做标记,最多支持 readAheadLimit 个字符的回溯。
- public void reset() throws IOException：将当前流重置到做标记处。

（3）常见的面向字符流的过滤器流。

- BufferedReader：缓冲数据的访问,以提高效率。
- LineNumberReader(BufferedReader 的子类)：维护一个计数器,该计数器表明正在读取的是哪一行。
- FilterReader(抽象类)：提供一个类,在创建过滤器时可以扩展这个类。

2. Writer 类

抽象类 java.io. Writer 是所有字符输出流的父类,该类定义了以字符为单位写数据的基本方法,并在其子类进行了实现。Writer 类的层次结构如图 8.12 所示。

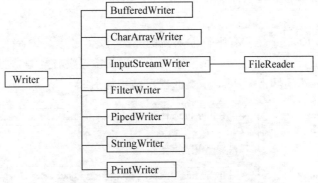

图 8.12　Writer 类的层次结构图

1) writer 类的常用子类介绍

（1）BufferedWriter：将文本写入字符输出流,缓冲各个字符,从而提供单个字符、数组和字符串的高效写入。

（2）CharArrayWriter(InputStreamReader 的子类)：此类实现一个可用作 Writer 的字符缓冲区。

（3）FileWriter：用于写入字符文件的便捷类。

（4）FilterWriter：用于写入已过滤的字符流的抽象类。

（5）OutputStreamWriter：OutputStreamWriter 是字符流通向字节流的"桥梁",可使用指定的 charset 将要写入流中的字符编码成字节。

（6）PipedWriter：传送的字符输出流。

（7）StringWriter：向文本输出流打印对象的格式化表示形式。

（8）PrintWriter：一个字符流,可以用其回收在字符串缓冲区中的输出来构造字符串。

2）writer 类的主要方法

（1）向输出流写入字符。

- public void writer(int c) throws IOException：将整数值 c 的低 16 位写入输出流。
- public void writer(char cbuf[]) throws IOException：将字符数组 cbuf[]中的字符写入输出流。
- public abstract void write(char cbuf[],int off,int len) throws IOException：将字符数组 cbuf[]中从索引为 off 的位置处开始的 len 个字符写入输出流。
- public void write(String str) throws IOException：将字符串 str 中的字符写入输出流。
- public void write(String str,int off,int len) throws IOException：将字符串 str 中从索引 off 开始处的 len 个字符写入输出流。

（2）flush()：刷新输出流，并输出所有被缓存的字节。

（3）关闭流：public abstract void close() throws IOException，该方法必须被子类实现。

3. InputStream、OutputStream 与 Reader、Writer 的区别

（1）InputStream、OutputStream 直接操作 byte 数组。

（2）Reader、Writer 在操作时会进行 decode、encode，会根据用户系统的属性编码格式对数据进行编码或解码。但是当文件的编码格式与当前系统不一致时，需要做编码的转换。

8.4.2　FileReader 和 FileWriter

FileReader 和 FileWriter 分别是 Reader 和 Writer 的子类，当操作的文件中是字符数据时，推荐使用这两个类。

1. FileReader 类

FileReader 类用于读取字符文件。InputStreamReader 类的子类，所有方法（read()等）都是从父类 InputStreamReader 中继承而来的。此类的构造方法假定的默认字符编码和字节缓冲区大小都是可以接受的，要自己指定这些值，可以先在 FileInputStream 上构造一个 InputStreamReader。FileReader 用于读取字符流。如果要读取原始字节流，需要考虑使用 FileInputStream。

1）构造方法

（1）FileReader(File file)：在给定从中读取数据的 File 的情况下创建一个新的 FileReader。

（2）FileReader(FileDescriptor fd)：在给定从中读取数据的 FileDescriptor 的情况下创建一个新的 FileReader。

（3）FileReader(String fileName)：在给定从中读取数据的文件名的情况下创建一个新的 FileReader。

2）主要方法

（1）public int read() throws IOException：读取单个字符。对于读取的字符，如果已到达流的末尾，则返回−1。

（2）public int read(char[] cbuf,int offset,int length) throws IOException：将字符读

入数组中的某一部分。对于读取的字符数，如果已到达流的末尾，则返回 -1。其中，cbuf 代表目标缓冲区，offset 代表从某处开始存储字符的偏移量，length 代表要读取的最大字符数。

（3）public boolean ready()throws IOException：判断此流是否已经准备好用于读取。如果其输入缓冲区不为空，或者可从底层字节流读取字节，则 InputStreamReader 已做好被读取的准备。如果保证下一个 read()不阻塞输入，则返回 true，否则返回 false。注意，返回 false 并不保证阻塞下一次读取。

（4）public void close() throws IOException：关闭该流并释放与之关联的所有资源。在关闭该流后，调用 read()、ready()、mark()、reset()或 skip()将抛出 IOException。关闭以前关闭的流无效。

（5）public long skip(long n) throws IOException：跳过字符。参数 n 表示要跳过的字符数，方法返回实际跳过的字符数。

（6）public String toString()：返回该对象的字符串表示。通常，toString()方法会返回一个"以文本方式表示"此对象的字符串，结果应是一个简明但易于读懂的信息表达式。建议所有子类都重写此方法。

（7）public String getEncoding()：返回此流使用的字符编码的名称。如果该编码有历史上用过的名称，则返回该名称；否则返回该编码的规范化名称。如果使用 InputStreamReader(InputStream,String)构造方法创建此实例，则返回的由此编码生成的唯一名称可能与传递给该构造方法的名称不一样。如果流已经关闭，则此方法将会返回 null。

3）一般用法

```
FileReader  fr=new FileReader(name);
char[] buff=new char[1024];
int ch=0;
String line=null;
String datas="";
while((ch=fr.read(buff))!=-1){
line=new String(buff,0,ch);
System.out.println(line);
}
```

4）与 InputStreamReader 类的区别

该类与它的父类 InputStreamReader 的主要不同在于构造方法。从 InputStreamReader 的构造方法中可以看到，参数为 InputStream 和编码方式。当要指定编码方式时，必须使用 InputStreamReader 类；FileReader 构造方法的参数与 FileInputStream 相同，为 File 对象或表示 path 的 String，当要根据 File 对象或者 String 读取一个文件时用 FileReader。

2. FileWriter 类

FileWriter 类是用于写入字符文件的便捷类。此类的构造方法假定默认字符编码和默认字节缓冲区大小都是可接受的。如果用户要自己指定这些值，可以先在 FileOutputStream 上构造一个 OutputStreamWriter。文件是否可用或是否可以被创建取决于基础平台，特别是某些平台一次只允许一个 FileWriter(或其他文件写入对象)打开文件进行写入。在这种情况下，如果所涉及的文件已经打开，则此类中的构造方法将失败。FileWriter 用于写入字符流。如果要写入原始字节流,需考虑使用 FileOutputStream。

1) 构造方法

(1) FileWriter(File file):在给出 File 对象的情况下构造一个 FileWriter 对象。

(2) FileWriter(File file,boolean append):在给出 File 对象的情况下构造一个 FileWriter 对象,当 append 为 true 时追加内容到文件中原内容后面。

(3) FileWriter(FileDescriptor fd):构造与某个文件描述相关联的 FileWriter 对象。

(4) FileWriter(String fileName):在给出文件名的情况下构造一个 FileWriter 对象。

(5) FileWriter(String fileName,boolean append):在给出文件名的情况下构造 FileWriter 对象,它具有指示是否挂起写入数据的 boolean 值。

2) 主要方法

(1) public void write(int c) throws IOException:写入单个字符,参数 c 指定要写入字符的 int。

(2) public void write(char[] cbuf,int off,int len) throws IOException:写入字符数组的某一部分。

- cbuf:字符缓冲区。
- off:开始写入字符处的偏移量。
- len:要写入的字符数。

(3) public void write(String str,int off,int len) throws IOException:写入字符串的某一部分。

- str:字符串。
- off:开始写入字符的偏移量。
- len:要写入的字符数。

(4) public void flush() throws IOException:刷新该流的缓冲。

(5) public Writer append(CharSequence csq) throws IOException:将指定字符序列追加到此 writer。out.append(csq)形式的方法调用与 out.write(csq.toString())形式的方法调用具有完全相同的行为,out.write(csq.toString())可能不会追加整个序列,这取决于针对字符序列 csq 的 toString 规范。例如,调用一个字符缓冲区的 toString 方法将返回一个子序列,其内容取决于缓冲区的位置和限制。

参数 csq 为要追加的字符串序列。如果 csq 为 null,则向此 writer 追加 4 个字符——null。

(6) public Writer append(CharSequence csq,int start,int end) throws IOException:将指定字符序列的子序列追加到此 writer.Appendable。当 csq 不为 null 时,out.append(csq,start,end)形式的方法调用与以下调用具有完全相同的行为:

```
out.write(csq.subSequence(start,end).toString())
```

- csq:要追加子序列的字符序列。如果 csq 为 null,则追加 4 个字符——null,就好像 csq 包含这些字符一样。
- start:子序列中第一个字符的索引。
- end:子序列中最后一个字符后面的字符的索引。

(7) public Writer append(char c) throws IOException:将指定字符追加到此 writer。

out.append(c)形式的方法调用与以下调用具有完全相同的行为：out.write(c)

参数 c 为要追加的 16 位字符。

3. FileReader 和 FileWriter 使用举例

【例 8-9】 用 FileReader 和 FileWriter 实现简易记事本功能。

完整程序代码：

```
1.   import java.awt.*;
2.   import java.awt.event.*;
3.   import javax.swing.*;
4.   import java.io.*;
5.   import javax.swing.filechooser.*;
6.   public class FileReaderWriterDemo extends JFrame
7.   {
8.       TextArea taArea;
9.       String name=null;
10.      String board=null;
11.      JPanel PanelNorth,PanelSouth,PanelWest,PanelEast,PanelCenter;
12.      JMenuBar menubar;
13.      JMenu menu;
14.      JMenuItem  itemOpen,itemSave,itemExit;
15.      public FileReaderWriterDemo() throws Exception{
16.          super("简易文本编辑器");
17.          Toolkit kit=Toolkit.getDefaultToolkit();
18.          PanelNorth=new JPanel();
19.          PanelSouth=new JPanel();
20.          PanelWest=new JPanel();
21.          PanelEast=new JPanel();
22.          PanelCenter=new JPanel();
23.          taArea=new TextArea();
24.          menubar=new JMenuBar();
25.          menu=new JMenu("文件");
26.          this.setJMenuBar(menubar);
27.          menubar.add(menu);
28.          itemOpen=new JMenuItem("打开");
29.          itemSave=new JMenuItem("保存");
30.          itemExit=new JMenuItem("退出");
31.          menu.addSeparator();
32.          menu.add(itemOpen);
33.          menu.addSeparator();
34.          menu.add(itemSave);
35.          menu.addSeparator();
36.          menu.addSeparator();
37.          menu.add(itemExit);
38.          PanelWest.setLayout(new GridLayout(6,1));
39.          PanelCenter.add(taArea);
40.          this.add(PanelNorth,BorderLayout.NORTH);
41.          this.add(PanelSouth,BorderLayout.SOUTH);
42.          this.add(PanelWest,BorderLayout.WEST);
43.          this.add(PanelEast,BorderLayout.EAST);
44.          this.add(PanelCenter,BorderLayout.CENTER);
45.          this.setSize(500,260);
46.          this.setLocation(300,200);
47.          this.setVisible(true);
```

```
48.            this.setDefaultCloseOperation(JFrame.EXIT_ON_CLOSE);
49.            itemSave.addActionListener(new ActionListener()
50.                {
51.                    public void actionPerformed(ActionEvent e)
52.                    {
53.                        try{
54.                        saveText();
55.                        }catch(Exception ex)
56.                        {
57.                        }
58.                    }
59.                });
60.            itemOpen.addActionListener(new ActionListener()
61.                {
62.                    public void actionPerformed(ActionEvent e)
63.                    {
64.                        try{
65.                        openText();
66.                        }catch(Exception ex)
67.                        {
68.                        }
69.                    }
70.                });
71.            itemExit.addActionListener(new ActionListener()
72.                {
73.                    public void actionPerformed(ActionEvent e)
74.                    {
75.                        System.exit(0);
76.                    }
77.                });
78.        }
79.    public void openText()                              //打开
80.    {
81.        taArea.setText("");
82.        JFileChooser chooser=new JFileChooser();
83.        FileNameExtensionFilter filter=
84.        new FileNameExtensionFilter("Files","txt","java","doc");
85.        chooser.setFileFilter(filter);
86.        chooser.setCurrentDirectory(new File("."));
87.        int result=chooser.showOpenDialog(FileReaderWriterDemo.this);
88.        if(result==JFileChooser.APPROVE_OPTION)
89.        {
90.            name=chooser.getSelectedFile().getPath();
91.            setTitle(name);
92.            try{
93.            FileReader  fr=new FileReader(name);
94.            char[] buff=new char[1024];
95.            int ch=0;
96.            String line=null;
97.            String datas="";
98.            while((ch=fr.read(buff))!=-1)
99.            {
100.                line=new String(buff,0,ch);
```

```
101.            if(datas=="")
102.            {
103.                datas=datas+line;
104.            }
105.            else
106.            {
107.                datas=datas+"\n"+line;
108.            }
109.        }
110.        taArea.setText(datas);
111.        fr.close();
112.        }catch(Exception ex)
113.        {
114.        }
115.    }
116.  }
117.  public void saveText()                              //保存
118.  {
119.    if(name==null)
120.    {
121.        JFileChooser chooser=new JFileChooser();
122.        FileNameExtensionFilter filter=
123.        new FileNameExtensionFilter("Files","txt","java","doc");
124.        chooser.setFileFilter(filter);
125.        chooser.setCurrentDirectory(new File("."));
126.        int result=chooser.showSaveDialog(FileReaderWriterDemo.this);
127.        if(result==JFileChooser.APPROVE_OPTION)
128.        {
129.            name=chooser.getSelectedFile().getPath();
130.            File file=new File(name);
131.            try{
132.            FileWriter fw=new FileWriter(file,false);
133.            String datas=taArea.getText();
134.            fw.write(datas,0,datas.length());
135.            fw.close();
136.            }catch(Exception ex)
137.            {
138.            }
139.        }
140.    }
141.    else
142.    {
143.        try{
144.        OutputStream  out=new FileOutputStream(name);
145.        String datas=taArea.getText();
146.        out.write(datas.getBytes());
147.        out.close();
148.        }catch(Exception ex)
149.        {
150.        }
151.    }
152.  }
153.  public static void main(String[] args)throws Exception
```

```
154.    {
155.        new FileReaderWriterDemo();
156.    }
157. }
```

程序的运行结果如图 8.13 和图 8.14 所示。

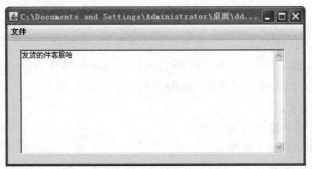

图 8.13　打开文件

图 8.14　保存文件

8.4.3　BufferedReader 和 BufferedWriter

1. BufferedReader 类

BufferedReader 由 Reader 类扩展而来,该类从字符输入流中读取文本,缓冲各个字符,从而实现字符、数组和行的高效读取。用户可以指定缓冲区的大小,或者使用默认的大小(8192 字符)。在大多数情况下,使用默认值就足够了。当 BufferedReader 读取文本文件时,会先尽量从文件中读入字符数据并置入缓冲区,之后若使用 read()方法,会先从缓冲区中读取。如果缓冲区中数据不足,才会再从文件中读取。从标准输入流 System.in 中直接读取使用者的输入时,使用者每输入一个字符,System.in 就读取一个字符。为了能一次读取一行使用者的输入,使用 BufferedReader 对使用者输入的字符进行缓冲。所以该类提供了很实用的 readLine,读取分行文本很适合,BufferedReader 是针对 Reader 的,不直接针对文件,也不是只针对文件读取。

1) 构造方法

(1) public BufferedReader(Reader in,int sz):创建一个使用指定大小输入缓冲区的缓冲字符输入流。

- in:一个 Reader 对象。

- sz：输入缓冲区的大小。

（2）public BufferedReader(Reader in)：创建一个使用默认大小输入缓冲区的缓冲字符输入流。

参数 in 为一个 Reader 对象。

2）主要方法

（1）public int read() throws IOException：读取单个字符。作为一个整数（其范围从 0 到 65 535(0x00-0xffff))读入的字符，如果已到达流末尾，则返回 -1。

（2）public int read(char[] cbuf,int off,int len) throws IOException：将字符读入数组的某一部分。返回值为读取的字符数，如果已到达流末尾，则返回 -1。

- cbuf：目标缓冲区。
- off：开始存储字符处的偏移量。
- len：要读取的最大字符数。

（3）public String readLine() throws IOException：读取一个文本行。通过换行('\n')、回车('\r')或回车后直接跟着换行确认某行已终止。其返回值为包含该行内容的字符串，不包含任何行终止符，如果已到达流末尾，则返回 null。

（4）public boolean ready() throws IOException：判断此流是否已准备好被读取。如果缓冲区不为空，或者底层字符流已准备就绪，则缓冲的字符流准备就绪。如果保证下一个 read()不阻塞输入，则返回 true，否则返回 false。注意，返回 false 并不保证阻塞下一次读取。

3）一般用法

```
BufferedReader br=new BufferedReader(
                    new InputStreamReader(new FileInputStream("ming.txt")));
String data=null;
while((data=br.readLine())!=null)
System.out.println(data);
```

另外，System.in 是一个位流，为了转换为字符流，可使用 InputStreamReader 进行字符转换，然后再使用 BufferedReader 增加缓冲功能。

2. BufferedWriter 类

BufferedWriter 由 Writer 类扩展而来，该类将文本写入字符输出流，缓冲各个字符，从而提供单个字符、数组和字符串的高效写入。缓冲区的默认大小也为 8192 字符，用户还可指定缓冲区大小。该类提供了 newLine()方法，它使用平台自己的行分隔符概念，此概念由系统属性 line.separator 定义。在使用 BufferedWriter 时，写入的数据并不会先输出到目的地，而是先存储至缓冲区中。如果缓冲区中的数据满了，才会依次对目的地进行写出。

1）构造方法

（1）public BufferedWriter(Writer out,int sz)：创建一个使用给定大小输出缓冲区的新缓冲字符输出流。

参数 out 为一个 Writer 对象，sz 表示输出缓冲区的大小，它是一个正整数。

（2）public BufferedWriter(Writer out)：创建一个使用默认大小输出缓冲区的缓冲字符输出流，参数 out 为一个 Writer 对象。

2）主要方法

（1）public void write(int c) throws IOException：写入单个字符，参数 *c* 指定要写入字符的 unicode 值。

（2）public void write(char[] cbuf,int off,int len) throws IOException：写入字符数组的某一部分。一般来说，此方法将给定数组的字符存入此流的缓冲区中，根据需要刷新该缓冲区，并转到底层流。但是，如果请求的长度至少与此缓冲区大小相同，则此方法将刷新该缓冲区并将各个字符直接写入底层流，因此多余的 BufferedWriter 不必复制数据。

- cbuf：字符数组。
- off：开始读取字符处的偏移量。
- len：要写入的字符数。

（3）public void write(String s,int off,int len) throws IOException：写入字符串的某一部分。如果 len 参数的值为负数，则不写入任何字符。这与超类中此方法的规范正好相反，它要求抛出 IndexOutOfBoundsException。

- s：要写入的字符串。
- off：开始读取字符处的偏移量。
- len：要写入的字符数。

（4）public void newLine() throws IOException：写入一个行分隔符。行分隔符字符串由系统属性 line.separator 定义，并且不一定是单个新行（'\n'）符。

（5）public void flush() throws IOException：刷新该流的缓冲。

（6）public void close() throws IOException：关闭此流，但要先刷新它。在关闭该流之后，再调用 write()或 flush()将导致抛出 IOException。关闭以前关闭的流无效。

3）一般用法

```
File file=new File("d:/test2.txt");
FileWriter fw=new FileWriter(file);
BufferedWriter bw=new BufferedWriter (fw);
fw.write("你好");
```

3. BufferedReader 和 BufferedWriter 使用举例

【例 8-10】 编程示例：本例使用 BufferedReader 和 BufferedWriter 实现简易记事本的打开和保存功能，具体实现时对初始的简易记事本界面进行了简化。

完整程序代码：

```
1.  import java.awt.*;
2.  import java.awt.event.*;
3.  import javax.swing.*;
4.  import java.io.*;
5.  class BufferedReaderWriterDemo extends JFrame implements ActionListener
6.  {
7.  //super("简单记事本");
8.  JMenuBar menubar;
9.  JMenu menu;
10.  JMenuItem  item1,item2,item3;
11.  JScrollPane scrollPane;
12.  JTextArea textarea;                    //此处使用 JTextArea 主要是处理文本
13.  public BufferedReaderWriterDemo()
```

```java
14.    {
15.        menubar=new JMenuBar();
16.        menu=new JMenu("文件");
17.        this.setJMenuBar(menubar);
18.        menubar.add(menu);
19.        textarea=new JTextArea();
20.        scrollPane=new JScrollPane(textarea);
21.        this.add(textarea);
22.        item1=new JMenuItem("打开");
23.        item2=new JMenuItem("保存");
24.        item3=new JMenuItem("退出");
25.        menu.add(item1);
26.        menu.addSeparator();
27.        menu.add(item2);
28.        menu.addSeparator();
29.        menu.add(item3);
30.        item1.addActionListener(this);
31.        item2.addActionListener(this);
32.        item3.addActionListener(this);
33.        setSize(300,260);
34.        setVisible(true);
35.    }
36.    public void actionPerformed(ActionEvent e){
37.        if(e.getSource()==item1){
38.            textarea.setText("");
39.            JFileChooser fc=new JFileChooser();
40.            fc.setCurrentDirectory(new File("."));
41.            try{
42.                if(fc.showOpenDialog(this)==JFileChooser.APPROVE_OPTION)
43.                {
44.                    String filename=fc.getSelectedFile().getPath();
45.                    setTitle(filename);
46.                    FileReader fr=new FileReader(filename);      //创建字符输入流对象
47.                    BufferedReader br=new BufferedReader(fr);    //创建过滤器输入流对象
48.                    String s="";
49.                    while((s=br.readLine())!=null){
50.                        textarea.append(s+"\n");
51.                    }
52.                    br.close();
53.                    fr.close();
54.                }
55.            }
56.            catch(Exception ex){
57.                System.out.print(ex.toString());
58.            }
59.        }
60.        if(e.getSource()==item2){
61.            JFileChooser fc=new JFileChooser();
62.            fc.setCurrentDirectory(new File("."));
63.            try{
64.                if(fc.showSaveDialog(this)==JFileChooser.APPROVE_OPTION)
65.                {
66.                    String filename=fc.getSelectedFile().getAbsolutePath();
67.                    FileWriter fw=new FileWriter(filename);//创建字符输出流对象
```

```
68.              BufferedWriter bw=new BufferedWriter(fw);   //创建过滤器输出流对象
69.              String s=textarea.getText();
70.              bw.write(s);
71.              bw.close();
72.              fw.close();
73.            }
74.          }
75.       catch(Exception ex){
76.            System.out.print(ex.toString());
77.       }
78.    }
79.    if(e.getSource()==item3)
80.      System.exit(0);
81. }
82. public static void main(String args[])
83. {
84.     new BufferedReaderWriterDemo();
85. }
86. }
```

例 8-10 程序的运行结果如图 8.15 和图 8.16 所示。

图 8.15　打开效果

图 8.16　保存效果

这里有一个"修饰类"的概念，FileWriter 是被修饰者，BufferedWriter 是修饰者。其一般用法如下：

```
BufferedWriter bw=new BufferedWriter(new FileWriter("filename "));
```

上面加了一个缓冲，缓冲写满后再将数据写入硬盘，这样做极大地提高了性能。如果单独使用 FileWriter 也可以，但用户每写一个数据，硬盘就有一个写动作，性能极差。

8.5　随机访问文件

到目前为止，书中所使用的所有流都是只读的或只写的，这些流称为顺序流。使用顺序流打开的文件称为顺序访问文件。顺序访问文件的内容不能更新。然而，实际使用过程中经常需要修改文件。Java 提供了 RandomAccessFile 类，允许在文件的任意位置上进行读写。使用 RandomAccessFile 类打开的文件称为随机访问文件。

RandomAccessFile 类实现了 DataInput 和 DataOutput 接口。DataInput 接口定义了读取基本数据类型值和字符串的方法，DataOutput 接口定义了输出基本数据类型值和字符串的方法。

创建一个随机访问文件时，可以指定两种模式（"r"或"rw"）之一。模式"r"表明这个数据流是只读的，模式"rw"表明这个数据流既允许读也允许写。例如，下面的语句创建一个新的流 raf，允许程序对文件 test.dat 进行读和写：

```
RandomAccessFile raf=new RandomAccessFile("test.dat","rw");
```

如果文件 test.dat 已经存在，则创建 raf 访问这个文件；如果 test.dat 不存在，则创建一个名为 test.dat 的新文件，再创建 raf 访问这个新文件。

随机访问文件有一个表示下一个被读入或写出的字节所处位置的文件指针，seek 方法可以用来将这个文件指针设置到文件中的任意字节位置，seek 的参数是一个 long 类型的整数，它的值位于 0 到文件按照字节来度量的长度之间。例如，raf.seek(0)方法将文件指针移到文件的起始位置，raf.seek(raf.length())方法则将文件指针移到文件末尾。

文件的读写操作在文件指针所指的位置上进行。打开文件时，文件指针设为文件的起始位置。对文件读写数据时，文件指针会向前移动到下一个数据项。例如，如果使用 readInt()方法读取一个 int 值，JVM 会从文件指针处读取 4 字节，现在文件指针位于它之前位置向前的第 4 字节处，如图 8.17 所示。

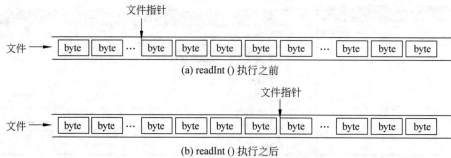

图 8.17　读取一个 int 值后，文件指针向前移动 4 字节

RandomAccessFile 类的主要方法如下。

（1）RandomAccessFile（String file，String mode）和 RandomAccessFile（File file，String mode）：打开给定的用于随机访问的文件。mode 字符串"r"表示只读模式；"rw"表示读/写模式；"rws"表示每次更新时，都对数据和元数据的写磁盘操作进行同步的读/写模式；"rwd"表示每次更新时，只对数据的写磁盘操作进行同步的读/写模式。

（2）long getFilePointer()：返回文件指针的当前位置。

（3）void seek(long pos)：将文件指针设置到距文件开头第 pos 字节处。

（4）long length()：返回文件按照字节来度量的长度。

【例 8-11】　编程示例：使用 RandomAccessFile 类进行数据的读写操作。

```java
import java.io.*;
public class TestRandomAccessFile {
    public static void main(String[] args) throws IOException{
        //创建随机访问文件
        RandomAccessFile raf=new RandomAccessFile("test.dat","rw");
        //将文件的原有内容删除
        raf.setLength(0);
```

```
//将 1~200 共 200 个 int 值写入文件
for(int i=1;i<=200;i++)
    raf.writeInt(i);
//输出现有文件的长度:由于每个 int 值占 4 字节,所以现有文件总长度是 800
System.out.println("文件的长度:"+raf.length());
//将文件指针设置到文件的起始位置
raf.seek(0);
//读取第一个数值并将指针移动到下一个数值
System.out.println("第 1 个数是:"+raf.readInt());
//将文件指针移向第 10 个数值
raf.seek(9 * 4);
//读取第 10 个数值并将指针移动到下一个数值
System.out.println("第 10 个数是:"+raf.readInt());
//在当前位置上写入新的第 11 个数值,原来的第 11 个数值被删除
raf.writeInt(555);
//将文件指针移动到文件末尾
raf.seek(raf.length());
//将 888 写入到文件末尾
raf.writeInt(888);
//输出此时文件的长度:文件长度增加了 4 字节,因此输出是 804
System.out.println("文件的长度:"+raf.length());
//将文件移动到第 11 个数值处
raf.seek(10 * 4);
//显示第 11 个数值是 555
System.out.println("第 11 个数是:"+raf.readInt());
//此时文件指针指向第 12 个数值处,即 getFilePointer()的值是 44((12-1) * 4)
System.out.println(raf.getFilePointer());

//在当前位置插入一个数:需要将插入点后的内容先保存到临时文件夹中
//创建一个临时文件用来保存插入点后的数据
FileOutputStream tmpOut=new FileOutputStream("tmp.dat");
FileInputStream tmpIn=new FileInputStream("tmp.dat");
//用于保存临时读取的字节数
byte[] buff=new byte[1024];
int hasRead=0;
//循环读取插入点之后的内容
while((hasRead=raf.read(buff))!=-1) {
    //将读取的数据写入到临时文件中
    tmpOut.write(buff,0,hasRead);
}
//返回原来的插入处,即第 12 个数值所在的位置
raf.seek(44);
//将新的数值 999 写到这个位置
raf.writeInt(999);
//最后追加临时文件中的内容
while((hasRead=tmpIn.read(buff))!=-1) {
    raf.write(buff,0,hasRead);
}
    }
}
```

8.6 本章小结

1. I/O 流的两种分类

（1）按流的方向分为输入流和输出流。

（2）按流的存取数据单位不同分为字节流和字符流。

2. I/O 流的四大抽象类

- 字节流：InputStream 和 OutputStream。
- 字符流：Reader 和 Writer。

3. 一般使用原则

（1）按输入/输出数据类型分类。

① 文件：FileInputStream、FileOutputStream、FileReader、FileWriter。

② byte[]：ByteArrayInputStream、ByteArrayOutputStream。

③ Char[]：CharArrayReader、CharArrayWriter。

④ String：StringBufferInputStream、StringBufferOuputStream、StringReader、StringWriter。

（2）缓冲流：缓冲流要套接在相应的节点流之上，提高了读/写的效率，主要有 BufferedInputStream、BufferedOutputStream、BufferedReader、BufferedWriter。

（3）转换流：主要作用是将字节流转换成字符流，用处较大。

从 Stream 到 Reader、Writer 的转换类：InputStreamReader、OutputStreamWriter。

例如：OutputStreamWriter osw＝new OutputStreamWriter（new FileOutputStream（文件路径）；

方法例如 osw.getEncoding()，表示获得流的编码方式。

8.7 习题

一、选择题

1. 下列不是 Java 的输入/输出流的是(   )。

    A. 文本流   B. 字节流   C. 字符流   D. 文件流

2. 从中央处理器流向外部设备的数据流称为(   )。

    A. 文件流   B. 字符流   C. 输入流   D. 输出流

3. 获取一个不包含路径的文件名的方法为(   )。

    A. String getName()   B. String getAbsolutePath

    C. String getPath()   D. String getParent()

4. 下列属于文件输入/输出类的是(   )。

    A. FileInputStream 和 FileOutputStream

    B. BufferedInputStream 和 BufferedOutputStream

    C. PipedInputStream 和 PipedOutputStream

    D. 以上都是

5. 下列说法错误的是(　　)。

A. Java 的标准输入对象为 System.in

B. 打开一个文件时不可能产生 IOException 异常

C. 使用 File 对象可以判定一个文件是否存在

D. 使用 File 对象可以判断一个目录是否存在

二、填空题

1. 按照流的方向来分,I/O 流包括_____和_____。

2. 流是一个流动的_____,数据从_____流向_____。

3. FileInputStream 实现对磁盘文件的读取操作,在读取字符的时候,它一般与_____和_____一起使用。

4. 向 DataOutputStream 对象 dos 的当前位置写入一个保存在变量 b 中的浮点数的方法是_____。

5. 在使用 BufferedOutputStream 输出时,数据首先写入_____直到写满才将数据写入_____。

三、程序设计题

1. 在 D 盘下建立文件 a.txt 并对其进行编辑,然后建立文件 b.txt,将 a.txt 的内容复制到 b.txt 中。

2. 编写一段代码,实现的功能是统计一个文件中字母“A”和“a”出现的总次数。

3. 建立一个文本文件,输入多个学生 3 门课的成绩,编写一个程序,读入这个文件中的数据,输出每门课的成绩的最小值、最大值和平均值。

4. 编写程序,实现文件内容的文件 N 个分割、N 个文件的合并功能,文件名从命令行中读取。

5. 编写程序,用随机文件访问方式将 10 条雇员记录(姓名、年龄、工资)写入到文件中,每条记录长度字节大小一样。然后修改第 5 条雇员的工资,最后将 10 条记录逆序从文件中读取并打印。

第 8 章 资源包　　　　　第 8 章 习题解答

第三篇

Java 多线程和网络

　　前面的程序都是单线程,即由主方法完成的主线程。也就是说,一个程序只有一条从头到尾的执行流。但是在现实中,很多问题需要多条执行流同时动作,例如网络服务器要处理多个客户端的请求、批量发送邮件或短信时等,所以网络软件中往往需要程序的多线程执行。

　　大家都知道,程序员首先要编写一个程序,它是一段静态的程序代码,存放在外存。如果要运行该程序,必须把它编译成二进制代码装入内存进行运行,此时该程序在内存中形成了一个进程,进程完成代码的加载、执行,并输出结果。线程是一个进程创建的多个执行单位,多个线程之间轮流执行,直到进程执行完毕。

　　Java 通过网络类库可以方便地访问互联网上的 HTTP 服务、FTP 服务、SMTP 服务、WebService 等,并可以直接获取互联网上的远程服务器的信息资源,当然还可以向远程服务器发送 Get 和 Post 请求,在网络编程中大量使用多线程编程机制。

第 9 章 多 线 程

主要内容：本章详细介绍多线程的相关概念、线程的声明周期、调用机制、线程同步和线程之间的通信机制等，重点讲述如何创建线程，实现多线程，线程之间数据的共享及线程同步。对于并发的多个线程，当共享某个数据资源的时候形成了竞争机制，通过线程同步有效地控制共享资源的访问，否则会产生数据混乱的情况。

教学目标：理解线程的思想；学会定义线程类；理解线程的生命周期；深刻理解线程同步的思想和实现方法。

9.1 案例：火车卖票多线程程序

现在有 20 张票，5 个卖票窗口同时卖票，使用多线程和同步实现。

【例 9-1】 火车卖票程序。

```
1.  package cn.ahut.cs.mainapp.chapter10;
2.  class Ticket implements Runnable{              //Runnable 实现类
3.      private int ticket=20;                     //一共有 20 张票
4.      public void run(){
5.          this.sell();
6.      }
7.      public synchronized void sell(){           //线程同步
8.          while(true){
9.              if(ticket<1){                      //如果没有票了,停止售票
10.                 System.out.println("票已售完!");
11.                 System.exit(0);
12.             }
13.              System.out.println(Thread.currentThread().getName()+"卖出第"+
                 (ticket--)+"号票");
14.
15.             try{
16.                 Thread.sleep(100);
17.                 notifyAll();                   //唤醒其他售票窗口
18.                 wait();
19.             }catch(InterruptedException ie){
20.                 ie.printStackTrace();
21.             }
22.         }
23.     }
24. }
25. public class  EXA10_1{
26.     public static void main(String[] args){
```

```
27.        Ticket t=new Ticket();
28.        Thread t1=new Thread(t,"卖票窗口 1: ");
29.        Thread t2=new Thread(t,"卖票窗口 2: ");
30.        Thread t3=new Thread(t,"卖票窗口 3: ");
31.        Thread t4=new Thread(t,"卖票窗口 4: ");
32.        Thread t5=new Thread(t,"卖票窗口 5: ");
33.        t1.start();
34.        t2.start();
35.        t3.start();
36.        t4.start();
37.        t5.start();
38.    }
39. }
```

运行结果如下：

```
卖票窗口 1: 卖出第 20 号票
卖票窗口 3: 卖出第 19 号票
卖票窗口 4: 卖出第 18 号票
卖票窗口 5: 卖出第 17 号票
卖票窗口 2: 卖出第 16 号票
卖票窗口 5: 卖出第 15 号票
卖票窗口 4: 卖出第 14 号票
卖票窗口 3: 卖出第 13 号票
卖票窗口 1: 卖出第 12 号票
卖票窗口 3: 卖出第 11 号票
卖票窗口 4: 卖出第 10 号票
卖票窗口 5: 卖出第 9 号票
卖票窗口 2: 卖出第 8 号票
卖票窗口 5: 卖出第 7 号票
卖票窗口 4: 卖出第 6 号票
卖票窗口 3: 卖出第 5 号票
卖票窗口 1: 卖出第 4 号票
卖票窗口 3: 卖出第 3 号票
卖票窗口 4: 卖出第 2 号票
卖票窗口 5: 卖出第 1 号票
票已售完！
```

　　上面的运行结果每次运行的可能不一样，这不是唯一的结果，这是因为多线程调度的先后问题。

　　注意：

　　（1）使用 Runnable 接口创建了一个目标类 Ticket，而目标类创建一个目标对象 t，5 个卖票线程 t1 到 t5 共 t 个对象，所以 t 对象中票的计数变量 ticket 被 5 个卖票线程共享。

　　（2）对象操作共享变量的方法 sell 必须设置 synchronized，每个线程执行时独占该方法，卖票完毕后，自己休息 100ms，然后唤醒其他休眠线程进入就绪队列排队，这样 5 个线程就有序地操作同一个共享变量。

　　（3）当票卖完后，调用 exit 函数终止当前进程，线程也会终止。

9.2 线程和线程的创建

9.2.1 线程概述

程序(program)是为实现特定目标或解决特定问题而用计算机语言编写的代码集合，一般保存在外存文件中。

进程(process)是运行中的程序，当一个程序被调入内存运行时即形成了一个进程，进程是系统进行资源分配和调度的一个独立单位。现在的操作系统都支持多任务，通常一个任务就是一个进程。进程具有如下特征。

- 动态性：进程是程序的一次动态执行过程，进程有自己的生命周期，从产生到消亡是一个动态的概念。

- 并发性：进程之间可以实现并发执行。现在的操作系统都实现了分时管理，多个进程按照时间片轮流执行，但在同一时刻只能有一个进程被执行，使得在宏观上具有多个进程同时执行的效果。注意并发不是并行，并行是同一时刻多个进程在多个处理器上同时执行。

计算机用户在生活和工作中经常做多个事情，例如，程序员在计算机上一边编写代码一边听歌，碰到问题到互联网上查查资料，同时操作系统还有大量的后台运行进程，这些同时工作的任务感觉好像在同时工作。实际上，对于普通的计算机来说，某个时间点只能执行一个程序，CPU 是通过时间片轮转的方式进行切换的。那为什么用户感觉不到切换呢？因为现在的计算机处理速度非常快，虽然 CPU 经常切换进程，但是用户感觉不到，感觉计算机中有多个进程在同时运行。

线程是进程的一部分，是比进程更小的执行单位。一个进程可以包含多个线程，一个线程必须属于某一个进程，进程拥有专用的内存空间，线程用户自己独立的堆栈、程序计数器和局部变量，但是不拥有资源，线程间共享变量，实现数据共享、数据交换、通信及同步控制。线程有如下特征。

- 抢占式：线程的执行是抢占式的。当前运行的线程随时都可被中断，让另外一个线程执行。

- 独立性：线程是独立运行的，当前线程并不知道它所属的进程还有没有其他线程存在。

- 并发性：同一个进程中的多个线程之间也可以并发执行。多个线程存在于一个应用程序中，而且可以并发执行，操作系统并不将多个线程看作多个独立的应用，线程的调度和管理是由它们所属的进程负责完成的。

- 内存共享：进程之间不能共享内存空间，而线程之间可以共享内存。

- 效率高：操作系统创建进程时要为该进程分配系统资源，系统负载会增加。而创建线程的代价小得多，使用多线程实现任务的并发能大大提高程序执行的效率。

- 优先级：Java 线程的优先级分为 10 个级别，在 Thread 类中有相应的类常量表示，优先级常量在从 1(Thread.MIN_PRIORITY)到 10(Thread.MAX_PRIORITY)的范围内有效。如果没有显式设置线程的优先级，默认优先级为 5(Thread.MORM_

PRIOTIRY)。Java 通过 setPriority(int grade)方法设置优先级，grade 的值从 1 到 10，如果越界，则产生 IllegalArgumentException 异常，使用 getPriority 方法获取线程的优先级。Java 调度器使高优先级的线程先运行，对同等优先级的线程以轮流的方法顺序使用 CPU 时间片。

多线程在用户使用计算机的过程中经常发生，例如，浏览器同时下载多个图片或同时浏览多个页面；Web 服务器要响应多个用户的请求；带有图形界面的软件运行时，图形界面的加载和业务逻辑程序的执行也使用多线程，这样图形界面的加载才不会停滞，等等，多线程在实际编程中很重要，特别是在网络应用软件的开发中。

9.2.2　使用 Thread 类创建线程类

Java 使用 Thread 类创建子类并创建线程类对象，步骤如下。

（1）扩展 Thread 类，并重写父类中的 run()方法，其目的是定义线程要实现的具体功能，否则线程什么都不做，因为父类中的 run()方法是空方法，因此通常把 run()方法称为线程执行体。

```
class threadsub extends Thread{
    public void run(){
        //在此定义线程的具体实现功能
    }
}
```

（2）创建 Thread 子类的对象，即线程，可以创建多个子类对象，即多线程。

```
threadsub t1=new threadsub();
threadsub t2=new threadsub();
```

（3）调用 Thread 子类对象的 start()方法启动当前线程，如果有多个线程，每个线程都要调用该方法来启动线程运行。

```
t1.start();
t2.start();
```

【例 9-2】　多线程的创建和运行。

```
1.   package cn.ahut.cs.mainapp.chapter10;
2.   public class EXA10_2 extends Thread{
3.       public int n=0;
4.       public void run(){
5.           long time=(long)(Math.random() * 200);
6.            System.out.println("time:"+time);
7.           while(true){
8.
9.             System.out.println(Thread.currentThread().getName()+": "+(n++));
10.            try{
11.            Thread.sleep(time);
12.            }catch(Exception e){
13.                e.printStackTrace();
14.            }
15.            if(n==10)
16.            System.exit(0);
17.        }
18.    }
```

```
19.    public static void main(String[] args) {
20.        Thread t1=new EXA10_2();
21.        t1.setName("线程 1");
22.        t1.start();
23.        Thread t2=new EXA10_2();
24.        t2.setName("线程 2");
25.        t2.start();
26.        }
27. }
```

运行结果如下：

```
time:145
线程 2: 0
time:180
线程 1: 0
线程 2: 1
线程 1: 1
线程 2: 2
线程 1: 2
线程 2: 3
线程 1: 3
线程 2: 4
线程 1: 4
线程 2: 5
线程 2: 6
线程 1: 5
线程 2: 7
线程 1: 6
线程 2: 8
线程 1: 7
线程 2: 9
```

上面实例的执行结果每次都不一样，因为线程休眠是随机数和线程调度的原因。上面的运行结果线程 1 只循环到 7，当线程 2 循环第 9 次时，即 n＝10 时，调用 System.exit(0)，结束整个应用程序，进程中的所有线程也被强迫结束。

9.2.3 使用 Runnable 接口创建线程类

Thread 类直接创建线程对象，使用的构造方法是 Thread(Runnable target)，该构造方法的形参是一个 Runnable 类型的接口，因此，在创建线程对象时必须向构造方法的参数传递一个实现 Runnable 接口类的实例对象，该实例对象称为线程的目标对象，使用该目标对象可以创建多个线程类对象。线程调用 start()方法后，排队等待 CPU 资源，一旦 CPU 有空，该线程就进入 CPU 执行，就会调用目标对象中的 run()方法（接口回调）执行 run()方法中所编写的程序代码。

实现 Runnable 接口创建线程类对象的步骤如下。

（1）定义实现 Runnable 接口的实现类，并重写 run()方法，实现线程的功能。

```
class targetClass implements Runnable{
    public void run(){
```

```
        //定义线程要实现的功能
    }
}
```

（2）创建 Runnable 接口的实现类的目标对象，把此对象作为 Thread 类的实参，创建 Thread 类的线程对象。

```
targetClass targetObject=new targetClass();
Thread T1=new Thread(targetObject[,线程名称字符串]);
Thread T1=new Thread(targetObject[,线程名称字符串]);
T1.start();
T2.start();
```

【例 9-3】 模拟银行账户的取现过程。

```
1.  package cn.ahut.cs.mainapp.chapter10;
2.  class Bank implements Runnable{              //Runnable 接口实现类
3.      int money=0;
4.      public void run(){                       //线程执行体
5.          //int money=500;                      //方法中的局部变量
6.          while(true){
7.              money-=100;
8.              if(Thread.currentThread().getName().equals("终端1")){
                                                 //判断是线程：终端1
9.                  System.out.println("从终端1上取钱100元后,还剩"+money+"元");
10.                 if(money<=100){
11.                     System.out.println("余额小于100元,终端1取钱结束");
12.                     return;                    //结束当前线程,即方法结束
13.                 }
14.             }
15.             else if(Thread.currentThread().getName().equals("终端2")){
                                                 //判断是线程：终端2
16.                 System.out.println("从终端2上取钱100元后,还剩"+money+"元");
17.                 if(money<=200){
18.                     System.out.println("余额小于200元,终端2取钱结束");
19.                     return;
20.                 }
21.             }
22.         }
23.     }
24. }
25. public class EXA10_3 {
26.     public static void main(String[] args) {
27.         Bank bank=new Bank();
28.         Thread T1=new Thread(bank,"终端1");
29.         Thread T2=new Thread(bank,"终端2");
30.         bank.money=500;
31.         T1.start();
32.         T2.start();
33.     }
34. }
```

运行结果如下：

从终端2上取钱100元后,还剩400元

从终端 2 上取钱 100 元后,还剩 300 元
从终端 2 上取钱 100 元后,还剩 200 元
余额小于 200 元,终端 2 取钱结束
从终端 1 上取钱 100 元后,还剩 100 元
余额小于 100 元,终端 1 取钱结束

注意:

(1) 目标对象中的成员变量在多个线程中是共享的。Bank 是 Runnable 接口的实现类,目标对象为 bank,T1 和 T2 两个线程都是用 bank 创建线程的,所以两个线程共享 bank 对象内存空间中的 money 变量,从上面的运行结果中可以看出,money 的值在两个线程之间是连续的,线程终端 2 取钱结束后,线程终端 1 取现是从 200 元开始的。当多个线程共享同一个目标对象(target)时,多个线程共享目标对象中的实例变量。

(2) 方法中的局部变量。如果把 money 变量移到 run()方法内部,例 9-3 的第 5 行语句把第 3、30 行语句注释掉,则运行结果如下:

从终端 1 上取钱 100 元后,还剩 400 元
从终端 1 上取钱 100 元后,还剩 300 元
从终端 2 上取钱 100 元后,还剩 400 元
从终端 2 上取钱 100 元后,还剩 300 元
从终端 2 上取钱 100 元后,还剩 200 元
余额小于 200 元,终端 2 取钱结束
从终端 1 上取钱 100 元后,还剩 200 元
从终端 1 上取钱 100 元后,还剩 100 元
余额小于 100 元,终端 1 取钱结束

可以看到,两个线程中的 money 都是从 500 开始的,说明都是使用各自的 money 变量,那么两个线程中的 money 变量有两份,互不影响。

9.2.4　使用 Callable 和 Future 接口创建线程

Java 不管使用 Runnable 接口还是 Thread 类创建线程,都只能在 run()方法体中实现线程要实现的具体功能代码,即线程执行体。对于其他任意方法不能被包装成线程执行体。从 Java 5 开始,Java 提供了 Callable 接口,该接口提供了一个 call()方法作为线程执行体,call()方法比 run()方法更加强大、更加灵活。

Callable 接口是 Java 5 新增的一个接口,使用该接口创建 target 对象,而该线程的执行体就是该 Callable 对象的 call()方法,并可以有返回值,但它不是 Runnable 接口的派生接口,当创建 Callable 接口的实现类并创建 target 对象时,该对象不能作为 Thread 类的 target。于是 Java 5 中提供了 Future 接口,可以获取 call()方法的返回值,该 Future 接口提供了一个 FutureTask 实现类,该实现类既实现了 Future 接口,又实现了 Runnable 接口,所以可以作为 Thread 类的 target。

那么,具体如何使用 Callable 和 FutrueTask 实现一个线程呢? 创建线程步骤如下。

(1) 创建 Callable 接口的实现类,并实现 call()方法,该方法即线程执行体,call()方法可以有返回值。

(2) 使用 Callable 的实现类创建对象,作为 FutureTask 类的传入参数,并创建

FutureTask 对象。

(3) 使用 FutureTask 类对象作为 Thread 类的 target 目标对象创建线程并启动。

(4) 使用 FutureTask 对象的 get()方法可以获取线程执行结束后的返回值（即 call()方法的返回值）。

说明：

(1) V get()方法：返回 Callable 任务里的 call()方法的返回值。调用该方法会导致当前程序堵塞，必须要等到线程结束后才能得到 call()方法的返回值。

(2) 实现 Callable 接口和实现 Runnable 接口并没有太大的区别，只是 Callable 的 call()方法允许声明抛出异常，并可以有返回值。

【例 9-4】 使用 Callable 和 FutureTask 创建线程。

```
1.  package cn.ahut.cs.mainapp.chapter10;
2.  import java.util.concurrent.Callable;
3.  import java.util.concurrent.FutureTask;
4.  import java.util.concurrent.*;
5.  public class EXA10_4 {
6.     public static void main(String[] args) {
7.         //使用 FutureTask 和 Callable 创建 Thread 类对象的 target 目标对象
8.         FutureTask<String>ft=new FutureTask<String>(new Callable<String>(){
9.             public String  call() throws InterruptedException {
10.                int i;
11.                for(i=0;i<5;i++){
12.                    System.out.println(Thread.currentThread().getName()+": "
                          +i);
13.                }
14.                return "线程中当循环结束时 i 变量的值"+i;   //有返回值,类型要一致
15.            }
16.        });
17.        new Thread(ft,"Callable 和 FutureTask 创建的线程").start();
                                                    //创建线程类对象并运行
18.        try{
19.            System.out.println(ft.get());              //获取线程结束时的返回值
20.        }catch(Exception e){
21.            e.printStackTrace();
22.        }
23.     }
24. }
```

运行结果如下：

```
Callable 和 FutureTask 创建的线程: 0
Callable 和 FutureTask 创建的线程: 1
Callable 和 FutureTask 创建的线程: 2
Callable 和 FutureTask 创建的线程: 3
Callable 和 FutureTask 创建的线程: 4
线程中当循环结束时 i 变量的值 5
```

注意：

(1) call()方法就是方法执行体，与 Runnable 接口中的 run()方法相似，只不过 call()方法有返回值。

（2）new Callable＜String＞()是接口 callable 的匿名实现类,重写了接口中的 call()方法。

（3）Thread 的目标对象 target 在这里是 FutureTask 类的对象,在使用 Runnable 接口时是 Runnable 接口实现类的对象。

9.3　线程的生命周期

当定义一个线程并创建线程对象启动后,线程已经开始它的生命旅程。线程启动后,不可能一直享用 CPU 资源而处于运行状态,因此,CPU 需要在多个线程之间切换。所以线程就绪后会多次在运行、阻塞之间来回切换,直至运行完毕,线程死亡。线程在生命周期内有多种状态,即新建(New)、就绪(Runnable)、运行(Running)、阻塞(Blocked)和死亡(Dead)。线程的状态转换图如图 9.1 所示。

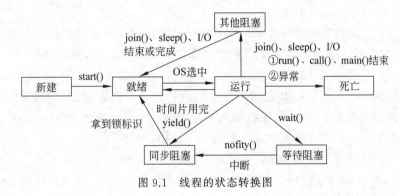

图 9.1　线程的状态转换图

说明:

（1）新建(new):新创建了一个线程对象。当程序使用 new 新建一个线程之后,线程处于新建状态,此时该线程已经有 JVM 分配内存,并初始化线程内成员变量的值,但此时线程不会运行线程的执行体。

（2）就绪(runnable):线程对象创建后,其他线程(例如 main()线程)调用了该对象的 start()方法。该状态的线程位于可运行线程池中,等待被线程调度选中,获取 CPU 的使用权。此时,表示线程可以运行了,但并没有开始运行,至于线程何时开始运行,取决于 JVM 的调度且占用 CPU 资源。

（3）运行(running):可运行状态(runnable)的线程获得了 CPU 时间片(timeslice),执行程序代码。一旦就绪排队的线程获得了 CPU 资源,就开始执行线程执行体,如果计算机中只有一个 CPU,那么在任何一个时刻只能有一个线程处于运行状态。在有多个 CPU 的计算机上,每个 CPU 可以执行一个线程,这是并行(parallel)执行。

（4）阻塞(block):阻塞状态是指线程因为某种原因放弃了 CPU 使用权,即让出了 cpu timeslice,暂时停止运行。直到线程进入可运行(runnable)状态,才有机会再次获得 cpu timeslice 转到运行(running)状态。阻塞的情况分为下面 3 种。

- 等待阻塞:运行(running)的线程执行 wait()方法,JVM 会把该线程放入等待队列(waiting queue)中。

- 同步阻塞：运行（running）的线程在获取对象的同步锁时，若该同步锁被其他线程占用，则 JVM 会把该线程放入锁池（lock pool）中。
- 其他阻塞：运行（running）的线程执行 Thread.sleep(long ms) 或 join() 方法，或者发出了 I/O 请求时，JVM 会把该线程置为阻塞状态。当 sleep() 状态超时、join() 等待线程终止或超时、I/O 处理完毕时，线程重新转入可运行（runnable）状态。

（5）死亡（dead）：线程 run()、call()、main() 方法执行结束，或者因异常退出线程执行，则该线程结束生命周期。死亡的线程不可再次复生。使用线程对象的 isAlive() 方法可以测试某个线程是否死亡，当线程处于就绪、运行和阻塞状态时，该方法返回 true；当线程创建对象但没有启动，即没有 start() 和线程死亡状态时，该方法返回 false。

9.4　线程的常用控制方法

线程中常用的方法有以下几个。

- start()：线程对象调用该方法，将启动一个线程进入就绪状态。一旦进入 CPU 中执行，就开始了当前线程的生命周期。如果线程已经死亡，再次调用 start() 方法启动该线程时将引发 IllegalThreadStateException 异常。
- sleep(int millsecond)：线程调用该方法后将放弃处理器资源，休眠一段时间，该时间以毫秒为单位。如果线程在休眠时被打断，Java 将抛出 IterruptedException 异常，因此 sleep() 方法必须放在 try…catch 块中。
- isAlive()：检查当前线程是否处于运行之中。
- currentThread()：Thread 中的类方法，通过类名来调用，返回当前在 CPU 中正在运行的线程对象，通过 Thread.currentThread.getName() 可以获取当前正在运行的线程的名称。
- interrupt()：用于"吵醒"正在休眠的线程，是对象方法，通过对象名指定要唤醒的线程，当正在休眠的线程调用该方法后会导致线程发生 IterruptedException 异常，从而结束睡眠，进入就绪状态重新排队。
- join()：让当前线程等待另外一个线程必须执行完的方法。当在程序中调用 join() 方法时调用该方法的线程将被阻塞，直到被 join() 方法加入的线程执行完才能回到当前线程中。
- yield()：类方法，可以让当前正在执行的线程暂停，则当前线程不会被阻塞，而是转入就绪状态。所以该方法只是让当前线程暂停一下，让系统线程调度器重新调度一次。

9.4.1　join 方法

线程中的方法 join() 主要用来控制线程的执行顺序，在执行 join() 方法的线程执行完之前，调用线程将被阻塞，直到执行该方法的线程结束后调用线程才开始继续执行。

【例 9-5】 join() 方法的使用。

```
1.  package cn.ahut.cs.mainapp.chapter10;
2.  class JoinThread extends Thread{
```

```
3.     JoinThread(String tName){
4.         super(tName);
5.     }
6.     public void run(){
7.         for(int i=0;i<5;i++)
8.             System.out.println(Thread.currentThread().getName()+"线程正在执行"+i);
9.     }
10. }
11. public class EXA10_5 {
12.     public static void main(String[] args) {
13.         Thread t=new JoinThread("线程1");
14.         t.start();
15.         System.out.println("main 线程开始执行");
16.         for(int i=0;i<5;i++){
17.             if(i>2){
18.                 try{
19. //t线程调用join()方法,main 线程必须等到 t 线程结束才会继续执行
20.                     t.join();
21.                 }catch(Exception ie)
22.                 {ie.printStackTrace();}
23.             }
24.             System.out.println("main 线程正在运行中"+i);
25.         }
26.         System.out.println("main 线程执行完毕");
27.     }
28. }
```

运行结果如图 9.2 所示。

注意:

（1）从上面的运行结果可以看到,主线程在执行过程中被中断,开始执行线程 1,线程 1 执行完毕后才继续开始执行 main 线程。

（2）join()方法还有一个常用的重载方法 join(long millis),等待被 join 的线程的事件最长执行时间为 millis 毫秒,如果在 millis 事件内被 join 的线程还没有执行结果,则调用线程不再等待。

图 9.2　join()方法的执行结果

9.4.2　守护线程

守护线程(Daemon Thread)可以为其他线程提供服务,JVM 的垃圾回收线程就是典型的守护线程。当所有前台线程都已经死亡时,守护线程会自动死亡。守护线程通过调用 setDaemon(true)方法将某个线程指定为守护线程。

【例 9-6】 守护线程。

```
1.  package cn.ahut.cs.mainapp.chapter10;
2.  public class EXA10_6 extends Thread{
3.      public void run(){
4.          for(int i=0;i<100;i++){
5.              System.out.println(getName()+":"+i);
6.          }
```

```
7.      }
8.      public static void main(String[] args) {
9.          EXA10_6 ex=new EXA10_6();
10.         ex.setDaemon(true);
11.         ex.start();
12.         System.out.println("main 线程结束");
13.     }
14. }
```

运行结果如图 9.3 所示。

注意：

（1）从运行结果可以看到，当主线程结束时，子线
程 ex 也结束，子线程中的 for 循环一共可以循环 100
次，但上面的结果只运行 3 次就结束了。

（2）main 线程是前台线程，而 ex 创建的时候也是
前台线程，在使用 setDaemon(true) 方法后，ex 变成后台线程。

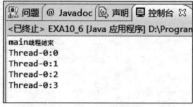

图 9.3　守护线程的运行结果

（3）setDaemon() 必须在 start() 之前调用，否则会出现 IllegalThreadStateException
异常。

9.4.3　线程的优先级

JVM 中的线程调度器负责管理线程，每个线程有一定的优先级，优先级高的线程获得
较多的执行机会，线程默认优先级是 5 级，main 线程是默认优先级，由 main 线程创建的子
线程也是 5 级。线程的优先级分为 1~10 共 10 个级别，其中有下面 3 个静态常量。

- MAX_PRIORITY：最高优先级为 10 级。
- MIN_PRIORITY：最低优先级为 1 级。
- NORM_PRIOTITY：默认优先级为 5 级。

那么怎么设置线程的优先级呢？

Java 语言使用 setPriority(int Grade) 设置线程的优先级。如果想知道某个线程是什么
优先级，可以使用 getPriority() 方法获取该线程的优先级。

【例 9-7】　不同优先级线程的执行顺序。

```
1.  package cn.ahut.cs.mainapp.chapter10;
2.  public class EXA10_7 extends Thread{
3.      public void run(){
4.          for(int i=0;i<5;i++){
5.              System.out.println(getName()+":"+i);
6.          }
7.      }
8.      public static void main(String[] args) {
9.          EXA10_7 ex=new EXA10_7();
10.         ex.start();
11.         Thread.currentThread().setPriority(1);          //设置主线程优先级为 1
12.         for(int i=0;i<5;i++){
13.             System.out.println("main 线程"+i);
14.         }
15.     }
16. }
```

运行结果如图 9.4 所示。

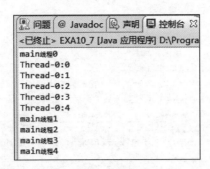

图 9.4 不同优先级线程的执行顺序不同

注意：

(1) 子线程 Thread-0 默认优先级是 5 级，main 线程的优先级被修改为 1 级，可以看到优先级高的子线程被优先执行。

(2) 优先级高的线程能获得更多的执行机会，并不一定会优先执行。

9.5 线程同步

当应用程序执行多线程任务时，在这些多线程之间需要访问同一个变量或代码块，此时可能会出现线程冲突的问题，例如，多个线程访问同一个线程类成员对象时会产生程序资源的访问冲突问题，使用线程同步可以解决这种问题，使冲突的程序资源得以控制，不会产生不确定的结果。

9.5.1 线程安全问题

在创建多个线程时，编程人员经常会碰到下面这个问题：多个线程共享同一个线程类的成员变量，并且都需要修改或读取这个变量，此时如果不进行线程控制，会发生变量值的不可控性。下面来看一个经典的问题：银行账户取钱或存钱的问题。

【例 9-8】 两个终端同时对同一个账户进行存款，出现变量值混乱的情况。

```
1.  package cn.ahut.cs.mainapp.chapter10;
2.  class Account{                                          //银行账户类
3.     String AccountNo;                                    //账户号
4.     double money;                                        //余额
5.     Account (String an,double m){
6.        AccountNo=an;
7.        money=m;
8.     }
9.  }
10. class Bank10_8 extends Thread{
11.    Account account;
12.    double addMoney;
13.    Bank10_8(Account a,String tName,double addMoney){
14.       super(tName);
15.       this.account=a;
16.       this.addMoney=addMoney;
```

```
17.        }
18.        public void run(){
19.            for(int i=0;i<3;i++){
20.                account.money+=addMoney;
21.                try{
22.                    Thread.sleep(600);
23.                }catch(InterruptedException ie){
24.                    ie.printStackTrace();
25.                }
26.                 System.out.println(Thread.currentThread().getName()+"存了"+
                this.addMoney+"万元钱;账户余额为:"+account.money);
27.            }
28.        }
29. }
30. public class EXA10_8 {
31.     public static void main(String[] args) {
32.         Account a=new Account ("201503001",1000);
33.         new Bank10_8(a,"终端1",50).start();
34.         new Bank10_8(a,"终端2",70).start();
35.     }
36. }
```

运行结果如图9.5所示。

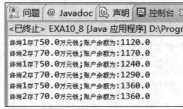

图 9.5   线程安全问题

注意：从上面的运行结果可以看到两个线程存钱，存钱后账户余额出现混乱的情况，终端1和终端2第一轮存钱共存了1120.0元，但是可以发现第二行的账户余额为1170.0元，出现共享变量的值混乱的情况。

那么怎么解决呢？可以使用9.5.2节中介绍的两种方法——同步代码块或同步方法。

9.5.2   同步代码块

从例9-8中可以看到，共享账户中money的值的访问是不安全的，为了防止共享系统资源发生冲突的情况，必须在资源访问时就控制，在同一个时刻只允许一个线程访问共享资源。

为了解决这个问题，Java多线程机制中引入了同步监视器，在任何时刻只能有一个线程可以获取同步代码块或方法的锁定，当同步代码执行完以后，该线程释放对同步的锁定，此时其他线程就可以同步代码块或方法。使用同步机制的方法为同步代码块、同步方法、同步锁。

同步代码块使用synchronized关键字修饰代码块。

【格式9-1】 同步代码块的格式。

```
Synchronized(Object obj){
    //需要同步的代码块
}
```

说明：

(1) obj可以是任何对象，如例9-8中，可以使用account对象作为同步锁。

(2) 同步锁在任一时刻只能被一个线程所拥有。

(3) 如果同步锁被某个线程拥有，当其他线程访问时将被放到锁池中，并将它们转为同步阻塞状态。

（4）如果一个拥有同步锁的线程执行完程序，会自动释放同步锁，此时锁池中的其他线程可以拥有同步锁，并执行同步程序。

（5）如果拥有同步锁的线程调用了 sleep()方法，该线程释放 CPU 资源，但不会释放 obj 的锁。

（6）如果拥有同步锁的线程调用了 wait()方法，该线程会释放同步锁，同时转为等待阻塞状态。

把例 9-8 中的同步代码修改为同步代码块，并加上同步锁对象 account。

【例 9-9】 同步代码块。

```
1.  class Bank10_9 extends Thread{
2.     Account account;
3.     double addMoney;
4.     Bank10_9(Account a,String tName,double addMoney){
5.         super(tName);
6.         this.account=a;
7.         this.addMoney=addMoney;
8.     }
9.     public void run(){
10.        synchronized(account){
11.           for(int i=0;i<3;i++){
12.              account.money+=addMoney;
13.              try{
14.                 Thread.sleep(600);
15.              }catch(InterruptedException ie){
16.                 ie.printStackTrace();
17.              }
18.              System.out.println(Thread.currentThread().getName()+"存了"+
                 this.addMoney+"万元钱;账户余额为:"+account.money);
19.           }
20.        }
21.     }
22. }
23. public class EXA10_9 {
24.     public static void main(String[] args) {
25.         Account a=new Account ("201503001",1000);
26.         new Bank10_9(a,"终端1",50).start();
27.         new Bank10_9(a,"终端2",70).start();
28.     }
29. }
```

运行结果如图 9.6 所示。

注意：上面程序中使用 synchronized 将 run()方法中的代码修改为同步代码块，其同步锁为 account 对象，account 对象被两个线程共享，所以把 account 设置为同步锁。这样，线程调用同步代码块时都将经过"加

图 9.6 同步代码块

锁→执行代码→释放锁"的过程。任何线程在执行同步代码之前都要对该资源加锁，在加锁期间其他线程是不能访问同步代码的，当该线程执行完成后就会释放资源访问的同步锁。通过这种方法可以保证在同一时刻只能有一个线程进入到共享资源的代码，从而保证线程

执行的安全性。

9.5.3　同步方法

除了同步代码块，Java 还提供了同步方法，同步方法就是对要同步的代码块加上修饰符 synchronized，这样该方法就是同步方法。对于 synchronized 修饰的实例方法（类方法不可以），不需要指定同步锁，同步方法的同步锁是 this，即对象本身作为同步监视器。

【格式 9-2】 同步方法格式。

```
[访问控制符]　synchronized 返回类型 方法名称(形参列表){
    //同步代码块
}
```

说明：

(1) 同步方法的同步锁即当前对象 this，不需要显式指定。

(2) 同步方法可以重写。但在子类的方法中，如果使用 synchronized 修饰，则重写的方法是同步方法，如果没有该关键字修饰，则重写的方法就不是同步方法。

【例 9-10】 同步方法。

```
1.  package cn.ahut.cs.mainapp.chapter10;
2.  class Account10_10{                                    //银行账户类
3.      String AccountNo;                                  //账户号
4.      double money;                                      //余额
5.      Account10_10(String an,double m){
6.          AccountNo=an;
7.          money=m;
8.      }
9.      public synchronized void takeMoney(double addMoney){   //同步方法
10.         for(int i=0;i<3;i++){
11.             money+=addMoney;
12.             try{
13.                 Thread.sleep(600);
14.             }catch(InterruptedException ie){
15.                 ie.printStackTrace();
16.             }
17.             System.out.println(Thread.currentThread().getName()+"存了"+
    addMoney+"万元钱;账户余额为:"+money);
18.         }
19.     }
20. }
21. class Bank10_10 extends Thread{
22.     Account10_10 account;
23.     double addMoney;
24.     Bank10_10(Account10_10 a,String tName,double addMoney){
25.         super(tName);
26.         this.account=a;
27.         this.addMoney=addMoney;
28.     }
29.     public void run(){
30.         account.takeMoney(addMoney);                   //调用同步方法
31.     }
32. }
```

```
33.  public class EXA10_10 {
34.    public static void main(String[] args) {
35.      Account10_10 a=new Account10_10("201503001",1000);
36.      new Bank10_10(a,"终端1",50).start();
37.      new Bank10_10(a,"终端2",70).start();
38.    }
39.  }
```

运行结果如图 9.7 所示。

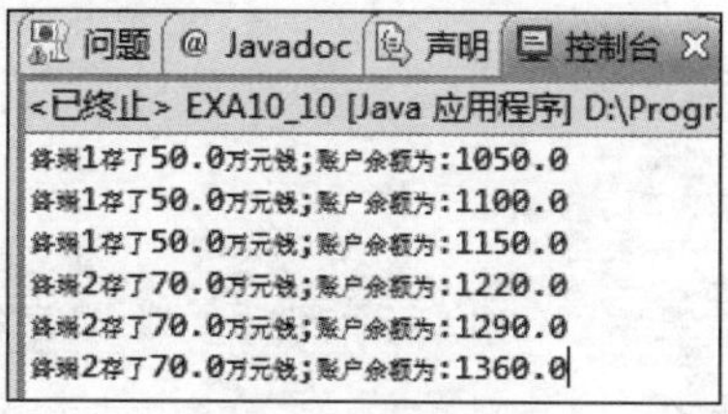

注意：

（1）Account10_10 类中的 money 是可改变的，当
两个线程同时修改该共享变量时，程序就会出现混乱，
上面例子中将 money 的访问设置成线程安全的，那么
只要把访问 money 的方法变为同步方法即可。

图 9.7　同步方法

（2）由于同步方法的同步锁是 this，所以把 takeMoney()方法移到 Account10_10 类中，
这个 this 代表的应该是当前引用的 Account10_10 的对象，该对象被两个线程所共享。

（3）线程安全的实现降低了程序的执行效率，为了减少线程安全所带来的程序执行影
响，可以采取下面的策略。

- 不要对线程安全类中的所有方法（不包括类方法、构造方法）都进行同步，只对那些
  会改变共享资源的方法进行同步处理。
- 对访问共享资源的方法提供了两个版本，即线程不安全版本和线程安全版本，单线
  程运行时采用不安全版本，多线程运行时采用安全版本。

9.5.4　同步锁

Java 5 中提供了一种功能更为强大的线程同步机制，即同步锁，通过显式定义同步锁来
实现代码同步，Java 提供了同步 Lock 接口。为了允许对象共享资源的并发访问，Java 提供
了 Lock、ReadWriteLock 两个根接口，并为 Lock 接口提供了 ReentrantLock（可重入锁）实
现类，为 ReadWriteLock 接口提供了 ReentrantReadWriteLock 实现类。

在线程安全的控制实现中，比较常用的是 ReentrantLock，使用该 Lock 对象能够通过
显式地加锁（lock()方法）、释放锁（unlock()方法）实现程序同步。

【例 9-11】 同步锁。

```
1.   package cn.ahut.cs.mainapp.chapter10;
2.   import java.util.concurrent.locks.*;
3.   class Account10_11{                                    //银行账户类
4.     String AccountNo;                                    //账户号
5.     double money;                                        //余额
6.     final ReentrantLock lock=new ReentrantLock();        //创建同步锁
7.     Account10_11(String an,double m) {
8.       AccountNo=an;
9.       money=m;
10.    }
11.    public void takeMoney(double addMoney) {
12.      lock.lock();                                       //加锁
13.      try{
```

```
14.              for(int i=0;i<3;i++){
15.
16.                  money+=addMoney;
17.                  try{
18.                      Thread.sleep(600);
19.                  }catch(InterruptedException ie){
20.                      ie.printStackTrace();
21.                  }
22.                  System.out.println(Thread.currentThread().getName()+"存了"+
addMoney+"万元钱;账户余额为:"+money);
23.                  }
24.          }catch(Exception e){}
25.          finally{
26.              lock.unlock();                                  //释放锁
27.          }
28.      }
29. }
30. class Bank10_11 extends Thread{
31.      Account10_11 account;
32.      double addMoney;
33.      Bank10_11(Account10_11 a,String tName,double addMoney){
34.          super(tName);
35.          this.account=a;
36.          this.addMoney=addMoney;
37.      }
38.      public void run(){
39.          account.takeMoney(addMoney);
40.      }
41. }
42. public class EXA10_11{
43.      public static void main(String[] args) {
44.          Account10_11 a=new Account10_11("201503001",1000);
45.          new Bank10_11(a,"终端1",50).start();
46.          new Bank10_11(a,"终端2",70).start();
47.      }
48. }
```

运行结果如图 9.8 所示。

注意：

（1）上面的例子中定义了一个 ReentrantLock 锁
对象 lock，在同步方法 takeMoney()中，开始执行时调
用 lock()方法加锁，在方法程序执行完后，程序在
finally 块中释放锁。

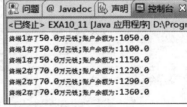

图 9.8　同步锁

（2）同步代码块和同步方法是隐式的同步监视器，强制要求加锁和释放锁出现在一个
程序块中，可以避免很多涉及锁的常见编程错误，但有时需要使用更为灵活的 Lock 机制，
Lock 提供了同步代码块和同步方法所没有的其他功能，例如可用于非块结构的 tryLock()
方法，试图获取可中断的 lockInterruptibly()方法等。

扩展：如果两个线程互相等待对方释放同步锁会发生死锁，Java 对于死锁不能自动处

理,所以在多线程编程时应该采取措施避免死锁出现,一旦出现死锁,整个程序就不会有任何提示,只是所有线程处于阻塞状态,程序的执行无法继续下去。请读者尝试写一个死锁的程序,并提交一个报告,包含死锁程序和死锁发生的原因。

9.6 线程通信

多个线程之间可以使用 synchronized 实现同步,但是有时候多个线程之间需要协调运行,以保证多个同时处理的线程之间能够通信,进行沟通协调。例如生产者和消费者问题,在生产者生产之前,如果共享数据没有被消费,则生产者等待,在生产者生产之后,通知消费者消费;在消费者消费前,如果共享数据已经被消费完,则消费者等待,消费者消费后,通知生产者生产。

wait()、notify()、notifyAll()方法是 Object 类中的 final 方法,用户不能重写这些方法。当一个线程的同步方法中的共享变量需要其他线程修改后才可能符合该线程要求的条件时,那么可以使用 wait()方法,wait()方法中断当前线程,使本线程处于等待状态,允许其他线程使用这个同步方法。其他线程在执行完这个同步方法之后,应该用 notifyAll()方法通知其他处于等待的线程结束等待,此时因等待被中断的线程会重新排队等待 CPU 资源。

这 3 个方法的含义如下。

- wait():当前线程被中断,处于等待状态,让出 CPU 资源,释放对该同步监视器的锁定,即释放同步锁,直到其他线程调用 notify()或 notifyAll()方法唤醒该线程。
- notify():唤醒在此同步监视器(同步代码块、同步方法)上等待的单个线程,选择是任意性的。当前线程执行完以后释放同步监视器的锁定,处于等待的其他线程才能被唤醒。
- notifyAll():唤醒在此同步监视器上的所有线程。

【例 9-12】 排队买票。

```
1.  package cn.ahut.cs.mainapp.chapter10;
2.  class sellTicket implements Runnable{              //售票线程类
3.      String name1,name2;
4.      int fifty=0,hundred=0;
5.      sellTicket(String n1,String n2){
6.          this.name1=n1;
7.          this.name2=n2;
8.      }
9.      public void run(){
10.         String tName=Thread.currentThread().getName();
11.         if(tName.equals(name1))
12.             sell(50);                               //李三给售票员 50 元钱
13.         else if(tName.equals(name2))
14.             sell(100);                              //李四给售票员 100 元钱
15.     }
16.     public synchronized void sell(int money){       //售票同步方法
17.         String tName=Thread.currentThread().getName();
18.         if(50==money){
19.             fifty+=1;
```

```
20.              System.out.println(tName+"给售票员 50 元钱,不必找钱!");
21.          }else if(100==money){
22.              while(fifty<1){
23.                  try{
24.                      System.out.print(tName+"给售票员 100 元钱! \n 售票员请"+
                         tName+"等一会!\n");
25.                      wait();
26.                      System.out.println(tName+"等待结束,继续买票!");
27.                  }catch(Exception e){}
28.              }
29.              hundred+=1;
30.              fifty-=1;
31.              System.out.println(tName+"给售票员 100 元钱! 售票员找给"+tName+
                 "50 元钱!\n");
32.          }
33. //notifyAll();
34.      }
35. }
36. public class EXA10_12 {
37.      public static void main(String[] args) {
38.          String name1="李三",name2="李四";
39.          sellTicket st=new sellTicket(name1,name2);
40.          new Thread(st,name1).start();
41.          new Thread(st,name2).start();
42.
43.      }
44. }
```

运行结果如图 9.9 所示。

注意：模拟两个人在一个售票窗口买票,每人买一张票,售票员没有零钱,电影票是 50 元一张。李四有 100 元钱,买票时,售票员找不开,此时必须等待李三买票,李三有 50 元钱,正好够买一张电影票,不用找零。所以,最终的买票顺序应该是李三先买,李四后买。

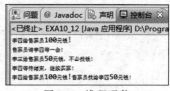

图 9.9 线程通信

扩展：

（1）扩展本节案例,如果有一个售票窗口,n 个人买票怎么办？

（2）使用线程同步和通信的方法实现生产者与消费者问题。

9.7 本章小结

（1）程序是程序员编写的静态代码,是为实现特定目标或解决特定问题而用计算机语言编写的代码集合。进程是系统进行资源分配和调度的最小独立单位,而线程是进程的一部分,是比进程更小的执行单位。一个进程可以包含多个线程。

（2）Java 创建线程有以下 3 种方法。

① 使用 Thread 类的派生子类重写 run()方法,将线程执行体放在 run()方法中。

② 实现 Runnable 接口创建目标实现类,再通过 Thread 类的 target 参数指向

Runnable 接口的实现类的目标对象。

③ Callable 和 Future 创建线程,可以将线程执行体放在任意实例方法中,且有返回值。

(3) 线程在生命周期内有多种状态,例如新建(New)、就绪(Runnable)、运行(Running)、阻塞(Blocked)和死亡(Dead)。

(4) 线程常用的方法有 start()、sleep()、join()、currentThread()、yield()等,每个线程有一个一定的优先级,优先级高的线程获得较多的执行机会,线程的默认优先级是 5 级,main 线程是默认优先级,由 main 线程创建的子线程也是 5 级。线程的优先级分为 1~10 共 10 个级别。

(5) 线程同步有多种方法,例如同步代码块、同步方法、同步锁,其中同步锁更为灵活。

(6) 线程之间可以共享数据,可以实现数据通信,使用 synchronized、wait()、notifyAll()来控制线程通信。

9.8　习题

一、选择题

1. 线程在声明周期中要经历 5 种基本状态,包括新建、(　　)、运行、阻塞和死亡。

　　A. 准备　　　　　B. 休眠　　　　　C. 就绪　　　　　D. 等待

2. 下面(　　)关键字可以实现同步代码块和同步方法。

　　A. final　　　　　B. serialize　　　　　C. static　　　　　D. synchronized

3. 下面(　　)方法不是线程中使用的方法。

　　A. sort()　　　　　B. sleep()　　　　　C. yield()　　　　　D. wait()

二、简答题

1. 什么是线程安全? 举出线程不安全的例子。

2. 简述程序、进程和线程的概念及区别,给出线程的基本状态及状态之间转换的条件。

3. 多线程有几种实现方法? 分别是什么? 比较并说明优缺点。

4. 线程同步有几种方法? 分别是什么? 比较并说明优缺点。

三、程序设计题

1. 编写 3 个线程,其中线程 threadA 打印 1~52,线程 threadB 打印 A~Z,线程 threadC 打印 a~z,打印顺序要求是 12Aa34Bb…5152Zz。

2. 火车 11 车厢的座位从 1~105 号,现有 3 个售票窗口售票,利用多线程模拟售票系统,要求不能重复售票。

3. 现有一个售票窗口,n 个人排队买票,每次每个人只能买一张票,轮流买票。

4. 某小区有两个车位可以停车,模拟 n 个用户开车离开、停车入库的效果,要求车位有车时不能停车。

5. 编写 3 个线程,分别为"货车司机""装运工""仓库管理员",要求如下:

(1) 货车司机占用 CPU 资源后立即联合装运工,就是让货车司机一直等到装运工完成工作后才能开车。

(2) 装运工占用 CPU 资源后立即联合仓库管理员,就是让装运工一直等到仓库管理员打开仓库后才能开始搬运货物。

6. 创建多线程数字时钟 GUI 应用程序，一个线程在一个无限 while 循环中计时，另一个线程则负责每秒刷新一次界面。

7. 利用多线程模拟汽车通过隧道问题：

（1）一个隧道，同一时间只能有一辆汽车通行。

（2）车辆到隧道口时，如果已经有车辆在通行中，则一直等待自己能进入为止。

（3）两边都有车辆等待，则隧道两边轮流进入隧道通行。

第 9 章 资源包

第 9 章 习题解答

第 10 章　网　络　编　程

主要内容：在网络飞速发展的今天，网络程序的开发显得格外重要。Java 语言的网络编程基于 TCP/IP 协议，通过 Socket 方式可以使用网络上的各种远程资源和数据，可以很方便地访问互联网上的 HTTP 服务、FTP 服务等多种形式的连接和传输方法，还可以像远程计算机发送 Get 或 Post 请求。本章主要讲述如何使用 Java 的网络工具类来获取网上的远程资源。本章重点介绍 Java 提供的 TCP 网络通信支持，包括利用 ServerSocket 建立 TCP 服务器，利用 Socket 建立 TCP 客户端。本章将以逐步迭代的方式开发一个 C/S 结构的网络通信程序。本章还将介绍 Java 提供的 UDP 网络通信支持，介绍如何使用 DatagramSocket 来发送、接收数据报（Datagram Packet）。

教学目标：掌握获取网络资源并提取所需数据的方法，掌握 Java 提供的 TCP 网络编程与 UDP 网络编程。

10.1　案例：HelloWorld 程序

这是一个基于 Tcp 协议的网络程序，功能是客户端发送"HelloWorld"信息给服务器，服务器端接收此信息并输出到控制台。下面程序是 HelloWorld 程序的服务端和客户端代码。

【例 10-1】　基于 Socket 模型的 HelloWorld 程序。

1. 服务端程序 HelloServer

```
1.    package cn.ahut.cs.mainapp.chapter11;
2.    import java.io.IOException;
3.    import java.io.InputStreamReader;
4.    import java.io.BufferedReader;
5.    import java.io.PrintWriter;
6.    import java.net.ServerSocket;
7.    import java.net.Socket;
8.    /***
9.     * 服务器端程序
10.    */
11.   public class HelloServer {
12.       public static void main(String[] args) {
13.           try
14.           {
15.               //创建服务器端的 ServerSocket serverSocket 对象,设置端口为 8123
16.               ServerSocket serverSocket=new ServerSocket(8123);
17.               //等待对方发起连接,连接建立后产生一个 Socket
```

```
18.          Socket socket=serverSocket.accept();
19.          System.out.println("已经连接");
20.          //打开输入流
21.          InputStream ips=socket.getInputStream();
22.          //封装为缓冲流输入流对象
23.          BufferedReader br=new BufferedReader(new InputStreamReader(ips));
24.          //从客户端读取一句话
25.          System.out.println("Client said: " +br.readLine());
26.          //关闭资源
27.          ips.close();
28.          socket.close();
29.          serverSocket.close();
30.        }
31.        catch(Exception e)
32.        {
33.            e.printStackTrace();
34.        }
35.    }
```

2. 设计并编写 HelloClient 程序

```
1.    package cn.ahut.cs.mainapp.chapter11;
2.    import java.io.OutputStream;
3.    import java.net.InetAddress;
4.    import java.net.Socket;
5.    //客户端程序
6.    public class HelloClient {
7.        public static void main(String[] args) {
8.            try {
9.                //根据服务端地址与端口号获得 socket 对象
10.               Socket socket=new Socket(InetAddress.getByName("127.0.0.1"), 8123);
                   //打开输出流
11.               OutputStream ops=socket.getOutputStream();
12.               //输出"Hello World"给服务器
13.               ops.write("Hello World!".getBytes());
14.               //关闭资源
15.               ops.close();
16.               socket.close();
17.        } catch (Exception e) {
18.            e.printStackTrace();
19.        }
20.    }
21. }
```

3. 测试程序

首先运行服务端程序 HelloServer，然后执行客户端程序 HelloClient，结果如图 10.1
所示。

图 10.1　程序运行结果

说明：

（1）服务器端使用 ServerSocket 创建一个监听端口是 8123 的实例来监听客户端的请求，当客户端连接服务器所监听的端口时，ServerSocket 将获取一个 Socket 对象，HelloServer 类中的 client 对象即是一个 Socket 对象，这个 Socket 对象负责与相应的客户端实例通信。

（2）客户端创建一个 Socket 对象，用于同 Server 端通信。

（3）客户端通过输出流（outputStream）把"Hello World"字符串发送到服务器端，服务端通过输入流（inputStream）接收到客户端的发来的字符串，并输出到控制台。

10.2　Java 的基本网络支持

网络编程主要是实现计算机之间的通信，那么如何能准确地找到一个互联网上的计算机呢？找到计算机后，如何能快速、安全的和目的计算机进行数据传输呢？这都需要网络协议的支持。目前常用的网络协议是 TCP/IP 网络通信协议，它定义了计算机与目的主机进行通信所使用的规则，被称作"全球互联网"或"因特网"（Internet）的基础，能够将绝大部分的计算机连接起来，TCP/IP 体系是互联网发展的根本基石。TCP/IP 是"transmission Control Protocol/Internet Protocol"的简写，中文译名为传输控制协议/互联网络协议，它规范了网络上的所有通信设备，尤其是一个主机与另一个主机之间的数据往来格式以及传送方式。TCP/IP 协议有 4 层：应用层、传输层、网络层和网络接口层，其中传输层的主要协议有 UDP、TCP，传输层是使用者使用平台和计算机信息网内部数据结合的通道，可以实现数据传输和数据共享。

10.2.1　IP 地址、域名和端口

IP 地址是指互联网协议地址（Internet Protocol Address，又译为网际协议地址），是 IP Address 的缩写。IP 地址是 IP 协议提供的一种统一的地址格式，它为互联网上的每一个网络和每一台主机分配一个逻辑地址，以此来屏蔽物理地址的差异。IP 地址表达形式有两种，分别是 IPv4 和 IPv6。

- IPv4 有 4 字节，共 32 位二进制，由 4 个 0～255 的十进制数构成，数字之间用"."作为分隔符，由于此地址，采用十进制形式，所以称为"点分十进制记法"，形如192.168.1.89。
- IPv6 由 128 位二进制数表示，每 16 位分成一个段位，一共 8 个段位，每个段位表示成十六进制数，用冒号隔开，形如 5A:0000:0000:0000:02EA:000F:FE0C:9C5B。

域名（Domain Name）是由一串用"."分隔的名字组成的 Internet 上某一台计算机或计算机组的名称，域名是一个 IP 地址不同表示法。一个域名的目的是便于记忆和沟通的一组服务器的地址（网站、电子邮件、FTP 等）。如域名为 www.ahut.edu.cn 对应的 IP 地址为60.171.124.78，是一个主机的两种表示方法，DNS 是域名服务器，负责将域名转换为 IP 地址，这样程序才能与目标主机建立网络连接。

端口是一个 16 位的整数，用于表示数据交给哪个通信程序处理。因此，端口就是应用程序与外界交流的出入口，它是一种抽象的软件结构，包括一些数据结构和 I/O 缓冲区。

不同应用程序处理不同端口上的数据，同一台机器上不能有两个程序使用同一个端口，端口号范围0～65535。根据端口和服务的绑定情况，端口可分为公认端口、注册端口和动态端口。

- 公认端口：0～1023。这个范围内的端口系统一般保留给一些常用的系统服务，比如 Web 服务使用80端口，FTP服务使用21端口。因为这些端口和服务形成了一一对应关系，已被大家所公认，所以这些端口称为公认端口。
- 注册端口：1024～49151。这个范围内的端口比较松散地绑定于一些服务，也就是说，和公认端口相比，这些端口和服务并没有形成一一对应关系，许多服务可绑定于这些端口，这些端口同样可用于许多其他目的。
- 动态端口：49152～65535。这个范围内的端口一般不为服务所使用，它常常被动态分配给客户端，因而这个范围内的端口称为动态端口。需要注意的是，在实际应用中，端口从1024起就开始动态分配了。

当网络上的一台计算机中的某个程序需要发送数据时，需要指定目的地的 IP 地址和端口，如果指定了正确的 IP 地址和端口号，计算机网络就可以将数据发送给该 IP 地址和端口所对应的程序。

10.2.2　使用 InetAddress

Java 提供了 InetAddress 类来获取一个网址的域名、地址等信息，通过 IP 地址来查找域名或通过域名来查找 IP 地址，它被定义在 Java.net 包中，有两个子类 Inet4Address 和 Inet6Address，分别表示 IPv4 和 IPv6 格式的地址。

InetAddress 类提供了如下常用的3个静态方法来获取一个 InetAddress 类对象。

- public static InetAddress getByName(String host) throws UnKnownHostException：当已知主机名(www.sina.com.cn)情况下获取 InetAddress 类实例对象。
- public static InetAddress getByAddress(byte[] addr)：当已知 IP 地址情况下获取 InetAddress 类实例对象。
- publicstatic InetAddress getLocalHost()：返回本地主机 InetAddress 类实例对象。

InetAddress 类还提供了下面几个常用的实例方法来获取 IP 地址、主机名等信息。

- public String getHostName()：获取此 IP 地址的主机名。
- public String getHostAddress()：获取 IP 地址字符串。
- public getCanonicalHostName()：获得此 IP 地址的完全限定域名。
- publicBoolean isReachable(int timeout)：判断此地址是否可以到达，如可到达，返回 true；否则返回 false。
- public byte[] getAddress()：返回 InetAddress 对象的 IP 地址数组。

【例 10-2】 InetAddress 的使用。

```
1.  package cn.ahut.cs.mainapp.chapter11;
2.  import java.net.*;
3.  public class EXA11_2 {
4.      public static void main(String[] args) {
5.          try{//获取本地 IP 地址和主机名
6.              InetAddress IA1=InetAddress.getLocalHost();
```

```
7.          System.out.println(IA1.getHostName()+" : "+IA1.getHostAddress());
8.          //新浪
9.          InetAddress IA2=InetAddress.getByName("www.sina.com.cn");
10.         System.out.println(IA2.getHostName()+" : "+IA2.getHostAddress());
11.         //地址解析
12.         byte[] addr=IA2.getAddress();
13.         for(int i=0;i<addr.length;i++){
14.             int t;
15.             if(addr[i]<0){
16.                 t=addr[i]+256;;
17.                 System.out.print(t+"\t");
18.             }else
19.                 System.out.print((int)addr[i]+"\t");
20.         }
21.         //IP 地址是否可到达
22. System.out.println("\n"+IA2.getHostName()+"\t"+IA2.isReachable(100));
23.     }catch(Exception e){
24.         e.printStackTrace();
25.     }
26.   }
27. }
```

运行结果如图 10.2 所示。

图 10.2 InetAddress 类的使用

说明：

（1）新浪网站是否可到达时，返回的是 false。因为防火墙或服务器配置可能阻塞请求，使得它在访问某些特定的端口时处于不可达状态。

（2）getAddress()方法返回的 byte 数组是有符号的。在 Java 中，byte 类型的取值范围是−128～127。如果返回的 IP 地址的某字节是大于 127 的整数，在 byte 数组中就是负数。由于 Java 中没有无符号 byte 类型，因此，要想显示正常的 IP 地址，必须使用 int 或 long 类型。上面代码给出了如何利用 getAddress 返回 IP 地址，以及如何将 IP 地址转换成正整数形式。

10.2.3 URL 网络编程

URL(Uniform Resource Locator)是指统一资源定位器，这里的"资源"可以是文件、目录、对象引用(数据库查询、远程访问等)。URL 由协议名、主机、端口和资源 4 部分组成。支持常见的 HTTP、FTP、FILE 协议，主机名和端口组成一个有效的地址，资源可以是主机上的任何一个文件。例如下面的有效的 URL 地址：

http://www.ahut.edu.cn/wz_content.jsp?urltype = tree.TreeTempUrl&wbtreeid =1013 java.net 包中定义了一个 URL 类，可以创建一个访问服务器资源的客户端应用程序，一个 URL 类对象可以指向一个资源的引用，利用 URL 对象可以获取 URL 中引用资源的具体内容。URL 类的构造方法有多种重载形式，常见的有下面两种。

- public URL(String spec) throws MalformedURLException：只有一个参数，要求输入一个有效的地址字符串，如下面的程序段：

```
try{
    url=new URL("http://www.ahut.edu.cn/index.jsp");
}catch(MalformedURLException mue){
    System.out.println("无效地址:"+url);
}
```

- public URL(String protocol，String host，String file)throws MalformedURLException：分别输入 URL 的协议、主机名、资源文件名。

创建 URL 对象之后，就可以使用下面几个方法访问 URL 引用的资源内容。

- tring getFile()：获取 URL 对象的资源名。
- String getHost()：获取 URL 对象的主机名。
- String getPath()：获取 URL 对象的路径部分。
- int getPort()：获取 URL 对象的端口号。
- String getProtocol()：获取 URL 的协议名称。
- String getQuery()：获取 URL 的查询字符串部分。
- URLConnection openConnection()：获取一个 URLConnection 对象，即 URL 引用的远程资源的连接。
- InputSteam openStream()：读取 URL 引用资源的内容。如果是 HTML 文件，读取 HTML 文件的源代码。

【例 10-3】 创建 Java 窗体程序，在文本框中输入网址，并使用 URL 读取远程资源，在文本区域中显示。

```
1.  package cn.ahut.cs.mainapp.chapter11;
2.  import java.net.*;
3.  import java.io.*;
4.  import java.awt.*;
5.  import java.awt.event.*;
6.  import javax.swing.*;
7.  public class EXA11_3 extends JFrame implements ActionListener,Runnable{
8.      URL url;
9.      JTextField inputText;//窗体上的控件
10.     JTextArea outputText;
11.     JButton button;
12.     JLabel label;
13.     Thread t1;//线程下载
14.     public void run(){
15.         try{
16.             int count=-1;
17.             outputText.setText("");
18.             url=new URL(inputText.getText().trim());
19.             InputStream input=url.openStream();
20.             byte[] buffer=new byte[128];
```

```
21.             String str="";
22.             while((count=input.read(buffer))!=-1){
23.                 str=new String(buffer,0,count,"utf8");
24.                 outputText.append(str);
25.             }
26.         }catch(Exception e){
27.             e.printStackTrace();
28.         }
29.     }
30.     public EXA11_3(){
31.         label=new JLabel("网住:");
32.         inputText=new JTextField(20);
33.         inputText.setText("http://www.ahut.edu.cn/index.jsp");
34.         outputText=new JTextArea(20,20);
35.         button=new JButton("进入网站");
36.         button.addActionListener(this);
37.         t1=new Thread(this);
38.         JPanel p=new JPanel();
39.         p.add(label);
40.         p.add(inputText);
41.         p.add(button);
42.         this.add(p,BorderLayout.NORTH);
43.         this.add(new JScrollPane(outputText),BorderLayout.CENTER);
44.         this.setBounds(100,100,500,500);
45.         this.setVisible(true);
46.         this.setDefaultCloseOperation(JFrame.EXIT_ON_CLOSE);
47.     }
48.     public void actionPerformed(ActionEvent e){
49.         t1.start();
50.     }
51.     public static void main(String[] args) {
52.         new EXA11_3();
53.     }
54. }
```

运行结果如图 10.3 所示。

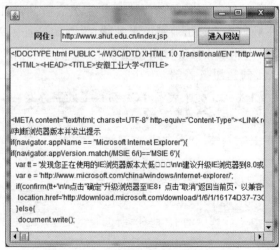

图 10.3 获取指定网络资源的内容

说明：

（1）这里使用了线程,如果不使用线程,由于网络速度或系统问题可能会引起堵塞,此时程序窗口可能会变得没有任何响应。因此程序中使用了单线程读取 URL 资源,以免堵塞主线程。

（2）HTML 源码中的编码在读取的时候可能有问题,所以需要转码,这里的语句"str= new String(buffer,0,count,"utf8");"完成了 UTF-8 的转码,否则有乱码。

扩展：

该例子使用了单线程,扩展该方法,实现多线程下载。

10.3　基于 TCP 协议的网络编程

TCP(Transmission Control Protocol,传输控制协议)是一种面向连接的、可靠的、基于字节流的传输层通信协议。TCP 旨在适应支持多网络应用的分层协议层次结构。也就是说,TCP 是为了在不可靠的互联网络上提供可靠的端到端字节流而专门设计的一个传输协议。当两台计算机建立连接时,TCP 协议会让它们建立一个连接,这个连接用于发送和接收数据。如果希望开发一个类似于聊天室通信软件,就必须使用基于 TCP 协议的编程技术。基于 TCP 协议的编程可以实现在通信两端建立虚拟网络链路,这样通信两端的程序就能通过虚拟网络链路来进行通信。Java 语言提供了专门基于 TCP 协议的类,使用这些类就能够以流的方式完成两个端点之间的通信。

10.3.1　Socket 模型

在计算机通信领域,Socket 被翻译为"套接字"(套接字＝主机＋端口号),它是计算机之间进行通信的一种约定或一种方式。通过 Socket 这种约定,一台计算机可以接收其他计算机的数据,也可以向其他计算机发送数据,一个应用程序可以通过 Socket 来建立远程连接。使用 Socket 进行网络编程,本质就是就是两个进程之间的网络通信,一个进程充当服务器,监听某个指定端口,另一个进程充当客户端,连接服务器的 IP 地址和端口,如果连接成功,就成功建立一个 TCP 连接,就可以随时接收和发送数据。如图 10.4 所示,一旦建立通信连接,客户端把请求数据作为输出流发送服务端,服务端接收客户端的输出,并把客户端的输出作为服务端的输入流接收并进行相应的处理;反之一样。

1. 使用 ServerSocket 创建服务器端

Java 语言中,以 ServerSocket 类来表示 TCP 协议下的服务器。ServerSocket 有 3 个常用的构造方法,如下所示。

- ServerSocket(int port)：用 port 所指定的端口号创建一个 ServerSocket。
- ServerSocket(int port,int backlog)：创建 ServerSocket,以 port 作为端口号,以 backlog 作为队列长度。
- ServerSocket(int port,int backlog,InetAddress address)：在多台计算机组成的集群中,以 address 指定计算机的 IP 地址,所创建的 ServerSocket 就位于指定 IP 地址的计算机。

当创建了一个 ServerSocket 类对象后,调用其 accept()方法就能让服务器进入等待状

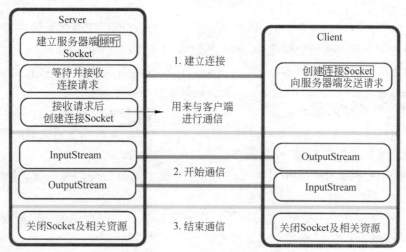

图 10.4　Socket 通信模型

态。当一个通信端点与服务器建立连接后,服务器会结束等待并创建一个 Socket 对象作为通信端点来与另一个通信端点进行交互。当使用服务器结束,应该调用 ServerSocket 的 close()方法关闭服务器。

服务器通常不只是接收一个客户端请求,而是不断接收来自客户端的所有请求,所以 Java 程序通常使用 while(true)循环不断地调用 accept()方法监听客户端请求,完整代码段如下:

```
//创建 ServerSocket 对象
ServerSocket ss=new ServerSocket(1234);
//采用无限循环监听客户端请求
while(true){
    //每当接收到客户端 Socket 请求时,服务器端也对应产生一个 Socket 对象
    Socket s=ss.accept();
    //下面就可以使用 Socket 进行通信了
    ...
}
```

说明:

(1) 上面程序段中创建 ServerSocket 对象没有指定 IP 地址,则该类会默认绑定到本机 IP 地址。

(2) 程序中 1234 是服务器端的端口号。编程时建议使用 1024 以上的端口号,避免与其他特别是系统服务的端口号冲断。

(3) 如果要指定 IP 地址,请使用 ServerSocket(int port, int backlog, InetAddress localaddr)构造方法来指定一个 InetAddress 地址对象。

2. 使用 Socket 进行通信

ServerSocket 并不具备通信功能,真正完成通信的是 Socket 类的对象,客户端使用 Socket 类来创建连接对象。Socket 类的构造方法格式如下。

- Socket(InetAddr/String remoteAddr, int port): 创建指定地址、端口的远程主机的 Socket 对象,主机既可以使用 InetAddr 类对象,也可以使用一个字符串表示,如

192.168.1.100。

从以上构造函数可以看出，每次创建 Socket 对象时，都会指定要连接的主机的 IP 地址和端口号。此处必须要强调：创建 Socket 对象时，对应主机上的 ServerSocket 必须已经调用 accept()方法做好被连接的准备，因为一旦一个 Socket 对象被创建，它就会立即主动连接 ServerSocket，此时如果 ServerSocket 没有做好准备就会抛出异常。

当 Socket 对象与 ServerSocket 建立连接后，服务器会结束等待并由 accept()方法创建一个 Socket 对象作为通信端点来与当前 Socket 对象进行交互。相互通信的两个 Socket 对象都会通过流进行信息的收发，Socket 获得流对象的方法如下。

- InputStream getInputStream()：返回该 Socket 对象对应的输入流，这个输入流用以读取对方 Socket 发送的消息。
- OutputStream getOutputStream()：返回该 Socket 对象对应的输出流，这个输出流用于向对方 Socket 发送数据。

如果客户端和服务器端在一个主机上，客户端如何指定服务器端的 IP 地址呢？大家都知道，Windows 系统本地有表示方法有两种：localhost 或 127.0.0.1。下面的客户端程序的功能是使用 Socket 建立与指定 IP 地址和端口的连接，并使用 Socket 获取输入流和输出流来与服务器端接收和发送信息，代码如下：

```
//端口号要设置成服务器中 ServerSocket 对象中的端口号
Socket socket=new Socket("127.0.0.1",1234);
//输出使用 getOutputStream()获得输出流，用于向对方发送数据
PrintWriter out=new PrintWriter(socket.getOutputStream(),true);
//接收数据使用 getInputStream()方法获得输入流，用于读取对方发送的数据
BufferedReader in=new BufferedReader(new InputStreamReader(socket.getInputStream()));
//获取标准键盘输入流，封装缓冲流
BufferedReader stdIn=new BufferedReader(new InputStreamReader(System.in));
String userInputStr="";
while((userInputStr=stdIn.readLine())!=null){
    out.println(userInputStr);//输出到服务器端
}
//接收从服务器端的输入
System.out.println(in.readLine());
```

说明：

(1) 上面代码段中，Socket 对象 socket 创建后，客户端即与服务器端进行连接。

(2) 对于客户端来说，向服务器端的输出使用 getOutputStream()，接收服务器端数据使用 getInputStream()方法。对于服务器也是一样。

10.3.2　客户端与服务器端通信程序的实现

基于 TCP 的网络编程也就是 socket 操作，服务器端与客户端做数据交互，下面的例 10-4 是在例 10-1 的基础上做了改进，客户端不只是发一句话给服务器端，而是可以实现及时通信，具体功能是当客户端用户输入任何字符串都被服务器端返回并输出，当用户输入"over"则断开连接，结束通信。在这里，IP 地址使用本机(localhost 或者 127.0.0.1)，端口采用 8123。

【例 10-4】　使用 Socket 完成通信。

基于 TCP 协议的服务器端程序：TCPServer.java：

```
1.  package cn.ahut.cs.mainapp.chapter11;
2.  import java.net.*;
3.  import java.io.*;
4.  public class TCPServer {
5.      public static void main(String[] args) throws IOException {
6.          //创建服务器端的 ServerSocket serverSocket 对象,设置端口为 8123
7.          ServerSocket serverSocket=new ServerSocket(8123);
8.
9.          //等待对方发起连接,连接建立后产生一个 Socket
10.         Socket socket=serverSocket.accept();
11.         System.out.println(socket.getInetAddress()+"已经连接");
12.
13.         //获得输入流,封装为缓冲流输入流对象
14.         BufferedReader br=new BufferedReader(new InputStreamReader(socket
    .getInputStream()));
15.         //获取输出流
16.         PrintWriter pw=new PrintWriter(socket.getOutputStream(),true);
17.         String string="";
18.         //读取输入流中的数据
19.         while((string=br.readLine())!=null){
20.             //读取一行数据打印到屏幕
21.             System.out.println("Client say: "+string);
22.             //读取的数据转换为大写发送给客户端
23.             pw.println(string.toUpperCase());
24.             if("over".equalsIgnoreCase(string))
25.                 break;
26.         }
27.
28.         //释放资源
29.         System.out.println("连接断开");
30.         pw.close();
31.         br.close();
32.         socket.close();
33.     }
34. }
```

基于 TCP 协议的客户端程序：

```
1.  package cn.ahut.cs.mainapp.chapter11;
2.  import java.net.*;
3.  import java.io.*;
4.  public class TCPClient{
5.      public static void main(String [] args){
6.          try
7.          {
        //根据服务器端地址与端口号获得 Socket 对象
8.          Socket socket=new Socket(InetAddress.getByName("localhost"),8123);
9.          //获得输入流,封装为缓冲流输入流对象,用于读取服务器端的数据
10.         BufferedReader br=new BufferedReader(new InputStreamReader(socket
    .getInputStream()));
11.         //获取 socket 的输出流对象,用 printWriter,自动刷新
12.         PrintWriter pw=new PrintWriter(socket.getOutputStream(),true);
13.         //获取标准键盘输入流,封装缓冲流
```

```
14.        BufferedReader bufferedReader=new BufferedReader(new
   InputStreamReader(System.in));
15.
16.        while(true){
17.          //获取键盘输入的一行内容
18.            String string=bufferedReader.readLine();
19.          //输出流发送内容给服务器端
20.            pw.println(string);
21.          //输入流来读取服务器端的数据
22.            string=br.readLine();
23.            System.out.println("server say :"+string);
24.            if("OVER".equals(string)){
25.                break;
26.            }
27.        }
28.        //断开资源
29.        System.out.println("断开连接");
30.        br.close();
31.        pw.close();
32.        bufferedReader.close();
33.        socket.close();
34.     }
35.     catch(Exception e)
36.     {
37.            e.printStackTrace();
38.     }
39. }
```

案例中有两个类 TCPServer 和 TCPClient，它们分别代表服务器端和客户端。TCPServer 启动后会创建 ServerSocket 对象，并调用 accept()方法等候客户端对其进行连接。而 TCPClient 启动后会创建一个 Socket 对象去连接 ServerSocket，一旦连接建立后，ServerSocket 的 accept()方法也会创建一个 Socket 与客户端的 Socket 相互收发消息。双方收发消息结束后，要关闭 Socket 和 ServerSocket。

运行步骤如下。

（1）首先运行服务器端程序。

（2）然后运行客户端程序，此时客户端与服务器端连接成功，可看到服务器端控制台屏幕的显示，如图 10.5 所示。

图 10.5　TCPServer 服务器端

（3）此时在客户端键盘输入英文字符串发送到服务器端，服务器端接收到相应的字符串在控制台输出。同时服务器端把接收到的字符串转为大写返回给客户端输出。

（4）当客户端输入"over"字符串发送出，则连接断开通信结束。

运行结果如图 10.6 和图 10.7 所示。

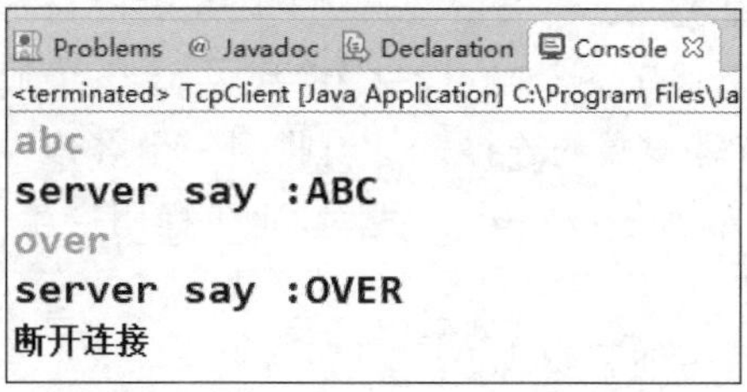

图 10.6　TCPClient 客户端运行结果

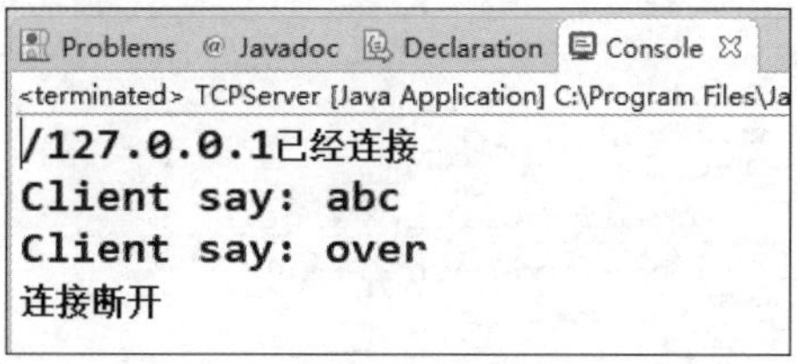

图 10.7　TCPServer 服务器端运行结果

说明:

(1) 输入包: io 包是一些 Java 输入输出编程的相关类或接口。net 包是实现网络通信功能的类或接口。

(2) 客户端程序 TCPClient.java 文件源代码中主要 Socket 对象 socket。socket 指定了服务器的 IP 地址,127.0.0.1 表示本地机器,如果服务器在局域网或互联网上,则必须提供服务器的 IP 地址;端口号必须确定没有被其他服务所占用,而且一定是服务端程序中指定的端口号才可以,不能随便写一个。Socket 对象通过“socket.getInputStream();”语句可以获取服务器端的发送内容。在完成所有任务后,一般要关闭输入和输出流对象,Socket 对象也要关闭。收尾工作很重要,很多学生经常忘掉编写收尾代码,会给程序造成不稳定因素。

(3) 服务器端程序使用 ServerSocket 类,服务器端类中必须要设置端口号,如 TCPServer 类中“serverSocket＝new ServerSocket(8123);”语句,端口号为 8123,这个端口一定不能被其他服务占用。读者可以自己修改这个端口号。accept()方法用来监听客户端的连接,如果有客户端连接在,该方法立即创建一个相对应的 Socket 对象,后面的程序就可以利用这个对象完成和客户端的数据传送。

10.3.3　服务器端的多线程实现

前面的程序中,服务端程序只支持一个客户端,不能同时启动两个客户端和服务器端连接并通信,当客户端程序终止后,服务器端程序也自动结束。如何能让服务器端接受多个客户端的连接,并同时与它们对话呢? 实际上使用多线程技术就能很好地解决这个问题。每当服务器端的 ServerSocket 收到一个连接后,就会创建出 Socket 对象,如果每次产生 Socket 之后都由一个新的线程操作它来与客户端进行对话,而 ServerSocket 再次调用 accept()方法等待下一个客户端与之连接,这样就能实现一个 ServerSocket 同时服务多个客户端,并且这种服务是对多个客户端同时进行的,不需要客户端进行排队。

现在修改例 10-1 中服务器端应用程序,服务器端代码包含两个类,一个主类

TCPServer2 和一个多线程类 ServerThread。TCPServer2 不直接与客户端进行对话。TCPServer2 负责创建一个 ServerSocket，并在无限循环中调用 accept（）方法，这样 ServerSocket 就会一直等待客户端的连接。每当收到一个客户端连接后，TCPServer2 并不直接与之对话，而是创建一个 ServerThread 线程，让线程用产生 Socket 对象与客户端进行对话。修改写后的程序如下。

【例 10-5】　服务器端的多线程实现。

主类 TCPServer2：

```
1.   package cn.ahut.cs.mainapp.chapter11;
2.   import java.io.*;
3.   import java.net.*;
4.   public class TCPServer2 {
5.       public static void main(String[] args) {
6.           //TODO Auto-generated method stub
7.           try
8.           {
9.               //创建服务器端的 ServerSocket
10.              ServerSocket serverSocket=new ServerSocket(8123);
11.              //不断等待客户端连接
12.              while(true) {
13.                  //等待对方发起连接,连接建立后产生一个 Socket
14.                  Socket socket=serverSocket.accept();
15.                  //产生一个线程,并传给线程一个 Socket 对象
16.                  new ServerThread(socket).start();
17.              }
18.          }
19.          catch(Exception e)
20.          {
21.              e.printStackTrace();
22.          }
23.      }
24.  }
```

多线程类：

```
1.   package cn.ahut.cs.mainapp.chapter11;
2.   import java.io.BufferedReader;
3.   import java.io.InputStream;
4.   import java.io.InputStreamReader;
5.   import java.io.PrintWriter;
6.   import java.net.Socket;
7.
8.   public class ServerThread extends Thread{
9.       Socket socket;//线程要操作的 Socket
10.      static int count=0;
11.      ServerThread(Socket socket){
12.          count++;
13.          this.socket=socket;
14.      }
15.      @Override
16.      public void run() {
17.          try {
18.              System.out.println("第"+count+"个客户端已经连接");
```

```
19.            //获取输入流
20.            InputStream ips=socket.getInputStream();
21.            BufferedReader br=new BufferedReader(new InputStreamReader(ips));
22.
23.            //获取输出流
24.            PrintWriter pw=new PrintWriter(socket.getOutputStream(),true);
25.            String string="";
26.            //读取输入流中的数据
27.            while((string=br.readLine())!=null){
28.                //读取一行数据打印到屏幕
29.                System.out.println("Client say: "+string);
30.                //读取的数据转换为大写发送给客户端
31.                pw.println(string.toUpperCase());
32.                if("over".equalsIgnoreCase(string))
33.                    break;
34.            }
35.            //释放资源
36.            System.out.println("第"+count+"个客户端连接断开");
37.            pw.close();
38.            br.close();
39.            ips.close();
40.            socket.close();
41.        }catch(Exception e) {
42.            e.printStackTrace();
43.        }
44.    }
```

运行测试：

（1）首先运行服务器端程序 TCPServer2。

（2）然后运行多个客户端程序 TCPClient，可看到这些客户端都与服务器端成功连接。此时在多个客户端分别发送信息到服务器端，服务器端都能接收到相应的信息。

（3）当某个客户端发送“over”字符串与服务器端连接断开，服务器端程序仍在运行。

运行结果如图 10.8 和图 10.9 所示。

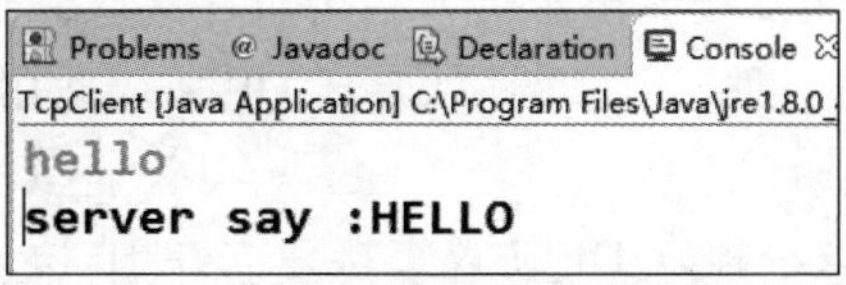

图 10.8　第 1 个客户端运行情况

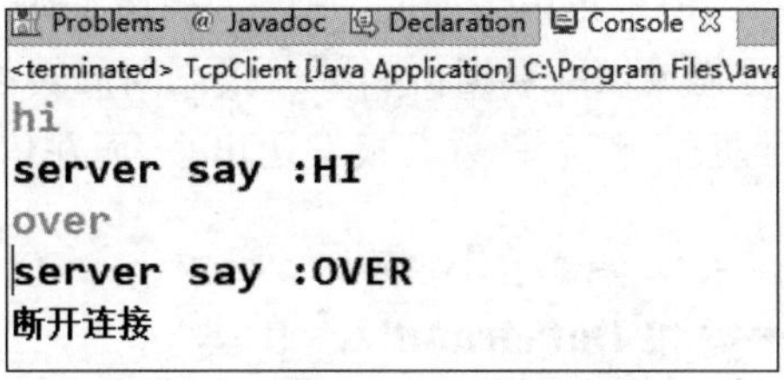

图 10.9　第 2 个客户端运行情况

从运行结果可以看出，一个 ServerSocket 先后接受了多个客户端的连接并收到了它们发送的消息，每一个 ClientThread 都成功地用 Socket 把信息发送给了服务器。由于 accept()方

图 10.10　服务器端运行情况

法是在一个无限循环中不断等待新的连接，因此程序在产生运行结果后程序并不会结束，读
者可以单击 Stop 按钮强行终止程序，如图 10.10 所示。

10.4　基于 UDP 协议的网络编程

传输层协议包括 TCP 协议和 UDP 协议。UDP 协议被称为用户数据报协议，该协议规
定，用户在进行数据传送时，两台主机之间不需要事先建立好连接，也因此，UDP 协议提供
的是无连接不可靠的服务。Java 提供了 DatagramSocket 对象作为基于 UDP 协议的
Socket，而使用 DatagramPacket 代表 DatagramSocket 发送、接收的数据报。

10.4.1　UDP 协议简介

UDP 是 User Datagram Protocol 的缩写，意为"用户数据报协议"。UDP 协议主要用
来支持那些需要在计算机之间传输数据的网络连接，虽然 UDP 协议目前应用不如 TCP 协
议广泛，但 UDP 协议依然是一个非常实用和可行的网络传输层协议，尤其是在一些实时性
很强的应用场景中，例如网络游戏、视频会议等。

UDP 协议是一种面向非连接的协议，面向非连接指的是在正式通信前不必与对方先建
立连接，不管对方状态就直接发送。至于对方是否可以接收到这些数据内容，UDP 协议无
法控制，因此说 UDP 协议是一种不可靠的协议。UDP 协议适用于一次只传送少量数据、对
可靠性要求不高的应用环境。

与前面介绍的 TCP 协议一样，UDP 协议直接建立在 IP 协议之上。实际上，UDP 协议
和 TCP 协议都属于传输层协议。正因为 UDP 协议是面向非连接的协议，没有建立连接的
过程，因此它的通信效率很高，但也正因为如此，它的可靠性不如 TCP 协议。

UDP 协议的主要作用是完成网络数据流和数据报之间的转换：在信息的发送端，UDP
协议将网络数据流封装成数据报，然后将数据报发送出去，而在信息的接收端，UDP 协议将
数据报转换成实际数据内容。

10.4.2　DatagramSocket 类和 DatagramPacket 类

Java 使用了 DatagramSocket 对象作为基于 UDP 协议的 Socket，而使用 DatagramPacket
代表 DatagramSocket 发送、接收的数据报。DatagramSocket 不产生 I/O 流，它唯一的作用
就是收发 DatagramPacket。DatagramSocket 的构造方法如下。

- DatagramSocket()：创建一个 DatagramSocket 实例，并将该对象绑定到本机默认 IP 地址、本机所有可用端口中随机选择的某个端口。
- DatagramSocket(int prot)：创建一个 DatagramSocket 实例，并将该对象绑定到本机默认 IP 地址和指定端口。
- DatagramSocket(int port, InetAddress laddr)：创建一个 DatagramSocket 实例，并将该对象绑定到指定的 IP 地址和端口号。

DatagramSocket 只是定义了自己在哪个 IP 地址的计算机以及自己接收数据报的端口号，并没有说明数据报要发到哪个 IP 地址和端口号。实际上，数据报到底要发送到哪里是由数据报，也就是 DatagramPacket 自身所决定的。DatagramPacket 的构造方法如下。

- DatagramPacket(byte[] buf, int length)：以一个空数组来创建 DatagramPacket 对象，该对象的作用是接收 DatagramSocket 中的数据。
- DatagramPacket(byte[] buf, int length, InetAddress addr, int port)：以一个包含数据的数组来创建 DatagramPacket 对象，创建该 DatagramPacket 对象时指定了 IP 地址和端口，IP 地址和端口决定了该数据报的目的地。
- DatagramPacket(byte[] buf, int offset, int length)：以一个空数组来创建 DatagramPacket 对象，并指定接收到的数据放入 buf 数组中时从下标 offset 开始，最多放 length 字节。
- DatagramPacket(byte[] buf, int offset, int length, InetAddress address, int port)：创建一个用于发送的 DatagramPacket 对象，指定发送 buf 数组中从 offset 开始，总共 length 字节。

DatagramPacket 构造方法的使用有两种情况。

第一种情况，如果是接收数据，应该采用上面的第 1 个或第 3 个构造方法生成一个 DatagramPacket 对象，给出接收数据的字节数组及其长度。然后调用 DatagramSocket 的 receive()方法接收数据报包。receive()方法将一直等待，直到收到一个数据报为止。

第二种情况，如果是发送数据，应该采用上面的第 2 个或第 4 个构造方法创建 DatagramPacket 对象，此时的字节数组里存放了想发送的数据。除此之外，还要给出完整的目的地址，包括 IP 地址和端口号。发送数据是通过 DatagramSocket 的 send()方法实现的，send()方法根据数据报的目的地址来寻径以传送数据报。

DatagramPacket 类常用方法如下。

- getData()：返回数据缓冲区。
- getLength()：返回要发送的数据的长度或接收到的数据的长度。
- getAddress()：当程序准备发送此数据报时，该方法返回此数据报的目标机器的 IP 地址，当程序刚接收到一个数据报时，该方法返回该数据报的发送主机的 IP 地址。
- getPort()：当程序准备发送此数据报时，该方法返回此数据报的目标机器的端口号，当程序刚接收到一个数据报时，该方法返回该数据报的发送主机的端口号。

创建 DatagramPacket 对象时，必须传入一个字节数组，而这个数组的长度决定了该 DatagramPacket 能放多少数据。DatagramPacket 提供了一个 getData()方法，这个方法能够返回 Datagram Packet 对象中封装的字节数组。此外，程序员通过 DatagramPacket 类的 getLength()方法可以获得字节数组中有效字节的长度。

10.4.3　使用 DatagramSocket 收发数据的实现

下面程序使用 DatagramSocket 实现了收发数据。程序比较简单，发送端发一句话"hello world"给接收端，接收端收到后把内容输出，并发"Hello, sender"回应发送端。在这里，IP 地址使用本机（localhost 或者 127.0.0.1），端口采用 8125。

【例 10-6】 DatagramSocket 收发数据。

基于 UDP 协议的接收端程序：UdpRecv.java

```
1.  package cn.ahut.cs.mainapp.chapter11;
2.  import java.net.*;
3.  public class UdpRecv
4.  {
5.      public static void main(String[] args) throws Exception
6.      {
7.          //创建 DatagramSocket 对象,指定端口号
8.          DatagramSocket   ds=new DatagramSocket(8125);
9.          byte [] buf=new byte[1024];
10.         //创建数据报,用于接收客户端发送的数据
11.         DatagramPacket dp=new DatagramPacket(buf,1024);
12.
13.         System.out.println("UdpRecv: 等待信息");
14.         //接收客户端发送的数据
15.         ds.receive(dp);
16.         System.out.println("UdpRecv: 接收到信息");
17.         //读取数据
18.         String strRecv=new String(dp.getData(),0,dp.getLength()) +
19.          " from " +dp.getAddress().getHostAddress()+":"+dp.getPort();
20.         System.out.println(strRecv);
21.
22.         //暂停 1 秒后,向发送端相应数据
23.         Thread.sleep(1000);
24.         System.out.println("UdpRecv: 发送信息");
25.         String str="Hello, sender";
26.         //创建数据报,指定对方的 IP 地址、端口号、数据
27.         DatagramPacket dp2=new DatagramPacket(str.getBytes(),str.length,
28.         InetAddress.getByName("127.0.0.1"),dp.getPort());
29.         //响应发送端
30.         ds.send(dp2);
31.         System.out.println("UdpRecv: 发送信息结束");
32.         //关闭资源
33.         ds.close();
34.     }
35. }
```

基于 UDP 协议的发送端程序：UdpRecv.java

```
1.  package cn.ahut.cs.mainapp.chapter11;
2.  import java.io.*;
3.  import java.net.*;
4.  public class UdpSend
5.  {
6.      public static void main(String [] args) throws Exception
7.      {
```

```
8.          //创建 DatagramSocket 对象。
9.          DatagramSocket ds=new DatagramSocket();
10.         String str="hello world";
11.         //创建数据报,指定接收端的 IP 地址、端口号、数据
12.         DatagramPacket dp=new DatagramPacket(str.getBytes(),str.length,
13.         InetAddress.getByName("127.0.0.1"),8125);
14.         System.out.println("UdpSend:我要发送信息");
15.         //发送数据
16.         ds.send(dp);
17.         System.out.println("UdpSend:发送信息结束");
18.
19.         Thread.sleep(1000);
20.         byte [] buf=new byte[1024];
21.         //创建数据报,用于接收对方响应的数据
22.         DatagramPacket dp2=new DatagramPacket(buf,1024);
23.         System.out.println("UdpSend:在等待对方响应");
24.         //接收响应数据
25.         ds.receive(dp2);
26.         System.out.println("UdpSend:我接收到对方响应");
27.         String str2=new String(dp2.getData(),0,dp2.getLength()) +
28.         " from " +dp2.getAddress().getHostAddress()+":"+dp2.getPort();
29.         System.out.println(str2);
30.         //关闭资源
31.         ds.close();
32.     }
33. }
```

从以上程序可以看出,DatagramSocket 发送和接收数据报的方法分别是 send()和 received(),它们都以 DatagramPacket 类型的对象作为参数。需要强调:使用 UDP 协议时,实际上并没有明显的服务器端和客户端,因为双方都需要先建立一个 DatagramSocket 对象,用来接收或发送数据报,然后使用 DatagramPacket 对象作为传输数据的载体。但通常固定 IP 地址、固定端口的 DatagramSocket 对象所在的程序被称为服务器,这是因为该 DatagramSocket 有固定的 IP 地址,其他 DatagramSocket 可以准确地找到它。

10.5 本章小结

(1) 网络编程最常用的通信协议是 TCP/IP 协议,TCP/IP 协议有 4 层:应用层、传输层、网络层、网络接口层。传输层协议包括 TCP 协议和 UDP 协议。TCP 传输控制协议是一种面向链接的、可靠的、基于字节流的运输层通信协议。UDP(用户数据报协议)是一种无连接的、不可靠的传输通信协议。

(2) IP 地址是 IP 协议提供的一种统一的地址格式,它为互联网上的每一个网络和每一台主机分配一个逻辑地址。域名(Domain Name)是由一串用"."分隔的名字组成的 Internet 上某一台计算机或计算机组的名称,是一个 IP 地址不同表示法。一个域名的目的是便于记忆和沟通的一组服务器的地址。端口是一个 16 位的整数,用于表示数据交给哪个通信程序处理。

(3) InetAddress 类可以表示互联网一台主机的 IP 地址和相应的主机名等相关信息,可以获得相应主机的 IP 地址、主机名,包括本地主机。URL(Uniform Resource Locator)是

统一资源定位器，可访问的"资源"有文件、目录等。java.net 包中定义了一个 URL 类，通过该类可以定位互联网上的资源，并获取资源的具体内容。

（4）基于 TCP 的 C/S 编程，使用 Socket 技术模型，主要包含两个类 ServerSocket 和 Socket，ServerSocket 类主要通过 accept()方法监听客户端的请求，如果客户端请求连接，这服务器端创建 Socket 对象和客户端 Socket 对象建立 Socket 对。

（5）基于 UDP 网络编程使用两个类 DatagramSocket 和 DatagramPacket，DatagramSocket 用于发送或接收数据报，DatagramPacket 表示数据报，用于封装 UDP 传输的数据。

10.6　习题

一、选择题

1. TCP/IP 协议有 4 层：应用层、传输层、（　　）和网络接口层。

　　A. 物理层　　　　　B. 控制层　　　　　C. 网络层　　　　　D. 硬件层

2. ServerSocket 类主要通过（　　）方法监听客户端的请求，如果客户端请求连接，则服务器端创建 Socket 对象和客户端 Socket 对象，建立 Socket 对。

　　A. send()　　　　　B. receive()　　　　　C. control()　　　　　D. accept()

3. 下面（　　）的格式是不正确的。

　　A. 192.168.200.400　B. 192.168.1.1　　　C. 111.38.54.34　　　D. 211.70.145.6

4. Java 提供的（　　）类用于进行有关 Internet 地址的操作。

　　A. Socket　　　　　B. ServerSocket　　　C. DatagramSocket　D. InetAddress

5. InetAddress 类中（　　）方法可实现正向名称解析。

　　A. isReachable()　　　　　　　　　　　B. getHostAddress()

　　C. getHosstName()　　　　　　　　　　D. getByName()

6. 为了获取远程主机的文件内容，当创建 URL 对象后，需要使用（　　）方法获取信息。

　　A. getPort()　　　　B. getHost()　　　　C. openStream()　　　D. openConnection()

7. Java 程序中，使用 TCP 套接字编写服务器端程序的套接字类是（　　）。

　　A. Socket　　　　　B. ServerSocket　　　C. DatagramSocket　D. DatagramPacket

8. ServerSocket 的监听方法 accept()方法的返回值类型是（　　）。

　　A. void　　　　　　B. Object　　　　　　C. Socket　　　　　D. DatagramSocket

9. ServerSocket 的 getInetAddress()方法的返回值类型是（　　）。

　　A. Socket　　　　　B. ServerSocket　　　D. InetAddress　　　D. URL

10. 使用流式套接字编程时，为了向对方发送数据，则需要使用（　　）方法。

　　A. getInetAddress()　　　　　　　　　B. getLocalPort()

　　C. getOutputStream()　　　　　　　　D. getInputStream()

11. 使用 UDP 套接字通信时，常用（　　）类把要发送的信息打包。

　　A. String　　　　　B. DatagramSocket　C. MulticastSocket　D. DatagramPacket

12. 使用 UDP 套接字通信时，（　　）方法用于接收数据。

　　A. read()　　　　　B. receive()　　　　　C. accept()　　　　　D. Listen()

13. 若要取得数据包中的源地址,可使用(　　)语句。

A. getAddress()　　B. getPort()　　　　C. getName()　　　　D. getData()

二、简答题

1. 给出 URL 的含义,并说明 URL 可以指向哪些网络资源。

2. 简述什么是端口。

3. 简述什么是 Socket,简述基于 TCP 的 Socket 编写客户端应用程序的步骤。

4. 简述基于 UDP 发送数据的编程步骤。

三、程序设计

1. 设服务器端程序监听端口为 3000,当收到客户端信息后,首先判断是否是"BYE":若是,则立即向对方发送"BYE",然后关闭监听,结束程序;若不是,则在屏幕上输出收到的信息,并由键盘上输入发送到对方的应答信息。请基于 TCP 编写程序完成此功能。

2. 编写一个接收端 A 和一个发送端 B,使用 UDP 协议完成以下功能:

(1) 接收端在 4001 端口等待接收数据(receive);

(2) 发送端向接收端发送数据"四大名著是哪些";

(3) 接收端收到问题后,返回四大名著是《红楼梦》,否则返回 what;

(4) 接收端和发送端程序退出。

3. 从客户端发送文件给服务器端,服务器端保存到本地,并返回"发送成功"给客户端,然后关闭相应的连接。

4. 基于 TCP 协议,根据 Socket 技术实现一个聊天室的客户端和服务器端程序。

第 10 章 资源包

第 10 章 习题解答

第四篇

数据库编程

数据库技术如今已经涉及普通人日常生活与工作的方方面面,无论是小企业的 OA 系统还是电信、保险、银行等金融系统,数据的持久化与检索都离不开数据库系统的支撑。Java 数据库编程是 Java 语言中最重要的技术之一。学习 Java 数据库编程,必须首先学会 JDBC 技术,然后使用 JDBC 技术让 Java 访问各种数据库,例如 MySQL、Access、Oracle 和 SQL Server 等数据库。本章使用 JDBC 技术访问 MySQL 数据库,学习 MySQL 数据库的安装、连接和操作。

第 11 章　Java 数据库

主要内容：本章主要介绍 Java 语言访问数据库的技术——JDBC。任何编程语言访问数据库都要通过数据库管理软件 DBMS 进行操作，而不同数据库厂商的产品存在较大的差异性，且技术上不对用户开放，因此在程序中访问数据库时还需要对应数据库厂商提供的数据库编程接口，即数据库驱动程序。JDBC 提供了访问数据库操作的相关编程接口或规范，各数据库厂商的驱动程序都实现了 JDBC 定义的相关操作接口。本章重点讲解 JDBC 的相关概念、MySQL 数据库的安装和使用、MySQL 数据库对数据表的增加、删除、修改和查询操作、事务处理等知识点。

教学目标：理解 JDBC 的概念，掌握 MySQL 数据库的使用，熟练掌握 Java 对 MySQL 数据库的操作。

11.1　JDBC 简介

Java 数据库连接(Java Data Base Connectivity，JDBC)是 Java 程序访问数据库的一种技术，为 Java 程序操作数据库提供了一组统一的标准与规范。JDBC 通过定义一组类和接口(在 java.sql 和 javax.sql 包中)规范程序中对各种数据库的操作，由于不同数据库产品本身的差异性，具体实现细节由数据库厂商通过遵循 JDBC 规范的数据库驱动程序实现，因此，Java 程序在操作数据库时需要下载对应数据库产品的驱动程序支撑。

11.1.1　JDBC 模型

图 11.1 描述了 Java 程序通过 JDBC 与数据库交互的过程，从图中可以看出，JDBC 模型主要包括 3 部分，即数据库驱动程序、驱动程序管理器、JDBC API 编程接口。

1. 数据库驱动程序

数据库驱动程序由数据库厂商提供，因为所有数据库的操作必须通过其自身提供的驱动程序与该数据库的管理软件(即 DBMS)的交互才能进行。驱动程序的主要作用是建立与数据库的连接、将数据库操作请求进行翻译并转交 DBMS 处理、反馈处理结果、释放数据库连接等。

2. 驱动程序管理器

驱动程序管理器是由 Java 语言本身提供的，用于注册管理系统已经加载的数据库驱动程序，将 Java 程序连接到特定的驱动程序上。Java 程序在访问数据库之前必须建立与数据库的连接请求，此时驱动程序管理器根据连接请求中的 URL 属性查找已经注册的驱动程

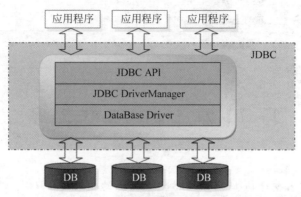

图 11.1　Java 程序与数据库的交互过程

序,查找成功之后将 Java 程序的连接请求转交给驱动程序并退出。

3. JDBC API

JDBC API 是一套标准的数据库访问 API,规定了数据库访问的相关规范,是 Java 程序与数据库之间的"桥梁"。由于不同数据库产品之间的差异性,具体的 API 细节是由驱动程序实现的。学习用 Java 编写数据库程序主要是学习 JDBC API 的使用方法。

11.1.2　JDBC 驱动程序

JDBC 驱动程序主要分为以下 4 种类型。

1. JDBC-ODBC 桥驱动程序及 ODBC 驱动程序

这种类型的驱动程序通过本地 ODBC Driver 连接到关系数据库管理系统上,要求客户机事先安装 ODBC 驱动程序并建立数据源,比较适用于企业内部的应用系统。

2. 本地 API 部分 Java 驱动程序

这种类型的驱动程序通过本地代码库实现与数据库的通信,通常将 JDBC API 转换为具体数据库厂商的本地调用,因此与类型 1 一样需要事先安装本地驱动程序库。

3. JDBC-NET 纯 Java 驱动程序

这种类型的驱动是由纯 Java 语言编写的 JDBC 驱动,通过将 JDBC API 转换为与具体 DBMS 无关的网络协议,并与某些中间层连接,由中间层将 Java 程序连接到不同数据库的 DBMS 上。

4. 本地协议纯 Java 驱动程序

这种驱动程序也是由纯 Java 语言编写的,通过将 JDBC API 的调用转换为 DBMS 所使用的协议直接与数据库引擎连接,通常由数据库厂商提供。

11.2　JDBC 的 API 接口

JDBC API 由一组用 Java 语言编写的类和接口组成,Java 程序通过 JDBC 可以对多种关系数据库进行统一访问,学习 Java 数据库编程需要熟练掌握 JDBC API 中定义的常用类与接口的用法,这些类与接口通常定义在 java.sql 包中。表 11.1 列出了常用的接口与类,本

节简要介绍这些常用类的部分属性与方法,对于更多其他相关类与接口,请读者查阅 JDK
文档获取更多详细信息。

表 11.1 JDBC API 的常用类与接口

类与接口名	描　　述
java.sql.DriverManager	数据库驱动程序管理器,用于注册、加载本地驱动程序
java.sql.Driver	代表数据库的驱动程序类
java.sql.Connection	用于数据库的连接管理,封装了连接数据库所需的相关信息
java.sql.Statement	封装了 SQL 语句的相关信息,用于执行 SQL 语句
java.sql.PreparedStatement	用于编译预处理 SQL 语句
java.sql.CallableStatement	用于执行数据库中的存储过程等对象
java.sql.ResultSet	封装了 SQL 查询语句的结果
java.sql.SQLException	封装了数据库操作时产生的异常信息
java.sql.DatabaseMetadata	封装了数据库的元数据信息,例如表、存储过程等
java.sql.ResultSetMetaData	封装了查询结果集的元数据信息
java.sql.ParameterMetaData	封装了预处理 SQL 语句参数的相关属性

11.2.1　DriverManager 类

Java 应用程序与数据进行交互需要使用数据库厂商提供的驱动程序,DriverManager
类主要作用于 Java 应用程序与数据库驱动程序之间、注册并管理已加载的驱动程序且建立
Java 程序与数据库驱动程序之间的连接。该类是 Java 语言自带的,与具体的数据库产品无
关。DriverManager 类的常用方法及说明见表 11.2。

表 11.2 DriverManager 类的常用方法及说明

方　法　名	描　　述
public static Connection getConnection（String url）throws SQLException	根据指定的连接属性 URL 建立与数据库的连接
public static Connection getConnection（String url, String user,String password）throws SQLException	根据指定的连接属性 URL、用户名、密码从已注册的驱动程序中选择合适的建立与数据库的连接

11.2.2　Driver 接口

Driver 接口由数据库厂商提供实现细节,每个数据库厂商都应该提供一个实现 java.sql
.Driver 接口的类,即 Driver 类。通常,数据库驱动程序是通过 java.lang.Class 类的静态方法
forName(String className)创建驱动程序类的实例进行加载,其中,className 是驱动程序类
的完整名称,例如,加载 MySQL 数据库驱动程序的方法是 java.lang.Class.forName
("org.gjt.mm.MySQL.Driver").newInstance(),如果该驱动程序类被成功加载,将该类实例注
册到 DriverManager,如果找不到该类,则会抛出 ClassNotFoundException 异常。Driver 类的

connect 方法返回一个 Connection 对象,如表 11.3 所示,代表与数据库建立的连接,当根据连接属性 URL 通过 DriverManager 类获取 Connection 对象时,DriverManager 会将连接属性 URL 传递给所有已注册的驱动程序类对象,并调用其 connect()方法。

表 11.3　Driver 类的主要方法说明

方　法　名	描　　述
Connection connect(String url,Properties info) throws SQLException	返回一个数据库的连接

11.2.3　Connection 接口

JDBC API 规定了 Connection 接口的相关操作规范,该接口的具体实现细节是由数据库厂商实现的。Connection 代表与数据库操作的一次连接,Java 程序在操作数据库之前必须先获取一个 Connection 对象,然后才可以操作数据库的表、视图、存储过程等对象,所有操作必须在一个 Connection 会话环境中进行。Connection 接口规定的相关属性和主要方法如表 11.4 所示。

表 11.4　Connection 接口的主要属性和方法说明

属性与方法名	描　　述
DatabaseMetaData getMetaData()throws SQLException	获取该连接对象代表的数据库相关的元数据信息,例如表、存储过程等
Statement createStatement() throws SQLException	创建一个封装 SQL 语句的 Statement 对象
PreparedStatement prepareStatement(String sql) throws SQLException	创建一个对象封装了带参数的 SQL 语句
void commit() throws SQLException	在手动提交模式下通过该方法手动提交事务
void rollback() throws SQLException	在手动提交模式下撤销当前事务中所有的修改操作
void close() throws SQLException	关闭连接,释放资源
boolean isClosed() throws SQLException	判断连接对象是否已经关闭

11.2.4　Statement 接口

执行 SQL 语句并返回一个结果对象 ResultSet。在同一时刻,每个 Statement 对象只能打开一个 ResultSet,每个 Statement 对象的方法被执行时都会关闭已经打开的其他 ResultSet。Statement 接口提供了一组方法,主要用于执行 SQL 语句及查询执行结果,具体描述见表 11.5。

表 11.5　Statement 接口的主要方法说明

方　法　名	描　　述
boolean execute(String sql) throws SQLException	执行静态的 SQL 语句,可能会返回多个结果,如果是更新语句,通过 getUpdateCount 方法获取受影响的记录数;如果是查询语句,则通过 getResultSet 方法获取查询结果集

方 法 名	描 述
ResultSet executeQuery(String sql) throws SQLException	该方法多用于执行查询语句,返回一个代表查询结果的 ResultSet 对象
int executeUpdate(String sql) throws SQLException	用于执行 Insert、Update、Delete 等 SQL 语句,返回值表示影响的记录数;或者执行 DDL 语句,返回 0
void addBatch(String sql) throws SQLException	在 Statement 对象的命令列表中添加新的 SQL 命令,通过 executeBatch 方法批处理执行多条 SQL 语句
int[] executeBatch() throws SQLException	提交一批 SQL 语句给数据库执行,返回的整型数组代表每条 SQL 语句影响的记录条数
ResultSet getResultSet() throws SQLException	获取当前执行的 SQL 语句检索结果

11.2.5 PreparedStatement 接口

在实际的软件开发过程中,往往需要根据用户的动态操作构造条件查询语句,PreparedStatement 接口封装了预编译的 SQL 语句,其继承了 Statement 接口的所有功能并且扩展了带参数的 SQL 语句操作,其所封装的 SQL 语句可以使用占位符"?"代替 SQL 语句中的查询参数,再通过一系列的 SetXXX 方法对参数赋值。使用 PreparedStatement 对象执行 SQL 语句,不仅可以提高效率,还可以避免 SQL 语句注入式攻击。PreparedStatement 接口提供的主要方法描述见表 11.6。

表 11.6 PreparedStatement 接口的主要方法说明

方 法 名	描 述
boolean execute() throws SQLException	执行 PreparedStatement 对象封装的任何 SQL 语句,可能会返回多个结果,通过 getUpdateCount 方法或 getResultSet 方法获取执行结果
ResultSet executeQuery() throws SQLException	用于执行查询语句,返回一个代表查询结果的 ResultSet 对象
int executeUpdate() throws SQLException	用于执行 Insert、Update、Delete 等 SQL 语句,返回值表示影响的记录数;或者执行 DDL 语句,返回 0
ResultSetMetaData getMetaData() throws SQLException	获取查询结果集的相关列的元数据信息,由于 PreparedStatement 对象是预编译的,可以在 SQL 语句执行之前获取元数据信息
ParameterMetaData getParameterMetaData() throws SQLException	获取 PreparedStatement 对象的参数的相关元数据,例如编号、类型及属性等
void setString(int parameterIndex, String x) throws SQLException	由驱动程序将 String 类型的参数转换为 SQL VARCHAR 或 LONGVARCHAR
void setBytes(int parameterIndex, byte[] x) throws SQLException	由驱动程序将字节数组参数转换为 SQL VARBINARY 或 LONGVARBINARY

续表

方　法　名	描　　述
void setDate（int parameterIndex，Date x）throws SQLException	由驱动程序将 java.sql.Date 转换为 SQL DATE
void setTime（int parameterIndex，Time x）throws SQLException	由驱动程序将 java.sql.Time 转换为 SQL TIME
void setTimestamp（int parameterIndex，Timestamp x）throws SQLException	由驱动程序将 java.sql.Timestamp 转换为 SQL TIMESTAMP
void setBoolean（int parameterIndex，boolean x）throws SQLException	由驱动程序将 boolean 值转换为 SQL BIT 或者 BOOLEAN
void setByte（int parameterIndex，byte x）throws SQLException	由驱动程序将 byte 值转换为 SQL TINYINT
void setShort（int parameterIndex，short x）throws SQLException	由驱动程序将 short 值转换为 SQL SMALLINT
void setInt（int parameterIndex，int x）throws SQLException	由驱动程序将 int 值转换为 SQL INTEGER
void setLong（int parameterIndex，long x）throws SQLException	由驱动程序将 long 值转换为 SQL BIGINT
void setFloat（int parameterIndex，float x）throws SQLException	由驱动程序将 float 值转换为 SQL REAL
void setDouble（int parameterIndex，double x）throws SQLException	由驱动程序将 float 值转换为 SQL DOUBLE

11.2.6　ResultSet 接口

ResultSet 接口封装了数据查询的结果，包含了符合 SQL 查询条件的所有记录。该接口针对 Java 数据类型的特点提供了一系列的 Getter()方法，用于获取行中的每个字段值，同时该接口还提供了游标功能，可自由定位结果集中每一行的数据，初始时游标指向第一条记录之前，通过在 While 循环中使用 ResultSet 接口的 next()方法可获取结果集中的所有数据。ResultSet 接口提供的方法非常丰富，按功能主要分成两种类型，即指针移动方法与数据操作方法，主要属性和方法如表 11.7 所示。

表 11.7　ResultSet 接口的主要属性和方法说明

属性与方法名	描　　述
boolean absolute(int row) throws SQLException	将游标移到结果集指定的行编号处
boolean relative(int rows) throws SQLException	将游标向前或向后移动到相对当前位置的 rows 行
boolean previous() throws SQLException	将游标往前移动一行
boolean next() throws SQLException	将游标往后移动一行
boolean first() throws SQLException	将光标移到结果集的第一行

属性与方法名	描　　述
boolean last() throws SQLException	将光标移到结果集的最后一行
void afterLast() throws SQLException	将光标移到最后一行之后
void beforeFirst() throws SQLException	将光标移到第一行之前
String getString(int columnIndex) throws SQLException	以 String 形式检索游标指向行的 columnIndex 列的值
String getString(String columnName) throws SQLException	以 String 形式检索游标指向行的 columnName 列的值

11.3　JDBC 连接数据库

Java 程序操作数据库时,首先要注册、加载数据库厂商提供的驱动程序,然后通过驱动程序管理器建立与 Java 程序、驱动程序的连接,连接成功之后才可以执行相关的 SQL 语句。

11.3.1　加载 JDBC 驱动程序

使用 Java 语言编写操作数据库的程序首先要导入 java.sql 包中相关的类与接口。在与数据库建立连接之前需要加载数据库驱动程序到 Java 虚拟机,可以通过以下两种方法实现。

加载 JDBC 的 MySQL 驱动程序如下:

```
try{//加载并注册 MySQL 驱动程序
    //Class.forName("org.gjt.mm.MySQL.Driver").newInstance();
    Class.forName("com.MySQL.jdbc.Driver");
} catch(Exception e) {
    e.printStackTrace();
}
```

在上述代码运行之前,需要下载 MySQL 的驱动程序 JAR 包并添加到 Java 本地的类库路径下。如果加载成功,则驱动程序会自动被 DriverManager 类注册;如果加载产生异常,则会输出异常信息,可根据异常信息发现问题并调试。其中,"com.MySQL.jdbc.Driver"是 MySQL 数据库的驱动程序类的名称,在下载的 MySQL 驱动程序 JAR 包中可以找到,不同的数据库驱动程序类的名称是不同的。

下面的代码片段显示不同驱动程序的加载、注册方法:

```
//加载 JDBC-ODBC 驱动程序(不需要注册)
Class.forName("sun.jdbc.odbc.JdbcOdbcDriver");
//加载并注册 SQL Server 驱动程序
Class.forName("com.microsoft.jdbc.sqlserver.SqlServerDriver");
DriverManager.registerDriver(new com.microsoft.jdbc.sqlserver
.SqlServerDriver());
//加载并注册 Oracle 驱动程序
Class.forName("Oracle.jdbc.driver.OracleDriver");
```

```
DriverManager.registerDriver(new Oracle.jdbc.driver.OracleDriver());
//加载 Sybase 驱动程序
Class.forName("com.sybase.jdbc.SybDriver");
//加载 DB2 驱动程序
Class.forName("com.ibm.db2.jdbc.app.DB2Driver");
//加载 Infomix 驱动程序
Class.forName("com.infomix.jdbc.IfxDriver");
```

11.3.2 建立数据库连接

在驱动程序加载成功之后就可以建立与数据库的连接了。建立与数据库的连接需要提供数据库服务器的相关信息，例如连接使用的协议、数据库服务器的 IP 地址、端口号、要连接的数据库名称及连接的身份信息（用户名、密码等），通过 DriverManager 类的静态方法 getConnection(String url,String username,String password)建立连接。其中，第一个参数 url 按照 JDBC 的规范定义格式。

【格式 11-1】 JDBC 连接格式。

```
jdbc:<子协议>:<子名称>
```

以本章使用的 MySQL 数据库为例，假设建立的数据库名称为 student，连接数据库使用的用户名和密码分别为 root、123456，则 url 的格式如下：

```
String url="jdbc:MySQL://localhost:3306/student?useUnicode=true&characterEncoding=UTF
-8";
DriverManager.getConnection(url,"root","123456");
```

其中，"MySQL"是子协议，后面的内容分别为 MySQL 数据库服务器的 IP、端口号、数据库名称、编码方式及字符集。

如果采用 JDBC-ODBC 桥接驱动程序，首先要创建一个数据源，在创建数据源的过程中需要指定该数据源所对应的数据库、用户名、密码等信息。数据源在 Windows 的控制面板的管理工具的"数据源（ODBC）"中设置，假设已经创建好一个数据源，名称为 dsName，则对应的连接方法如下：

```
String url="jdbc:odbc:dsName"
DriverManager.getConnection(url)
```

下面的代码片段分别给出连接常用数据库的 URL 格式：

```
String url="jdbc:oracle:thin:@ localhost:1512:SID";          //连接 ORACLE 的 URL
String url="jdbc:microsoft:sqlserver://localhost:1433:DatabaseName=pub";
                                                             //连接 SQL Server 的 URL
String url="jdbc:sybase:Tds:localhost:5007/dbname";          //连接 Sybase 的 URL
String url="jdbc:db2://localhost:5000/dbname";               //连接 DB2 的 URL
String url=" jdbc:informix:sqlli://localhost:1533/db:INFORMIXSERVER=sname";
                                                             //连接 Informix 的 URL
```

DriverManager 类存有已注册的 Driver 类的清单。当调用 getConnection()方法时，它将检查清单中的每个驱动程序，直到找到可与 url 中指定的数据库连接的驱动程序为止。Driver 类的 connect()方法使用这个 url 建立实际的连接。

11.4 MySQL 数据库

MySQL 是一个开放源码的关联式数据库管理系统。原开发者为瑞典的 MySQL AB 公司,该公司在 2008 年被升阳微系统(Sun Microsystems)公司收购。甲骨文公司(Oracle) 于 2009 年收购升阳微系统公司,MySQL 成为 Oracle 的旗下产品。MySQL 数据库系统使用最常用的数据库管理语言——结构化查询语言(SQL)进行数据库管理。由于 MySQL 是开放源代码的,因此任何人都可以在 General Public License 的许可下下载并根据个性化的需要对其进行修改。MySQL 因为其速度、可靠性和适应性而备受人们关注。

MySQL 关系型数据库于 1998 年 1 月发行第一个版本。它使用系统核心提供的多线程机制提供完全的多线程运行模式,提供了面向 C、C++、Eiffel、Java、Perl、PHP、Python 及 TCL 等编程语言的编程接口(APIs),支持多种字段类型,并且提供了完整的操作符支持查询中的 Select 和 Where 操作。

MySQL 开发组计划于 2001 年中期公布 MySQL 4.0 版本。在这个版本中将有以下新的特性被提供:新的表定义文件格式、高性能的数据复制功能、更加强大的全文搜索功能。在此之后,MySQL 开发者希望提供安全的数据复制机制、在 BeOS 操作系统上的 MySQL 实现及对延时关键字的定期刷新选项。随着时间的推进,MySQL 将对 ANSI 92/ANSI 99 标准完全兼容。

MySQL 海豚标志的名字叫"sakila",代表速度、力量、精确,它是由 MySQL AB 公司的创始人从用户在"海豚命名"竞赛中建议的大量名字中选出的。时至今日,MySQL 和 Java、PHP 语言的结合绝对是完美的,很多大型的网站也用到 MySQL 数据库。

MySQL 数据库的特点如下。

(1) 支持多种操作系统,例如 Windows、AIX、FreeBSD、HP-UX、Linux、macOS、Novell Netware、OpenBSD、OS/2 Wrap、Solaris 等。

(2) 提供了多种编程语言的 API,这些编程语言包括 C、C++、Python、Java、Perl、PHP、Ruby 等。

(3) 支持多线程,提高执行效率。

(4) 优化 SQL 查询算法,有效地提高查询速度。

(5) 提供多语言支持,常见的编码如中文的 GB 2312、BIG5,日文的 Shift_JIS 等,它们都可以用作数据表名和数据列名,现在常用的 UTF-8 编码能很好地支持中文。

(6) 提供多种数据库连接方式,例如 TCP/IP、ODBC 和 JDBC 等。

(7) 提供用于管理、检查、优化数据库操作的管理工具。

(8) 可以处理拥有上千万条记录的大型数据库。

11.4.1 安装 MySQL 数据库

1. 下载 MySQL

俗话说:"巧妇难为无米之炊"。输入 MySQL 官方网站地址"http://dev.mysql.com/downloads/mysql/",到如图 11.2 所示的页面上单击 Download 按钮进行下载,首先要选择下载平台,默认是"Microsoft Windows",如果使用的是 Linux、macOS 等其他操作系统,要进行相应的选择。Windows 平台分为 32 位和 64 位，根据使用的操作系统进行相应的下载即可。

图 11.2　MySQL 的下载

2. 安装 MySQL

（1）双击自己下载的安装文件即可进入安装，当进入 Licence Agreement 许可协议页面后，选择同意许可，单击 Next 按钮即可进入安装类型界面，如图 11.3 所示。这里共有 5 种安装类型。

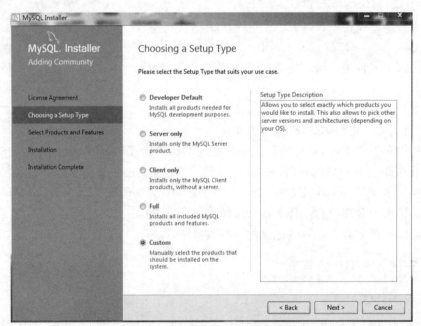

图 11.3　MySQL 的安装类型界面

- Developer Default：安装程序开发所必需的组件，它是默认安装类型。

- Server only：只安装服务端组件。
- Client only：只安装客户端组件。
- Full：安装 MySQL 的全部组件，占用的磁盘空间较大，一般不推荐。
- Custom：自定义安装方式，由用户自己选择需要安装的组件，选择安装的路径，一般采用这种方法。

（2）选择安装组件，组件分为 MySQL Server、Application、MySQL Connection 等几种类型，根据自己的需要进行相应的选择，如图 11.4 所示。如果在本地编程使用 MySQL 数据库，MySQL Server 和 Connection 肯定是安装的，单击 Next 按钮即可完成安装。

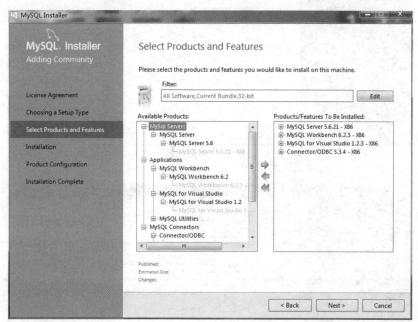

图 11.4　选择组件界面

3. 配置 MySQL

安装完成后，即可进行 MySQL 数据库的配置。

（1）服务器类型和网络配置。

MySQL 服务器类型包括 Developer Machine（开发者类型）、Server Machine（服务器类型）、Dedicated MySQL Server Machine（专用 MySQL 数据库类型）等，开发者类型占用的服务器资源相对较少，适合教学、实验和开发时使用；服务器类型占用的服务器资源较多，主要用于服务器的计算机使用；专用数据库类型消耗的内存最多，主要是做数据库服务器的计算机使用。

网络配置使用 TCP/IP 方式连接网络，Port Number 默认是 3306，用户可以根据自身需求进行更改，如图 11.5 所示。

（2）Root Account Password 设置 root 用户的密码，MySQL User Accounts 创建新的用户，如图 11.6 所示。

（3）如图 11.7 所示，单击 Execute 按钮执行配置。

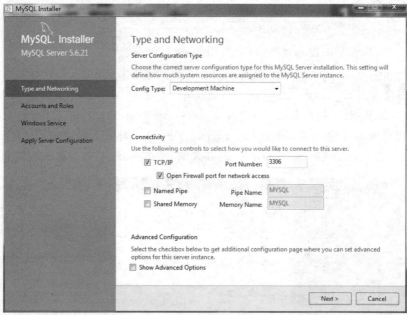

图 11.5　服务器类型和网络配置界面

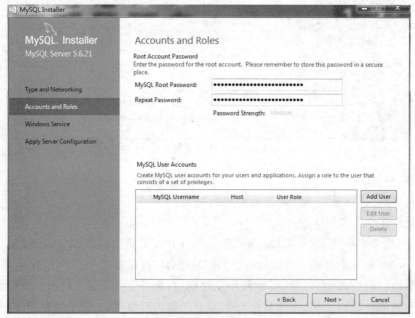

图 11.6　用户设置界面

4. 安装 MySQL 图形化管理工具 Navicat

操作 MySQL 的方式有两种，即使用 MySQL Command Line Client 访问 MySQL 数据库及使用图形化软件管理数据库。MySQL 图形化管理工具有很多，例如 Workbench、Navicat、phpMyAdmin 等，这里介绍 Navicat，因为 Navicat 工具使用方便。

1）使用 MySQL Command Line Client 访问 MySQL 数据库

首先创建数据库 student，新建学生信息表 student。学生信息表是保存学生信息的数

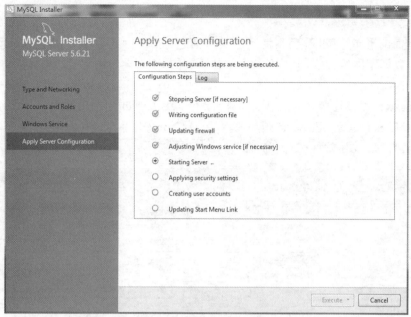

图 11.7　应用服务配置界面

据库表,学生的信息包含学号、姓名、密码、性别、家庭住址、手机号码、宿舍号和成绩,学号是关键字。学生表的表结构是(id,sname,password,sex,address,mobile,dorm,result),id 即学号,是学生信息表的关键字。按照如图 11.11 所示创建学生信息表表结构,按照如图 11.9 所示输入学生信息。

　　MySQL 安装好后,在开始菜单中会出现 MySQL 菜单组,找到 MySQL Command Line Client 菜单命令执行,将弹出一个 Command 窗口,如图 11.8 所示。在该 Command 窗口中可以使用 SQL 语句访问数据库,输入如下 SQL 语句:

```
mysql> use student
Database changed
mysql> select * from student;

+-------+-------+-----------+-----+---------+-------------+-------+--------+
| id    | sname | password  | sex | address | mobile      | dorm  | result |
+-------+-------+-----------+-----+---------+-------------+-------+--------+
| 15001 | ???   | lidazhong | ?   | ????    | 13855551111 | G312  | 85.5   |
| 15002 | ??    | wangkai   | ?   | ????    | 13855562222 | T112  | 90.5   |
| 15003 | ??    | zhaoqin   | ?   | ????    | 15666677890 | Y512  | 89.5   |
| 15004 | ??    | liwei     | ?   | ????    | 15655559089 | A320  | 98.5   |
| 15005 | ??    | zhangsan  | ?   | ????    | 15255551234 | B114  | 78     |
| 15006 | ???   | liuxiaotong | ? | ????    | 15355561112 | A320  | 67.5   |
| 15007 | ??    | qianyan   | ?   | ????    | 15355554321 | A115  | 56.8   |
| 15008 | ???   | lihuimin  | ?   | ????    | 13988886666 | A520  | 99     |
| 15011 | ??    | lili      | ?   | ????    | 13455556666 | G531  | 98     |
| 15012 | ??    | lida      | ?   | ????    | 14555551111 | G111  | 100    |
| 15015 | ??    | lihao     | ?   | ????    | 15588889999 | G431  | 76     |
| 15016 | ??    | liyi      | ?   | ????    | 15588880000 | G333  | 78     |
| 15021 | ??    | liwu      | ?   | ????    | 15855559999 | T123  | 67.5   |
+-------+-------+-----------+-----+---------+-------------+-------+--------+
13 rows in set (0.00 sec)

mysql>
```

图 11.8　MySQL Command Line Client 窗口

```
use student
Select * From student;
```

运行上面的语句，可以看到查询到的学生信息，如图 11.8 所示。用 Command 方式访问 MySQL 数据库虽然直接，但是必须要记住所有的 SQL 操作语句。

2）使用 Navicat

Navicat 软件可以连接多种数据库，例如 MySQL、Oracle、SQLite、PostgreSQL 等数据库，对于 SQL Server 数据库，必须下载 Navicat for SQL Server 版本才可以连接。如图 11.9 所示为 Navicat 软件的管理界面。

图 11.9　Navicat 软件界面

通过 Navicat 的可视化界面可以很容易地完成新建数据库、创建表、插入数据等操作。在工具菜单中还可以进行数据同步、结构同步、数据传输，完成两个数据库之间的同步和数据传输等操作。

11.4.2　使用 MySQL 数据库

这里使用 Navicat 完成数据库的连接、新建，表的创建和输入数据的操作。作为 MySQL 数据库，首先数据库服务要启动，这样 Navicat 才能连接。

1. 连接 MySQL 数据库

选择“文件”|“新建连接”命令，弹出如图 11.10 所示的“连接”对话框。其中，连接名是用户自己定义的连接数据库的名称，一般采用数据服务器所要支持的软件名称来确定；主机名或 IP 地址是 MySQL 服务器所在计算机的主机名或 IP 地址，如果是本地可以是 localhost 或 127.0.0.1，如果是远程计算机，必须输入远程计算机的 IP 地址，用户名和密码是在 MySQL 中分配给用户的用户名和密码。设置好后，单击“连接测试”按钮可以测试配置是否成功，如果弹出“连接成功”对话框则表示配置成功，否则需要重新配置。

2. 创建数据库和表

在创建好的数据库中选择“表”子项，然后右击选择“新建表”即可创建新表。如图 11.11

图 11.10　连接 MySQL 数据库

所示创建 8 个字段，即 id、sname、password、sex、address、mobile、dorm、result，分别表示学生的学号、姓名、密码、性别、家庭住址、手机号码、宿舍号、成绩。MySQL 的数据类型有字符、整数、小数、文本、二进制等类型，图 11.11 中的 sname（即姓名）采用 varchar 数据类型，长度为 16，"允许空值"不选表示必填项，id（即学号）为主键，在该行的最后一列有一个小钥匙，表示当前字段为主键。若"允许空值"选中，即有勾选，表示为可填项。

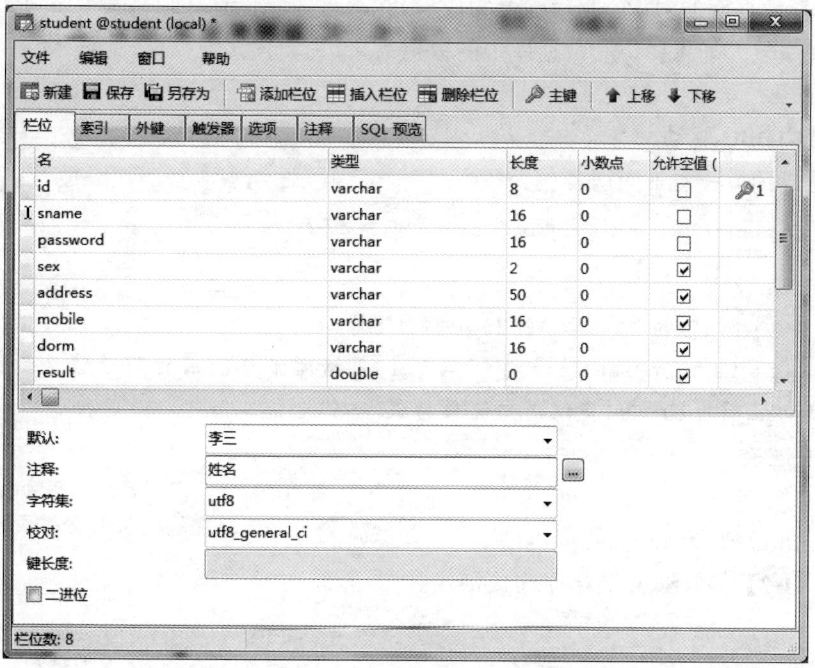

图 11.11　创建 student 表

对于每个字段，在定义时可以给出默认值，写上注释，以增强数据结构的阅读性，这样别人在看到表的定义时很容易理解所定义字段的含义，这是程序设计的良好习惯。作为一名程序员，养成良好的程序设计和编程习惯是个人的基本素养。

11.5　Java 的 MySQL 数据库编程

Java 访问 MySQL 数据库操作数据时使用 SQL(Structured Query Language,结构化查询语言)，它是关系数据库的标准查询语言，用于存储数据、查询、更新和删除关系数据库。SQL 语言分为 4 类，即数据定义语言(Data Definition Language,DDL)、数据操作语言(Data Manipulation Language,DML)、数据控制语言(Data Controlling Language,DCL)和事务控制语言(Transaction Control Language,TCL)。本节要用到 Create、Select、Insert into、Update、Delete 等语句，分别表示创建表，记录的查询、插入、修改和删除功能。它们的格式和使用方法请读者查询数据库的相关教程。

使用 Java 访问 MySQL 数据库，Java 首先要加载 MySQL 数据库的 JDBC 驱动程序，先下载 MySQL 驱动，本章使用的是"MySQL-connector-java-5.1.7-bin.jar"版本的驱动程序。然后在 Java 项目中加载该驱动。加载过程：①选择自己创建的 Java 项目，然后右击，在弹出的菜单中选择"属性"命令；②选择"Java 构建路径"|"库"标签，单击"添加外部 JAR(X)"按钮，选择自己下载的 MySQL-connector-java-5.1.7-bin.jar 文件，即可在"构建路径上的 JAR 和类文件夹"列表中看到自己添加的库文件。

11.5.1　连接数据库

MySQL 数据库的 JDBC 驱动配置完成后，在项目的"引用的库"目录下就可以看到所加载的驱动程序包。如果要访问数据库中的数据表，首先要连接数据库，连接 MySQL 数据库的步骤如下。

1. 加载 JDBC 驱动

加载驱动的方式有下面两种：

```
Class.forName("com.mysql.jdbc.Driver");
```

或

```
Class.forName("org.gjt.mm.mysql.Driver");
```

注意：org.gjt.mm.mysql.Driver 是 MySQL 数据库早期使用的驱动程序的名称，后来改为 com.mysql.jdbc.Driver，建议用户使用新版本，但老版本仍可以使用。

2. 创建连接

加载驱动程序之后，就可以创建连接了，使用类 DriverManager 的静态方法 getConnection()创建 Connection 类的对象，格式如下。

【格式 11-2】　MySQL 数据库连接格式。

```
Connection conOjbect=DriverManager.getConnection(url,username,password);
```

说明：

(1) url 指要连接的数据库名称，形式为"jdbc:MySQL://数据库主机名或 IP 地址/数据库名？haracterEncoding＝字符编码名",如下面的连接语句：

```
con = DriverManager. getConnection ( " jdbc: MySQL://localhost: 3306/student?
characterEncoding=UTF8","root","123456");
```

localhost 表示本地 MySQL 服务器,如果是远程服务器,替换为远程服务器的 IP 地址即可;3306 表示 MySQL 的监听端口;student 表示数据库名;UTF8 表示编码,常见的编码有 GB 2312、GBK、BIG5、UTF8 等。

（2）username 表示 MySQL 的用户名,必须在 MySQL 中配置该用户才能访问。

（3）password 表示用户的访问密码。

3. 使用 SQL 语句操作数据库

此时就可以使用 SQL 语句访问数据表了,访问数据库还经常用到 Statement 和 ResultSet 两个类,例如下面的程序段：

```
Statement st=conObject.createStatement();
ResultSet rs=st.executeQuery("Select * From student");
```

rs 对象中存放从数据库查询到的学生的集合,通过 rs.next()方法可以判断当前记录是否访问完,通过 rs.getString(int columnIndex)、rs.getDouble(int columnIndex)、rs.getDate(int columnIndex) 或 者 rs. getString（String columnLabel）、rs. getDouble（String columnLabel)、rs.getDate(String columnLabel)等方法可以访问当前记录的列值。其中,columnIndex 表示列的序号,从 1 开始;columnLabel 表示列名。例如：

```
rs.getString(1)或 rs.getString("id")
```

访问本章中学生表的第一个列（即学号）的值。

4. 关闭数据库

数据库操作完后,需要关闭数据库连接以释放资源。方法如下：

```
conObject.close();
```

释放资源一般放在 finally 语句块中,这样可以保证每次打开数据库并操作完后将打开的数据库关闭,例如下面的程序段：

```
finally{
    try{                                //关闭数据库
          con.close();
       }catch(Exception e){     //弹出提示对话框
          JOptionPane.showMessageDialog(null,"关闭数据库连接失败!","关闭数据
库",JOptionPane.INFORMATION_MESSAGE);
       }                                 //catch 结束
}                                    //finally 块结束
```

5. 测试连接 MySQL 数据库

【例 11-1】　完成的 MySQL 数据库连接测试程序,连接本章定义的学生表。

```
1.   package cn.ahut.cs.mainapp.chapter11;
2.   //测试数据库连接
3.   import java.sql.*;
4.   public class EXA12_2 {
5.       public static void main(String[] args) {
6.           Connection con=null;//连接
7.           try{//加载 JDBC 的 MySQL 驱动
```

```
8.          Class.forName("com.mysql.jdbc.Driver");
9.          System.out.println("加载成功");
10.      }catch(Exception e){
11.          System.out.println("JDBC 的 MySQL 驱动加载失败!"+e);
12.      }
13.      try{
14.          con= DriverManager.getConnection("jdbc:mysql://localhost:3306/
             student? characterEncoding=UTF8","root","123456");
15.          System.out.println("连接成功");
16.      }catch(SQLException se){
17.          se.printStackTrace();
18.      }finally{
19.          try{
20.              if(con!=null)
21.                  con.close();
22.          }catch(Exception e){
23.              e.printStackTrace();
24.          }
25.      }
26.   }
27. }
```

运行结果如图 11.12 所示。

图 11.12　测试数据库连接

11.5.2　查询数据库

数据库操作中使用最多的就是数据库查询。对数据库查询使用 SQL 语言中的 Select 查询命令得到查询结果记录集，存放到 ResultSet 对象中，通过 ResultSet 的相关方法获取所有记录的列的值。Select 语句的语法格式如下。

【格式 11-3】　Select 查询语句格式。

```
Select 属性列表 //如果使用 * 号,表示查询返回所有列的值
From 表名
Where 条件表达式
Order By 属性名 [ASC|DESC]
```

说明：ASC 表示升序，DESC 表示降序。条件表达式可以使用 And 或 Or 组成逻辑表达式。

学生表的表结构是(id, sname, password, sex, address, mobile, dorm, result)，id 即学号，是学生表的关键字。查询学生表 student 中成绩不及格的学生的学号和姓名的 SQL 查询语句如下：

```
Select id,sname From student Where result<60
```

当数据库连接成功后，首先创建 Statement 接口的实例对象，然后调用 Statement 接口的实例对象的实现方法 executeQuery()，该方法返回 ResultSet 实例，通过此实例可访问所有的查询结果，再通过 ResultSet 对象的 next()方法将查询的结果一条一条输出，当 next()方法返回 false 时，表示数据指针指向最后一条记录。

下面实现一个查询数据库的程序，访问 student 数据表，在控制台输出该表中所有学生的信息。

【例 11-2】　查询学生的所有信息并输出。

```
1.   package cn.ahut.cs.mainapp.chapter11;
2.   import java.sql.*;
3.   public class EXA12_3 {
4.       public static void main(String[] args) {
5.           Connection con=null;      //连接
6.           Statement st=null;
7.           ResultSet rs=null;        //存储查询结果
8.           try{                      //加载 JDBC 的 MySQL 驱动
9.               Class.forName("com.mysql.jdbc.Driver");
10.          }catch(Exception e){
11.              System.out.println("JDBC 的 MySQL 驱动加载失败!"+e);
12.          }
13.          try{
14.              con=DriverManager.getConnection("jdbc:mysql://localhost:3306/
                 student? characterEncoding=UTF8","root","123456");
15.              //执行查询
16.              st=con.createStatement();
17.              rs=st.executeQuery("Select * From student");
18.              //输出查询结果
19.              while(rs.next()){
20.                  System.out.printf("学号: %s\t",rs.getString(1));
21.                  System.out.printf("|姓名: %4s\t",rs.getString(2));
22.                  System.out.printf("|密码: %s\t",rs.getString(3));
23.                  System.out.printf("|性别: %s\t",rs.getString(4));
24.                  System.out.printf("|住址: %s\t",rs.getString(5));
25.                  System.out.printf("|电话: %s\t",rs.getString(6));
26.                  System.out.printf("|宿舍: %s\t",rs.getString(7));
27.                  System.out.printf("|成绩: %6.2f",rs.getDouble(8));
28.                  System.out.println();
29.              }
30.          }catch(SQLException se){
31.              se.printStackTrace();
32.          }finally{
33.              try{
34.                  if(con!=null)
35.                      con.close();
36.              }catch(Exception e){
37.                  e.printStackTrace();
38.              }
39.          }
40.      }
41. }
```

运行结果如图 11.13 所示。

注意：

（1）在上面的例子中，通过 SQL 语句查询 student 表中所有学生的所有列的信息，这里使用"＊"表示查询所有列，如果查询部分列，必须列出列名。当然，在程序中使用"＊"号增加了程序阅读的难度，建议列不多时列出所有的列；如果列很多，建议在旁边加上注释，给出所有的列名。

（2）程序中使用 rs.getString(1)～rs.getDouble(8)读取 8 列的值，这是根据列的序号读取，还可以根据列的名称读取，把上面的读取列的程序语句修改为下面的程序段：

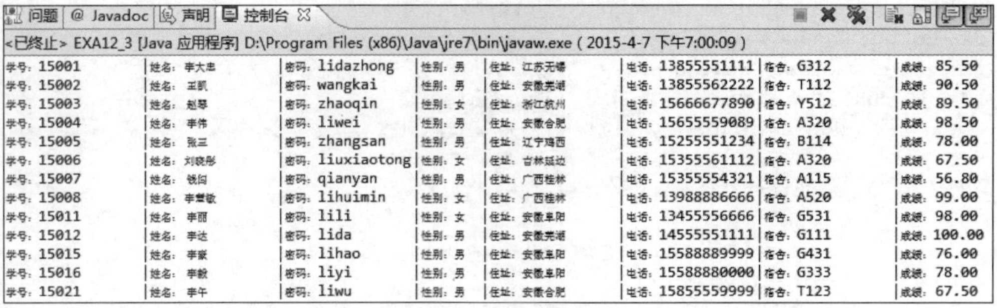

问题 | @ Javadoc | 声明 | 控制台

<已终止> EXA12_3 [Java 应用程序] D:\Program Files (x86)\Java\jre7\bin\javaw.exe (2015-4-7 下午7:00:09)

学号：15001	姓名：李大忠	密码：lidazhong	性别：男	住址：江苏无锡	电话：13855551111	宿舍：G312	成绩：85.50
学号：15002	姓名：王凯	密码：wangkai	性别：男	住址：安徽芜湖	电话：13855562222	宿舍：T112	成绩：90.50
学号：15003	姓名：赵琴	密码：zhaoqin	性别：女	住址：浙江杭州	电话：15666677890	宿舍：Y512	成绩：89.50
学号：15004	姓名：李伟	密码：liwei	性别：男	住址：安徽合肥	电话：15655559089	宿舍：A320	成绩：98.50
学号：15005	姓名：张三	密码：zhangsan	性别：男	住址：辽宁鸡西	电话：15255551234	宿舍：B114	成绩：78.00
学号：15006	姓名：刘晓彤	密码：liuxiaotong	性别：女	住址：吉林延边	电话：15355561112	宿舍：A320	成绩：67.50
学号：15007	姓名：钱闫	密码：qianyan	性别：男	住址：广西桂林	电话：15355554321	宿舍：A115	成绩：56.80
学号：15008	姓名：李慧敏	密码：lihuimin	性别：女	住址：广西桂林	电话：13988886666	宿舍：A520	成绩：99.00
学号：15011	姓名：李丽	密码：lili	性别：女	住址：安徽阜阳	电话：13455556666	宿舍：G531	成绩：98.00
学号：15012	姓名：李达	密码：lida	性别：男	住址：安徽芜湖	电话：14555551111	宿舍：G111	成绩：100.00
学号：15015	姓名：李豪	密码：lihao	性别：男	住址：安徽阜阳	电话：15588889999	宿舍：G431	成绩：76.00
学号：15016	姓名：李毅	密码：liyi	性别：男	住址：安徽阜阳	电话：15588880000	宿舍：G333	成绩：78.00
学号：15021	姓名：李午	密码：liwu	性别：男	住址：安徽合肥	电话：15855559999	宿舍：T123	成绩：67.50

图 11.13　查询结果输出

```
while(rs.next()){
    System.out.printf("学号: %s\t",rs.getString("id"));
    System.out.printf("|姓名: %4s\t",rs.getString("sname"));
    System.out.printf("|密码: %s\t",rs.getString("password"));
    System.out.printf("|性别: %s\t",rs.getString("sex"));
    System.out.printf("|住址: %s\t",rs.getString("address"));
    System.out.printf("|电话: %s\t",rs.getString("mobile"));
    System.out.printf("|宿舍: %s\t",rs.getString("dorm"));
    System.out.printf("|成绩: %6.2f",rs.getDouble("result"));
    System.out.println();
}
```

11.5.3　数据库的插入

对数据库插入新的记录使用 SQL 语言中的 Insert Into 命令，插入可以插入所有字段的值，也可以插入部分字段的值，但是必填字段必须插入，其他字段可以为空或为默认值。Insert Into 语句的语法格式如下。

【格式 11-4】 Insert Into 插入语句的格式。

格式一：插入时不指定字段名，要求插入所有字段的值

```
Insert Into 表名 Values(值 1,值 2,值 3,…,值 n)
```

格式二：插入指定所有字段名，要求插入所有字段的值

```
Insert Into 表名(字段名 1,字段名 2,字段名 3,…,字段名 n) Values(值 1,值 2,值 3,…,值 n)
```

格式三：插入指定部分字段名，只插入所指定字段值

```
Insert Into 表名(字段名 1,字段名 2,字段名 3) Values(值 1,值 2,值 3)
```

格式四：批量插入，Values 后面可以写 n 个记录的值

```
Insert Into 表名(字段名 1,字段名 2,…,字段名 n)Values(值 1,值 2,值 3,…,值 n)
    (值 1,值 2,值 3,…,值 n),
    (值 1,值 2,值 3,…,值 n),
    …
    (值 1,值 2,值 3,…,值 n)
```

格式四的实现如下面的插入语句，一次插入多条记录。

```
Insert Into student(学号,姓名,密码,性别,成绩)Values
    ('15025','王柳','123','女',89),
    ('15026','阳阳','635','男',59),
    ('15027','赵框世','456','男',84)
```

当数据库连接成功后,首先创建 Statement 接口的实例对象,然后调用 Statement 接口的实例对象的实现方法 executeUpdate(),该方法返回插入所影响的记录个数,是一个整数,可以用来判断插入是否成功。

【例 11-3】 插入学生记录。

```
1.  package cn.ahut.cs.mainapp.chapter11;
2.  //插入新记录
3.  import java.sql.*;
4.  import java.util.*;
5.  public class EXA12_4 {
6.      public static void main(String[] args) {
7.          Connection con=null;   //连接
8.          Statement st=null;
9.          ResultSet rs=null;     //存储查询结果
10.         int n=0;
11.         try{                        //加载 JDBC 的 MySQL 驱动
12.             Class.forName("com.mysql.jdbc.Driver");
13.         }catch(Exception e) {
14.             System.out.println("JDBC 的 MySQL 驱动加载失败!"+e);
15.         }
16.         try{
17.             con = DriverManager.getConnection("jdbc:mysql://localhost:3306/
                student? characterEncoding=UTF8","root","123456");
18.             st=con.createStatement();
19.             //用户输入记录
20.             Scanner scan=new Scanner(System.in);
21.             System.out.println("输入学生的学号、姓名、密码、性别、住址、电话、宿舍号、
                成绩");
22.             String id=scan.next();   //每输入一个字段值,换行
23.             String name=scan.next();
24.             String pwd=scan.next();
25.             String sex=scan.next();
26.             String addr=scan.next();
27.             String mobile=scan.next();
28.             String dorm=scan.next();
29.             double grade=scan.nextDouble();
30.             String strSQL="Insert Into student Values('"+id+"','"+name+"','"
                +pwd+"','"+sex+"','"+addr+"','"+mobile+"','"+dorm+"',"+
                grade+")";
31.             //插入到数据库中
32.             n=st.executeUpdate(strSQL);
33.             //判断插入是否成功
34.             if(n>0)
35.                 System.out.println("插入成功!");
36.             else
37.                 System.out.println("插入失败!");
38.         }catch(SQLException se){
39.             se.printStackTrace();
40.         }finally{
41.             try{
42.                 if(con!=null)
43.                     con.close();
44.             }catch(Exception e){
```

```
45.                  e.printStackTrace();
46.             }
47.          }
48.       }
49. }
```

运行结果如图 11.14 所示。

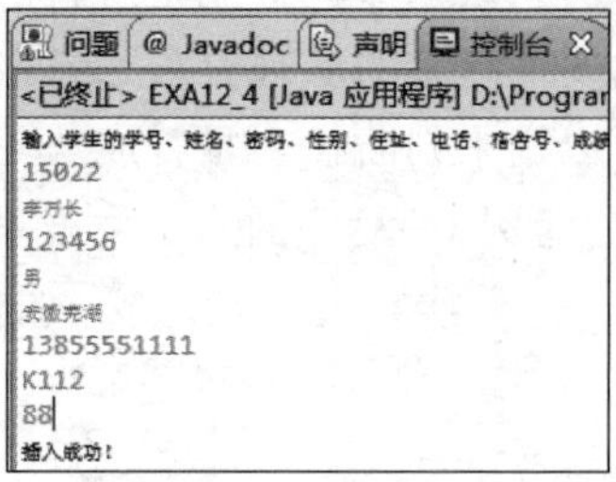

注意：

（1）在 SQL 语句引入变量时，如果是字符串，要用一对
单引号引起来；如果是数字，则不需要。

图 11.14　插入成功

（2）当插入成功时，n 变量的值大于 0，具体值为一次
插入多少条记录。当插入不成功时，n 的值等于 0。

此时运行 11.5.2 节的程序，如图 11.15 所示，可以看到最后一条记录是刚刚插入的。

图 11.15　插入记录后查询所有学生

11.5.4　数据库的修改

对数据库插入新的记录使用 SQL 语言中的 Update 命令，可以修改所有字段的值，也可
以加上条件修改。Update 语句的语法格式如下。

【格式 11-5】 Update 修改语句的格式。

```
Update 表名
Set 字段名 1=值 1,字段名 2=值 2,…,字段名 n=值 n
Where 条件表达式
```

例如将所有男生的成绩减去 10 分：

```
Update student Set result=result-10 Where sex='男';
```

当数据库连接成功后，首先创建 Statement 接口的实例对象，然后调用 Statement 接口
的实例对象的实现方法 executeUpdate()，该方法返回修改所影响的记录个数，是一个整数，
可以用来判断修改是否成功。

【例 11-4】 修改学生记录。

```
1.  package cn.ahut.cs.mainapp.chapter11;
2.  //修改学生信息
3.  import java.sql.*;
4.  public class EXA12_5 {
5.    public static void main(String[] args) {
6.       Connection con=null;   //连接
7.       Statement st=null;
```

```
8.         ResultSet rs=null;        //存储查询结果
9.         int n=0;
10.        try{                        //加载 JDBC 的 MySQL 驱动
11.            Class.forName("com.mysql.jdbc.Driver");
12.        }catch(Exception e){
13.            System.out.println("JDBC 的 MySQL 驱动加载失败!"+e);
14.        }
15.        try{
16.            con=DriverManager.getConnection("jdbc:mysql://localhost:3306/
               student? characterEncoding=UTF8","root","123456");
17.            st=con.createStatement();
18.            String strSQL="Update student Set result=result-10 Where sex='男'";
19.            //修改执行
20.            n=st.executeUpdate(strSQL);
21.            //判断修改是否成功
22.            if(n>0)
23.                System.out.println("修改成功!n="+n);
24.            else
25.                System.out.println("修改失败!");
26.        }catch(SQLException se){
27.            se.printStackTrace();
28.        }finally{
29.            try{
30.                if(con!=null)
31.                    con.close();
32.            }catch(Exception e){
33.                e.printStackTrace();
34.            }
35.        }
36.    }
37. }
```

图 11.16　修改记录

从运行结果中可以看到,此次修改影响了 10 条记录,如图 11.16 所示。

此时运行 11.5.2 节的程序,如图 11.17 所示,可以看到记录修改的情况,所有男生的分数都减去了 10 分。

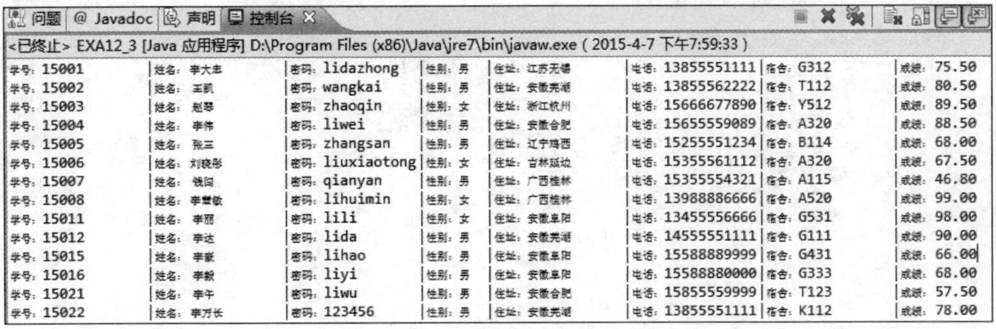

图 11.17　修改记录后的学生信息

11.5.5　数据库的删除

对数据库插入新的记录使用 SQL 语言中的 Delete 命令,可以指定条件下的记录,如果没有条件，则删除所有记录。Delete 语句的语法格式如下。

【格式 11-6】 Delete 语句的格式。

```
Delete From 表名
Where 条件表达式
```

例如删除最后两条记录：

```
Delete From student Where sname='李万长' or sname='李午';
```

当数据库连接成功后，首先创建 Statement 接口的实例对象，然后调用 Statement 接口的实例对象的实现方法 executeUpdate()，该方法返回删除所影响的记录个数，是一个整数，可以用来判断删除是否成功。

【例 11-5】 删除学生记录。

```
1.   package cn.ahut.cs.mainapp.chapter11;
2.   //删除指定条件的学生记录
3.   import java.sql.*;
4.   public class EXA12_6 {
5.     public static void main(String[] args) {
6.        Connection con=null;   //连接
7.        Statement st=null;
8.        ResultSet rs=null;    //存储查询结果
9.        int n=0;
10.       try{                   //加载 JDBC 的 MySQL 驱动
11.           Class.forName("com.mysql.jdbc.Driver");
12.       }catch(Exception e){
13.           System.out.println("JDBC 的 MySQL 驱动加载失败!"+e);
14.       }
15.       try{
16.            con=DriverManager.getConnection("jdbc:mysql://localhost:3306/
                student? characterEncoding=UTF8","root","123456");
17.           st=con.createStatement();
18.           String strSQL="Delete From student Where sname='李万长' Or sname=
                '李午'";
19.           //删除
20.           n=st.executeUpdate(strSQL);
21.           //判断删除是否成功
22.           if(n>0)
23.               System.out.println("删除成功!n="+n);
24.           else
25.               System.out.println("删除失败!");
26.       }catch(SQLException se){
27.           se.printStackTrace();
28.       }finally{
29.           try{
30.               if(con!=null)
31.                   con.close();
32.           }catch(Exception e){
33.               e.printStackTrace();
34.           }
35.       }
36.     }
37. }
```

运行结果如图 11.18 所示,可以看到删除了两条记录。

图 11.18　删除记录

此时运行 11.5.2 节的程序,如图 11.19 所示,可以看到记录删除后的情况,即"李万长"和"李午"这两条记录没有了。

学号: 15001	姓名: 李大忠	密码: lidazhong	性别: 男	住址: 江苏无锡	电话: 13855551111	宿舍: G312	成绩: 75.50
学号: 15002	姓名: 王凯	密码: wangkai	性别: 男	住址: 安徽芜湖	电话: 13855562222	宿舍: T112	成绩: 80.50
学号: 15003	姓名: 赵琴	密码: zhaoqin	性别: 女	住址: 浙江杭州	电话: 15666677890	宿舍: Y512	成绩: 89.50
学号: 15004	姓名: 李伟	密码: liwei	性别: 男	住址: 安徽合肥	电话: 15655559089	宿舍: A320	成绩: 88.50
学号: 15005	姓名: 张三	密码: zhangsan	性别: 男	住址: 辽宁鸡西	电话: 15255551234	宿舍: B114	成绩: 68.00
学号: 15006	姓名: 刘晓彤	密码: liuxiaotong	性别: 女	住址: 吉林延边	电话: 15355561112	宿舍: A320	成绩: 67.50
学号: 15007	姓名: 钱园	密码: qianyan	性别: 男	住址: 广西桂林	电话: 15355554321	宿舍: A115	成绩: 46.80
学号: 15008	姓名: 李慧敏	密码: lihuimin	性别: 女	住址: 广西桂林	电话: 13988886666	宿舍: A520	成绩: 99.00
学号: 15011	姓名: 李丽	密码: lili	性别: 女	住址: 安徽阜阳	电话: 13455556666	宿舍: G531	成绩: 98.00
学号: 15012	姓名: 李达	密码: lida	性别: 男	住址: 安徽芜湖	电话: 14555551111	宿舍: G111	成绩: 90.00
学号: 15015	姓名: 李豪	密码: lihao	性别: 男	住址: 安徽阜阳	电话: 15588889999	宿舍: G431	成绩: 66.00
学号: 15016	姓名: 李毅	密码: liyi	性别: 男	住址: 安徽阜阳	电话: 15588880000	宿舍: G333	成绩: 68.00

图 11.19　删除两个学生记录后的显示结果

11.5.6　使用 PreparedStatement 实现预处理

Statement 接口用于向数据库发送 SQL 语句。在 JDBC 中有 3 种 Statement,分别是 Statement、PreparedStatement 和 CallableStatement。Statement 对象只能执行静态的 SQL 语句,PreparedStatement 可以执行动态的 SQL 语句,CallableStatement 可以执行数据库存储过程调用。

PreparedStatement 是 Statement 的子接口,用于动态 SQL 语句的执行,即可执行参数化 SQL 语句。PreparedStatement 的执行速度比 Statement 快,因为 PreparedStatement 的实例是预编译的;PreparedStatement 可提高程序的可读性和可维护性,也增强了程序的安全性,所以一般由 PreparedStatement 替代 Statement 接口。

在 11.5.3 节插入记录的程序中,SQL 语句如下:

```
String strSQL="Insert Into student values
('"+id+"','"+name+"','"+pwd+"','"+sex+"','"+addr+"','"+mobile+"','"+dorm+
"','"+grade+")";
```

把例 11-3 中的 Statement 替换成 PreparedStatement 接口,修改如下。

【例 11-6】 把例 11-3 中的 Statement 替换成 PreparedStatement 接口。

```
1.  package cn.ahut.cs.mainapp.chapter11;
2.  //插入新记录,Statement 替换成 PreparedStatement 接口
3.  import java.sql.*;
4.  import java.util.*;
5.  public class EXA12_7 {
6.     public static void main(String[] args) {
7.        Connection con=null;  //连接
8.        PreparedStatement st=null;
9.        ResultSet rs=null;    //存储查询结果
10.       int n=0;
```

```
11.      try{                     //加载 JDBC 的 MySQL 驱动
12.          Class.forName("com.mysql.jdbc.Driver");
13.      }catch(Exception e){
14.          System.out.println("JDBC 的 MySQL 驱动加载失败!"+e);
15.      }
16.      try{
17.          con=DriverManager.getConnection("jdbc:mysql://localhost:3306/
             student? characterEncoding=UTF8","root","123456");
18.
19.          //用户输入记录
20.          Scanner scan=new Scanner(System.in);
21.          System.out.println("输入学生的学号、姓名、密码、性别、住址、电话、宿舍号、
             成绩");
22.          String id=scan.next();    //每输入一个字段值,换行
23.          String name=scan.next();
24.          String pwd=scan.next();
25.          String sex=scan.next();
26.          String addr=scan.next();
27.          String mobile=scan.next();
28.          String dorm=scan.next();
29.          double grade=scan.nextDouble();
30.          String strSQL="Insert Into student Values(?,?,?,?,?,?,?,?)";
31.          st=con.prepareStatement(strSQL);
32.          st.setString(1,id);       //给? 赋值,从 1 开始
33.          st.setString(2,name);
34.          st.setString(3,pwd);
35.          st.setString(4,sex);
36.          st.setString(5,addr);
37.          st.setString(6,mobile);
38.          st.setString(7,dorm);
39.          st.setDouble(8,grade);
40.          //插入到数据库中
41.          n=st.executeUpdate(strSQL);
42.          //判断插入是否成功
43.          if(n>0)
44.              System.out.println("插入成功!");
45.          else
46.              System.out.println("插入失败!");
47.      }catch(SQLException se){
48.          se.printStackTrace();
49.      }finally{
50.          try{
51.              if(con!=null)
52.                  con.close();
53.          }catch(Exception e){
54.              e.printStackTrace();
55.          }
56.      }
57.   }
58. }
```

11.6 MySQL 数据库的事务处理

11.6.1 事务简介

在操作数据库时,经常会出现这样的情况:向数据库插入数据,当数据插入到一半时,系统或网络等发生了错误,此时已经有一半的数据成功插入,但还有一部分数据没有插入,若重新执行插入操作,很可能引起数据库操作数据失败。就像用户在 ATM 取钱时,用户输入取钱金额,但是到最后由于 ATM 故障或钱不够,此时可能已经修改了用户账户余额,等等。诸如此类的情况都需要使用事务处理。

数据库事务(Database Transaction)是指作为单个工作单元执行的一系列 SQL 操作,要么完整地执行,要么一个都不执行。一个事务内的所有 SQL 语句作为一个整体执行,当遇到错误时必须回滚事务,取消事务所做的所有操作。事务是保证数据库中数据完整性和一致性的重要机制。

事务具有如下几个特性。

(1)原子性:事务必须作为原子工作单元。对其数据进行修改,要么全都执行,要么全都不执行。一般来说,与某个事务关联的所有 SQL 操作具有共同的目标,并且是相互依赖的。如果系统只执行这些操作的一个子集,则可能破坏事务的总体目标。原子性保证了系统处理操作的不可分割性。

(2)一致性:事务在执行结束时,必须使所有的数据从一个一致性状态迁移到另一个一致性状态。某些维护一致性的责任由应用程序开发人员承担,他们必须确保应用程序已强制所有已知的完整性约束。例如,当开发用于转账的应用程序时,应避免在转账过程中任意移动小数点。

(3)隔离性:由并发事务所做的修改必须与任何其他并发事务所做的修改隔离。事务查看数据时数据所处的状态要么是另一并发事务修改它之前的状态,要么是另一事务修改它之后的状态,事务不会查看中间状态的数据,这称为隔离性。因为它能够重新装载起始数据,并且重播一系列事务,以使数据结束时的状态与原始事务执行的状态相同。当事务可序列化时将获得最高的隔离级别。在此级别上,从一组可并行执行的事务获得的结果与通过连续运行每个事务所获得的结果相同。由于高度隔离会限制可并行执行的事务数量,所以一些应用程序降低隔离级别以换取更大的吞吐量。

(4)持久性:事务完成之后,它对于系统的影响是永久性的,该修改即使出现致命的系统故障也将被永久保存。

11.6.2 JDBC 中的事务处理

MySQL 默认情况下是关闭事务处理功能的,此时需要用 JDBC 事务处理命令打开对事务处理的支持。JDBC 常见的事务处理方法如下。

1. setAutoCommit(Boolean autoCommit)方法

当 autoCommit 设置成 false 时,表示取消 SQL 语句的自动提交处理,开启事务处理;当 autoCommit 设置成 true 时,表示打开自动提交处理,关闭事务处理,默认是 true。当连接数据库时,Connection 对象的提交模式是自动提交模式,此时对数据库的任何一个 SQL 语句的操作都会被立刻执行,使得数据库的字段值被修改,这显然不能满足处理的要求。如银行的取现行为,当储户 A 向储户 B 转账 1 万元时,此时有两个操作:把储户 A 的账户余额减去 1 万元;把储户 B 的账户余额增加 1 万元。当第一个操作执行完,而第二个操作却执行失败,则会出现错误。此时,为了能够进行事务处理,必须手工打开事务处理,同时关闭自动提交处理。

2. Commit() 方法

当将 autoCommit 设置成 false 后,Connection 对象提交的所有 SQL 语句都不立即执行,当提交与某个共同的目标关联的所有 SQL 语句后,Connection 调用 Commint()方法,就可以让事务中的所有 SQL 语句全部生效。

3. Rollback() 方法

当事务执行时,只有事务中的任意一个 SQL 语句出现异常,在处理异常时,必须让 Connection 对象调用 Rollback()方法,用于撤销事务中已经成功执行的 SQL 语句,撤销对数据所做的更新、插入和删除等操作,使数据库恢复到执行 Commit()方法之前的状态。

4. Savepoint

JDBC 的 Savepoint 帮助用户在事务中创建检查点(checkpoint),这样就可以回滚到指定点。当事务提交或者整个事务回滚后,为事务产生的任何保存点都会自动释放并变为无效。把事务回滚到一个保存点,会使其他所有保存点自动释放并变为无效。如下面是创建保存点的语句:

```
SavePoint savepoint=con.setSavepoint("StudentSavePoint");
```

11.6.3 事务处理案例

先创建一个新表 Teacher,表结构为(id,name,sex,mobile,college),分别表示工号、姓名、性别、电话、单位,其中 id(即工号)为主键。使用 Navicat 创建教师表,设计如图 11.20 所示的窗口。输入两条教师记录,如图 11.21 所示。

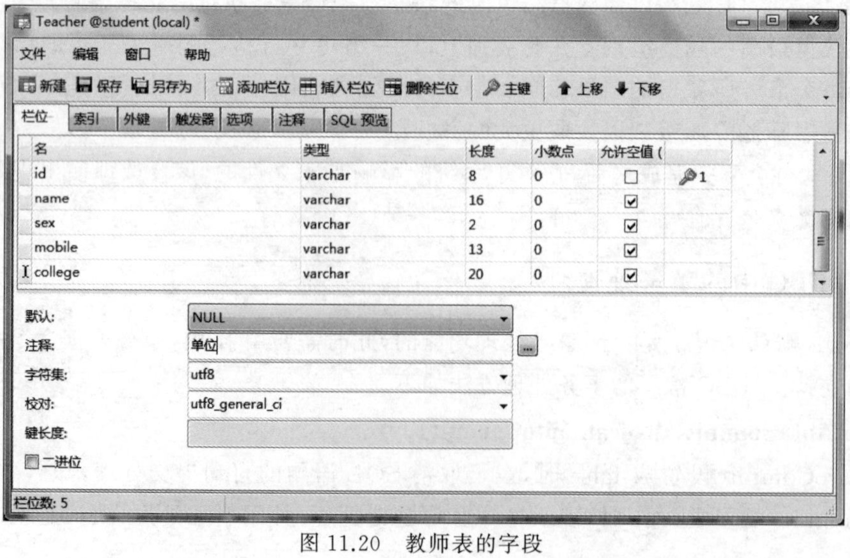

图 11.20　教师表的字段

图 11.21 教师表中的记录

下面连接教师表,实现几个 SQL 操作,即查询插入数据前的教师信息,插入数据,查询插入后的教师信息。然后执行回滚操作,查询回滚后的教师信息。

【例 11-7】 事务处理。

```
1.  package cn.ahut.cs.mainapp.chapter11;
2.  //事务处理
3.  import java.sql.*;
4.  public class EXA12_8 {
5.    Connection con=null;
6.    public EXA12_8(){
7.       con=DBConnection.getConncetion();
8.    }
9.    public void addTeacher(){
10.      PreparedStatement pst=null;
11.      try{
12.         pst=con.prepareStatement("Insert Into teacher Values(?,?,?,?,?)");
13.         for(int i=3;i<6;i++){              //插入 3 条教师记录
14.            pst.setString(1,"T00"+i);
15.            pst.setString(2,"李"+i);
16.            pst.setString(3,"男");
17.            pst.setString(4,"1385555111"+i);
18.            pst.setString(5,"信息工程学院");
19.            pst.executeUpdate();
20.         }
21.      }catch(SQLException se){
22.         se.printStackTrace();
23.      }
24.    }
25.    public void queryTeacher(){
26.      PreparedStatement pst=null;
27.      ResultSet rs=null;
28.      try{
29.         pst=con.prepareStatement("Select * From teacher");
30.         rs=pst.executeQuery();             //执行查询
31.         System.out.println("工号\t姓名\t性别\t电话\t单位");
32.         while(rs.next()){                  //输出查询结果
33.            System.out.printf("%s\t",rs.getString(1));
34.            System.out.printf("%s\t",rs.getString(2));
35.            System.out.printf("%s\t",rs.getString(3));
36.            System.out.printf("%s\t",rs.getString(4));
37.            System.out.printf("%s\t",rs.getString(5));
38.            System.out.println();
```

```
39.              }
40.          }catch(SQLException se){
41.              se.printStackTrace();
42.          }
43.      }
44.      public static void main(String[] args) {
45.          EXA12_8 t=new EXA12_8();
46.          try{
47.              t.con.setAutoCommit(false);          //打开事务处理
48.              System.out.println("插入前: ");
49.              t.queryTeacher();                    //插入前查询教师信息并输出
50.              t.addTeacher();                      //插入数据
51.              System.out.println("插入后: ");
52.              t.queryTeacher();                    //插入后查询教师信息并输出
53.              //回滚
54.              t.con.rollback();
55.              System.out.println("回滚后: ");
56.              t.queryTeacher();                    //回滚后查询教师信息并输出
57.              t.con.close();                       //关闭数据库
58.          }catch(Exception e){
59.              e.printStackTrace();
60.          }
61.      }
62. }
```

运行结果如图 11.22 所示。

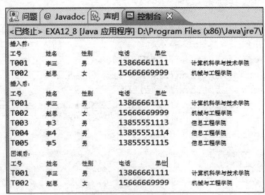

图 11.22　事务处理

注意：

（1）上面的程序没有执行 Commit()方法提交事务，所以可以回滚，在提交事务后就无法进行回滚。

（2）JDBC 在一个事务中只能操作一个数据库，如果同时操作多个数据库，则无法实现事务处理。

学生用户登录及学生表管理的具体实现

11.7　本章小结

（1）JDBC 是 Java 程序访问数据库技术，为 Java 程序操作数据库提供了一组统一的标准与规范。JDBC 通过定义一组类与接口（在 java.sql 与 javax.sql 包中）规范程序中对各种数据库的操作，与平台无关，可用于连接数据库及执行 SQL 语句操作的 API，但没有具体实现。由于不同数据库产品本身存在的差异性，具体实现细节由数据库厂商通过遵循 JDBC 规范的数据库驱动程序实现。

（2）在 JDBC 的 API 中，常见的接口或类有 DriverManger 类、Driver 接口、Connection 接口、Statement 接口、PreparedStatement 接口。

（3）JDBC 连接指定数据库：

① 必须下载数据库的 JDBC 驱动程序，并在项目中添加外部 JAR 包。

② 定义连接字符串，指定连接路径、数据库名、用户名和密码，例如"String url＝"jdbc:MySQL://localhost:3306/student? characterEncoding＝UTF-8";"。

③ 操作数据库：插入、修改、删除和查询等操作。

④ 关闭数据库。

（4）连接 MySQL 数据库，实现 MySQL 数据库的插入、修改、删除和查询等操作。Statement 对象只能执行静态的 SQL 语句；PreparedStatement 可以执行动态的 SQL 语句。

（5）事务是保证数据库中数据完整性和一致性的重要机制。数据库事务是指作为单个工作单元执行的一系列 SQL 操作，要么完整地执行，要么一个都不执行。

（6）本章给出了一个基于学生表的信息管理系统的完整实现，扫描二维码自行下载。

11.8　习题

一、选择题

1. 下面（　　）类不是 JDBC 中的 API 常用类。

　　A. DriverManager　　B. Connection　　C. StringBuffer　　D. ResultSet

2. 如果要删除 student 表中成绩（result）是良好的学生，下面的语句中（　　）是正确的。

　　A. Delete student Where result＝"良好" //双引号

　　B. Delete student Where result＝'良好' //单引号

　　C. Delete student Where result＜90 And result＞＝80

　　D. Delete From student Where result＜90 And result＞＝80

3. 下面（　　）不是 SQL 语句的关键字。

　　A. Sort　　　　　　B. Insert Into　　　　C. Delete　　　　D. Update

二、简答题

1. JDBC 是什么？包含哪些组件？

2. 数据库的查询、插入、修改、删除的 SQL 语句的格式是什么？并举例说明。

三、程序设计题

设计一个雇员表，表结构为(工号,姓名,性别,部门,职务,基本工资,奖金)，其中工号为主键。要求：

（1）使用 MySQL 创建一个 Company 数据库,在该数据库中创建一个雇员表 Employee，并输入数据。

（2）使用控制台方式实现雇员的录入、查询、修改、删除操作。

第 11 章 资源包　　　　　　　　第 11 章 习题解答

参 考 文 献

[1] 欧二强,等. Java 编程手记——从实践中学习 Java[M]. 北京:清华大学出版社,2013.

[2] 杨晓燕. Java 面向对象程序设计[M]. 北京:电子工业出版社,2012.

[3] 耿祥义,张跃平. Java 大学实用教程[M]. 3 版. 北京:电子工业出版社,2012.

[4] 杨旺功,陈建国. 跟我学 Java[M]. 北京:清华大学出版社,2010.

[5] 飞思科技产品研发中心. Java TCP/IP 应用开发详解[M]. 北京:电子工业出版社,2002.

[6] 张兴科,李昌武. Java 程序设计项目教程[M]. 北京:中国人民大学出版社,2010.

[7] 王占中,崔志刚,杨记超,等. Java 程序设计基础教程与实验指导[M]. 北京:清华大学出版社,2008.

[8] 安博教育集团. Java 核心技术(上)[M]. 北京:电子工业出版社,2012.

[9] 安博教育集团. Java 核心技术(下)[M]. 北京:电子工业出版社,2012.

图书资源支持

感谢您一直以来对清华版图书的支持和爱护。为了配合本书的使用，本书提供配套的资源，有需求的读者请扫描下方的"书圈"微信公众号二维码，在图书专区下载，也可以拨打电话或发送电子邮件咨询。

如果您在使用本书的过程中遇到了什么问题，或者有相关图书出版计划，也请您发邮件告诉我们，以便我们更好地为您服务。

我们的联系方式：

清华大学出版社计算机与信息分社网站：https://www.shuimushuhui.com/

地　　址：北京市海淀区双清路学研大厦 A 座 714

邮　　编：100084

电　　话：010-83470236　010-83470237

客服邮箱：2301891038@qq.com

QQ：2301891038（请写明您的单位和姓名）

资源下载：关注公众号"书圈"下载配套资源。

资源下载、样书申请

书 圈

图书案例

清华计算机学堂

观看课程直播